U0941753

浙江省重点教材建设项目

高等职业教育土建类专业规划教材

工程招投标与合同管理

第2版

主　编　吴冬平

副主编　马行耀

参　编　闫　明　毛玉红

主　审　郭　群　项建国

机 械 工 业 出 版 社

本书按照社会对建筑工程管理人才的需求，针对高职学生的培养目标，以招标投标工作过程为主线，以项目为单位组织教材内容，使学生在项目实践中加深对专业知识、技能的理解和应用，突出职业能力和素质培养。全书共分为四个项目，其中包括对建筑市场的认识、招标方的工作、投标方的工作和建设工程合同管理。

本书可供高职院校工程造价、建筑经济管理、建筑工程管理专业及相关专业师生学习参考，也可供建筑工程管理人员和有关岗位培训人员学习参考。

为方便教学，本书配有电子课件，凡使用本书作为教材的教师可登录机械工业出版社教材服务网www.cmpedu.com注册下载。咨询邮箱：cmpgaozhi@sina.com。咨询电话：010-88379375。

图书在版编目（CIP）数据

工程招投标与合同管理/吴冬平主编．—2版．—北京：机械工业出版社，2015.1（2018.3重印）

高等职业教育土建类专业规划教材

ISBN 978-7-111-49120-0

Ⅰ．①工… Ⅱ．①吴… Ⅲ．①建筑工程—招标—高等职业教育—教材②建筑工程—投标—高等职业教育—教材 ③建筑工程—经济合同—管理—高等职业教育—教材 Ⅳ．①TU723

中国版本图书馆CIP数据核字（2015）第002772号

机械工业出版社（北京市百万庄大街22号 邮政编码100037）

策划编辑：覃密道 责任编辑：覃密道

责任校对：朱继文 封面设计：张 静

责任印制：李 洋

三河市国英印务有限公司印刷

2018年3月第2版第3次印刷

184mm×260mm・13.25印张・326千字

标准书号：ISBN 978-7-111-49120-0

定价：33.00元

凡购本书，如有缺页、倒页、脱页，由本社发行部调换

电话服务

服务咨询热线：010-88379833

读者购书热线：010-88379469

网络服务

机工官网：www.cmpbook.com

机工官博：weibo.com/cmp1952

教育服务网：www.cmpedu.com

金书网：www.golden-book.com

第 2 版前言

随着建设市场的发展和建设法规体系的不断完善，对建设行业工程管理人员招投标与合同管理方面的能力要求越来越高，只有既懂得技术、又擅长管理，才能面对高风险的建设市场。因此，“工程招投标与合同管理”课程是各类高职院校工程管理类专业开设的重要专业课之一。

通过认真分析本课程与其他相关课程的内在联系，本教材按照专业培养目标和将来从事岗位的要求，以招投标工作过程为主线组织教学内容，注重项目引领、任务驱动，突出职业能力和素质培养。本教材内容翔实完整、重点突出，能结合建设工程管理体制改革的不断深化，对行业最新知识内容予以重点介绍，使学生及时掌握本行业的最新发展动态，培养学生法律意识、合同意识。

本教材共分四个项目，项目一（对建筑市场的认识）由浙江建设职业技术学院马行耀编写，项目二（招标方的工作）和项目三（投标方的工作）由浙江建设职业技术学院吴冬平编写，项目四（建设工程合同管理）由浙江建设职业技术学院闫明、毛玉红编写。全书由吴冬平主编统稿，杭州市建设工程招标投标管理办公室郭群主任和浙江建设职业技术学院建筑工程系项建国教授主审，浙江建设职业技术学院院长何辉教授及经济管理系吴瑛副教授提供了很多宝贵建议。

修订版对原教材中不适应新版施工合同示范文本与有关文件内容进行了修改，同时补充了相关案例题和内容，对教材使用过程中发现的错误进行了更正，及时将行业新规范与标准纳入教材内容。

本教材在编写过程中，参考了大量文献资料，在此谨向它们的作者表示衷心的感谢。

我国工程招投标的理论与实践仍在探索与发展中，新的内容还会不断出现，且限于编者的水平，本教材难免存在不足之处，恳请广大读者批评指正。

编　者

目　录

项目一　对建筑市场的认识

学习目标

认识建筑市场的有形化，了解建设工程交易中心的基本功能，了解工程发包与承包以招投标的方式在交易中心完成的过程，掌握交易过程中对建筑市场主体资格的要求。

任务 1　认识建筑市场

1.1.1　建筑市场的概念及特点

1.1.1.1　建筑市场的概念

“市场”的原始定义是指“商品交换的场所”，但随着商品交换的发展，市场突破了村镇、城市、国家，最终实现了世界贸易乃至网上交易，因而市场的广义定义是“商品交换关系的总和”。

建筑市场是进行建筑商品和相关要素交换的市场，是建筑活动中各种交易关系的总和。《中华人民共和国建筑法》(以下简称《建筑法》) 规定，建筑活动是指各类房屋建筑及其附属设施的建造和与其配套的线路、管道、设备的安装活动。

各种交易关系包括：供求关系、竞争关系、协作关系、经济关系、服务关系、监督关系、法律关系等。

建筑市场既包括有形市场，又包括无形市场。有形市场如建设工程交易中心——收集与发布工程建设信息，办理工程报建手续、承发包、工程合同及委托质量安全监督和建设监理等手续，提供政策法规及技术经济等咨询服务的场所。无形市场是在建设工程交易中心之外的各种交易活动及处理各种关系的场所。

《中华人民共和国招标投标法实施条例》规定，设区的市级以上地方人民政府可以根据实际需要，建立统一规范的招标投标交易场所——建设工程交易中心，为招标投标活动提供服务。国家鼓励利用信息网络进行电子招标投标。

1.1.1.2　建筑市场的特点

建筑市场具有以下特点：

1）交换关系复杂化。建筑产品的形成涉及用户（业主）、勘察、设计、施工和中介机构等多方的经济利益关系，必须按照基本建设程序和国家的有关法律法规、政策，围绕建筑产品的形成来确保交换关系的实现。

2）竞争公平化。建筑产品价格基本是在招标投标竞争中形成的。

3）管理动态化。建筑市场受经济形势与政策影响大。

1.1.2 建筑市场的构成

1.1.2.1 建筑市场的主体

建筑市场的主体指参与建筑市场交易活动的主要各方，即业主、承包商和工程咨询服务机构等。

（1）业主　业主是指具有进行某个工程项目的需求，拥有相应的建设资金，办妥项目建设的各种准建手续，在建筑市场上发包项目建设的咨询、设计、施工任务，以建成该项目达到其经营使用目的的法人或其他组织。他们可以是学校、医院、工厂、房地产开发公司等企事业单位，或是政府及政府委托的资产管理部门。在我国工程建设中常将业主称为建设单位或甲方、发包人。

市场主体是一个庞大的体系，包括各类自然人和法人。在市场生活中，不论哪类自然人和法人，总是要购买商品或接受服务，同时销售商品或提供服务。其中，企业是最重要的一类市场主体。因为企业既是各种生产资料和消费品的销售者，资本、技术等生产要素的提供者，又是各种生产要素的购买者。

（2）承包商　承包商是指有一定生产能力、技术装备、流动资金，具有承包工程建设任务的营业资格，在建筑市场中能够按照业主的要求，提供不同形态的建筑产品，并获得工程价款的建筑业企业。按照他们进行生产的主要形式的不同，分为勘察单位、设计单位，建筑安装企业，混凝土预制构件、非标准件制作等生产厂家，商品混凝土供应站，建筑机械租赁单位，以及专门提供劳务的企业等；按照他们的承包方式不同分为施工总承包企业、专业承包企业、劳务分包企业。在我国工程建设中承包商又称为乙方。

承包商从事建设生产，一般需具备四个方面的条件：

1）拥有符合国家规定的注册资本。

2）拥有与其资质等级相适应且具有注册资格的专业技术和管理人员。

3）有从事相应建筑活动所应有的技术装备。

4）经资格审查合格，已取得资质证书和营业执照。

承包商可按其所从事的专业分为土建、水电、道路、港口、市政工程等专业公司。在市场经济条件下，承包商需要通过市场竞争（投标）取得施工项目，需要依靠自身的实力去赢得市场，承包商的实力主要包括四个方面：①技术方面的实力。②经济方面的实力。③管理方面的实力。④信誉方面的实力。

（3）工程咨询服务机构　工程咨询服务机构是指具有一定注册资金，具有一定数量的工程技术、经济管理人员，取得建设咨询证书和营业执照，能为工程建设提供估算测量、管理咨询、建设监理等智力型服务并获取相应费用的企业。

工程咨询服务机构包括勘察设计机构、工程造价（测量）咨询单位、招标代理机构、工程监理公司、工程管理公司等。

从市场中介服务组织所承担的职能和发挥的作用来看，工程咨询服务机构可分为以下五类：

① 协调和约束市场主体行为的自律性组织。

② 为保证公平交易、公平竞争的公证机构。

③ 监督市场活动、维护市场正常秩序的检查认证机构。

④ 为保证社会公平，建立公正的市场竞争秩序的各种公益机构。

⑤ 为促进市场发育、降低交易成本和提高效益服务的各种咨询、代理机构。

建筑市场的各主体（业主、承包商、各类中介组织）之间的合同关系可由图 1-1 表示。

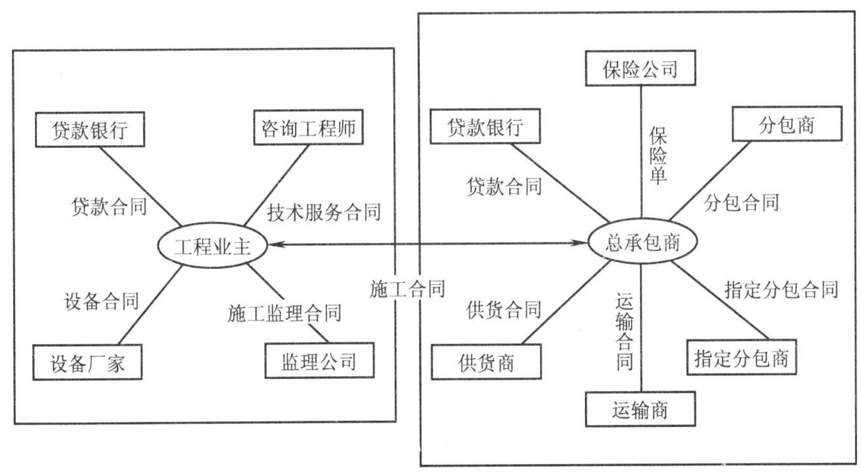

图 1-1　建筑市场各主体之间的合同关系

1.1.2.2　建筑市场的客体

建筑市场的客体指建筑市场的交易对象，即建筑产品，既包括有形的产品，如建筑工程、建筑材料、建筑机械、建筑劳务等；也包括无形的产品，如各种咨询、监理等智力型服务。市场活动的基本内容是商品交换，若没有交换客体，就不存在市场，具备一定量的可供交换的商品，是市场存在的物质条件。客体凝聚着承包商的劳动，业主以投入资金的方式取得它的使用价值。在不同的生产交易阶段，建筑产品表现为不同的形态。它可以是中介机构提供的咨询报告、咨询意见或其他服务，可以是勘察设计单位提供的设计方案、设计图样、勘察报告，可以是生产厂家提供的混凝土构件、非标准预制构件等产品，也可以是施工企业提供的最终产品——各种各样的建筑物和构筑物。

（1）建筑产品的商品属性　我国改革开放以后，由于推行了一系列以市场为取向的改革措施，建筑企业成为独立的生产单位。建设投资由国家拨款改为多种渠道筹措，市场竞争代替行政分配任务，建筑产品价格也逐步走向市场形成价格的价格机制。建筑产品的商品属性的观念已为大家所认识，这成为建筑市场发展的基础，并推动了建筑市场的价格机制、竞争机制和供求机制的形成，使实力强、素质高、经营好的企业在市场上更具竞争力，能够更快地发展，实现资源的优化配置，提高了全社会的生产力水平。

（2）建筑产品的特点　在商品经济条件下，建筑企业生产的产品大多是为了交换而生产的，建筑产品是一种商品，但它是一种特殊的商品，同其他商品相比，具有如下特点：

1）建筑产品具有固定性及生产过程的流动性。

2）建筑产品具有个体性和其生产的单件性。

3）建筑产品的投资额大，生产周期和使用周期长，而且建筑产品工程量巨大，消耗大量的人力、物力。在长期内，投资可能受到物价涨落、国内国际经济形势的影响，因而投资管理非常重要。

4）建筑产品具有整体性和施工生产的专业性。

5）建筑产品具有交易的长期性。这一特性决定了建筑产品风险高、纠纷多，应有严格的合同制度。

6）建筑产品具有生产的不可逆性。

（3）工程建设标准的法定性　建筑产品的质量不仅关系到承包发包双方的利益，也关系到国家和社会的公共利益，正是由于建筑产品的这种特殊性，其质量标准是以国家标准、国家规范等形式颁布实施的。

工程建设标准是指对工程勘察、设计、施工验收、质量检验等各个环节的技术要求。它包括以下五个方面的内容：

① 工程建设勘察、设计、施工及验收等的质量要求和方法。

② 与工程建设有关的安全、卫生、环境保护的技术要求。

③ 工程建设的术语、符号、代号、量与单位、建筑模数和制图方法。

④ 工程建设的试验、检验和评定方法。

⑤ 工程建设的信息技术要求。

1.1.2.3　建筑市场主体的资质管理

我国《建筑法》规定，对从事建筑工程的勘察设计单位、施工单位和工程咨询监理单位实行资质管理。

资质管理是指对从事建设工程的单位和专业技术人员进行从业资格审查，以保证建设工程的质量和安全。

1. 从业单位的资质管理

（1）勘察设计单位资质管理　《建设工程勘察设计资质管理规定》于2006年12月30日经建设部第114次常务会议讨论通过，自2007年9月1日起施行。

工程勘察资质分为工程勘察综合资质、工程勘察专业资质和工程勘察劳务资质。工程勘察综合资质只设甲级；工程勘察专业资质设甲级、乙级，根据工程性质和技术特点，部分专业可以设丙级；工程勘察劳务资质不分等级。取得工程勘察综合资质的企业，可以承接各专业（海洋工程勘察除外）、各等级工程勘察业务；取得工程勘察专业资质的企业，可以承接相应等级相应专业的工程勘察业务；取得工程勘察劳务资质的企业，可以承接岩土工程治理、工程钻探、凿井等工程勘察劳务业务。

工程设计资质分为工程设计综合资质、工程设计行业资质、工程设计专业资质和工程设计专项资质。工程设计综合资质只设甲级；工程设计行业资质、工程设计专业资质、工程设计专项资质设甲级、乙级。根据工程性质和技术特点，个别行业、专业、专项资质可以设丙级，建筑工程专业资质可以设丁级。取得工程设计综合资质的企业，可以承接各行业、各等级的建设工程设计业务；取得工程设计行业资质的企业，可以承接相应行业相应等级的工程设计业务及本行业范围内同级别的相应专业、专项（设计施工一体化资质除外）工程设计业务；取得工程设计专业资质的企业，可以承接本专业相应等级的专业工程设计业务及同级别的相应专项工程设计业务（设计施工一体化资质除外）；取得工程设计专项资质的企业，可以承接本专项相应等级的专项工程设计业务。

建设工程勘察、工程设计资质标准和各资质类别、级别企业承担工程的具体范围由国务院建设主管部门商国务院有关部门制定。

（2）建筑业企业资质管理 《建筑业企业资质管理规定》于 2006 年 12 月 30 日经建设部第 114 次常务会议讨论通过，自 2007 年 9 月 1 日起施行。

建筑业企业资质分为施工总承包、专业承包和劳务分包三个序列。

取得施工总承包资质的企业（以下简称施工总承包企业），可以承接施工总承包工程。施工总承包企业可以对所承接的施工总承包工程内各专业工程全部自行施工，也可以将专业工程或劳务作业依法分包给具有相应资质的专业承包企业或劳务分包企业。

取得专业承包资质的企业（以下简称专业承包企业），可以承接施工总承包企业分包的专业工程和建设单位依法发包的专业工程。专业承包企业可以对所承接的专业工程全部自行施工，也可以将劳务作业依法分包给具有相应资质的劳务分包企业。

取得劳务分包资质的企业（以下简称劳务分包企业），可以承接施工总承包企业或专业承包企业分包的劳务作业。

施工总承包资质、专业承包资质、劳务分包资质序列按照工程性质和技术特点分别划分为若干资质类别，各资质类别按照规定的条件划分为若干资质等级。

建筑业企业资质等级标准和各类别等级资质企业承担工程的具体范围，由国务院建设主管部门会同国务院有关部门制定。

（3）咨询单位资质管理 建设工程咨询与监理在我国起步于 1988 年。中央和各省已明确要求中等以上的建设工程必须实行监理制。建设工程咨询公司的业务范围主要包括表 1-1 所列的两个方面。

表 1-1 建设工程咨询公司的业务范围

服务对象	服务内容
为建设单位服务	1. 投资项目的机会研究、初步可行性研究和可行性研究 2. 提出设计要求，组织方案竞赛和评选，提出评选建议，供建设单位参考 3. 协助建设单位选择勘察设计单位，或者协助建设单位组织设计班子，编制设计进度计划等 4. 编制概算（或预算）和招标标底，协助建设单位控制造价 5. 编制招标文件、代理招标；参加评标，提出决标建议，协助建设单位与中标单位签订合同 6. 受建设单位委托，对建设项目进行监理，包括：审定承包商提交的施工进度计划，监督施工合同的履行，处理违约、工程变更和索赔事件，协调施工合同各方之间的关系 7. 对建设项目进行进度、质量和投资控制，验收已完工程，签发付款凭证 8. 验收竣工工程、签发竣工验收报告，维修期期间的管理，工程价款的结算和决算 9. 合同文件和技术档案的整理等
为施工企业服务	1. 协助施工企业制订投标报价方案，进行有关投标的工作 2. 中标后协助承包商与业主、分包商和材料供应商签订合同 3. 施工期间处理各种索赔等事项 4. 安排各阶段验收和工程款结算 5. 进行成本、质量和进度等控制 6. 竣工结算

《工程监理企业资质管理规定》于 2006 年 12 月 11 日经建设部第 112 次常务会议讨论通过，自 2007 年 8 月 1 日起施行。

工程监理企业资质分为综合资质、专业资质和事务所资质。其中，专业资质按照工程性质和技术特点划分为若干工程类别。综合资质、事务所资质不分级别。专业资质分为甲级、乙级；其中，房屋建筑、水利水电、公路和市政公用专业资质可设立丙级。

《工程造价咨询企业管理办法》于2006年2月22日经建设部第85次常务会议讨论通过，自2006年7月1日起施行。

工程造价咨询企业资质等级分为甲级、乙级。

甲级工程造价咨询企业资质标准如下：

① 已取得乙级工程造价咨询企业资质证书满3年。

② 企业出资人中，注册造价工程师人数不低于出资人总人数的60%，且其出资额不低于企业注册资本总额的60%。

③ 技术负责人已取得造价工程师注册证书，并具有工程或工程经济类高级专业技术职称，且从事工程造价专业工作15年以上。

④ 专职从事工程造价专业工作的人员（以下简称专职专业人员）不少于20人，其中，具有工程或者工程经济类中级以上专业技术职称的人员不少于16人；取得造价工程师注册证书的人员不少于10人，其他人员具有从事工程造价专业工作的经历。

⑤ 企业与专职专业人员签订劳动合同，且专职专业人员符合国家规定的职业年龄（出资人除外）。

⑥ 专职专业人员人事档案关系由国家认可的人事代理机构代为管理。

⑦ 企业注册资本不少于人民币100万元。

⑧ 企业近3年工程造价咨询营业收入累计不低于人民币500万元。

⑨ 具有固定的办公场所，人均办公建筑面积不少于$10m^2$。

⑩ 技术档案管理制度、质量控制制度、财务管理制度齐全。

⑪ 企业为本单位专职专业人员办理的社会基本养老保险手续齐全。

⑫ 在申请核定资质等级之日前3年内无本办法第二十七条禁止的行为。

乙级工程造价咨询企业资质标准如下：

① 企业出资人中，注册造价工程师人数不低于出资人总人数的60%，且其出资额不低于注册资本总额的60%。

② 技术负责人已取得造价工程师注册证书，并具有工程或工程经济类高级专业技术职称，且从事工程造价专业工作10年以上。

③ 专职专业人员不少于12人，其中，具有工程或者工程经济类中级以上专业技术职称的人员不少于8人；取得造价工程师注册证书的人员不少于6人，其他人员具有从事工程造价专业工作的经历。

④ 企业与专职专业人员签订劳动合同，且专职专业人员符合国家规定的职业年龄（出资人除外）。

⑤ 专职专业人员人事档案关系由国家认可的人事代理机构代为管理。

⑥ 企业注册资本不少于人民币50万元。

⑦ 具有固定的办公场所，人均办公建筑面积不少于$10m^2$。

⑧ 技术档案管理制度、质量控制制度、财务管理制度齐全。

⑨ 企业为本单位专职专业人员办理的社会基本养老保险手续齐全。

⑩ 暂定期内工程造价咨询营业收入累计不低于人民币50万元。

⑪ 申请核定资质等级之日前无本办法第二十七条禁止的行为。

2. 专业人士资质管理

专业人士是指从事工程咨询的专业工程师等，他们在建筑市场运作中起着很重要的作用。

尽管有完善的建筑法规，但没有专业人员的知识和技能的支持，政府一般难以对建筑市场进行有效的管理。在参考发达国家有关制度的基础上，我国从 1988 年起，逐步建立了监理工程师、建筑师、结构工程师、造价工程师以及建造师（建造师或称营造师，相当于英国或中国香港地区的营造师 Builders，是项目经理资格的进一步提高）的专业人士资质管理制度。资格注册条件为：大专以上或同等的专业学历，通过相应专业人士的全国统一考试并获得资格证书，具有相应专业实际工程经验。

1.1.3　有形建筑市场的性质、功能及管理

有形建筑市场即建设工程交易中心，是经政府主管部门批准，为建设工程交易活动提供服务的场所。建设工程交易中心主要收集与发布工程建设信息，办理工程报建手续、承发包、工程合同及委托质量安全监督和建设监理等手续，提供政策法规及技术经济等咨询服务。

建设工程从投资性质上可分为两大类：一类是国家投资项目；另一类是私人投资项目。

我国是以社会主义公有制为主体的国家，政府部门、国有企业、事业单位投资在社会投资中占有主导地位。建设单位使用的大都是国有投资，由于国有资产管理体制的不完善和建设单位内部管理制度的薄弱，很容易造成工程发包中的不正之风和腐败现象。

实践证明，设立有形建筑市场是我国建设工程领域的一项有益尝试，从源头上预防工程建设领域腐败行为，具有重要作用。

1.1.3.1　建设工程交易中心的性质

建设工程交易中心是由建设工程招标投标管理部门或政府建设行政主管部门授权的其他机构建立的、自收自支的非盈利性事业单位，它根据政府建设行政主管部门委托实施对市场主体的服务、监督和管理。

1.1.3.2　建设工程交易中心的基本功能

根据规定，所有建设项目的报建、招标信息发布、施工许可证的申领、招标投标、合同签订等活动均应在建设工程交易中心进行，并接受政府有关部门的监督。其应具有以下三大功能：

① 集中办公功能。

② 信息服务功能。

③ 为承包发包交易活动提供场所及相关服务。

根据《建设工程交易中心管理办法》规定，建设工程交易中心要为政府有关部门提供办理有关手续和依法监督招标投标活动的场所，还应设有信息发布厅、开标室、洽谈室、会议室、商务中心和有关设施。

我国有关法规规定，建设工程交易中心必须经政府建设主管部门认可后才能设立，而且每个城市一般只能设立一个中心，特大城市可增设若干个分中心，但三项基本功能必须健全。

1.1.3.3　建设工程交易中心的运行原则

为了保证建设工程交易中心能够有良好的运行秩序和市场功能的充分发挥，必须坚持市场运行的一些基本原则，主要包括：信息公开原则、依法管理原则、公平竞争原则、属地进入原则、办事公正原则。

1.1.3.4　有形建筑市场存在的问题

各地有形建筑市场已初步形成网络，但规避招标、场外交易等现象仍然存在，规范有形建筑市场还有大量工作要做。

有形建筑市场（即建设工程交易中心），是在推行工程招标投标制度，规范建筑市场行为，推进建设领域反腐败斗争的过程中，探索并总结出来的新生事物，是推行工程招标投标制度的重要载体，是从源头上治理腐败现象的一项有效措施。

尽管大多数地方已建立了建设工程交易中心，招标投标率也较高，但规避招标，招标、投标活动中弄虚作假的现象时有发生，表面文章、形式主义、暗箱操作还不同程度地存在，合法程序下掩盖着不正当的行为。有形建筑市场的自身建设有待进一步加强，虽然有形建筑市场受相关部门监督，但自律机制也不可或缺，目前这方面做得还不够，交易中心的服务功能、管理水平、管理手段和工作人员的素质都有待于进一步提高。

任务2　建设工程发包承包方式

1.2.1　建设工程发包方式

建设工程发包方式主要有两种：招标发包和直接发包。

《建筑法》第十九条规定："建筑工程依法实行招标发包，对不适用于招标发包的可以直接发包。"

建设工程的招标发包主要适用《中华人民共和国招标投标法》（以下简称《招标投标法》）及其有关规定。《招标投标法》规定了必须进行招标的工程建设项目范围。

《中华人民共和国招标投标法实施条例》规定：《招标投标法》第三条所称工程建设项目，是指工程以及与工程建设有关的货物、服务。

前款所称工程，是指建设工程，包括建筑物和构筑物的新建、改建、扩建及其相关的装修、拆除、修缮等；所称与工程建设有关的货物，是指构成工程不可分割的组成部分，且为实现工程基本功能所必需的设备、材料等；所称与工程建设有关的服务，是指为完成工程所需的勘察、设计、监理等服务。

《中华人民共和国招标投标法实施条例》第三条规定：依法必须进行招标的工程建设项目的具体范围和规模标准，由国务院发展改革部门会同国务院有关部门制订，报国务院批准后公布施行。

《招标投标法》第六十六条规定："涉及国家安全、国家机密、抢险救灾或者属于利用扶贫资金实行以工代赈、需要使用农民工等特殊情况，不适宜进行招标的项目，按照国家规定可以不进行招标。"

《中华人民共和国招标投标法实施条例》规定，除《招标投标法》第六十六条规定的可以不进行招标的特殊情况外，有下列情形之一的，可以不进行招标：

（1）需要采用不可替代的专利或者专有技术。

（2）采购人依法能够自行建设、生产或者提供。

（3）已通过招标方式选定的特许经营项目投资人依法能够自行建设、生产或者提供。

（4）需要向原中标人采购工程、货物或者服务，否则将影响施工或者功能配套要求。

（5）国家规定的其他特殊情形。

对于不适于招标发包可以直接发包的建设工程，承包人依然要符合资质的要求。

建设项目经过决策立项之后，业主要组织勘察设计和施工安装等具体建设任务的实施，并将建设任务发包给相关企业。建设项目发包的方式不同，直接影响项目管理主体在项目中的管理活动，从而影响项目实施的效果。

目前，国内外常见的建设项目实施方式有以下三类：建设单位直接招标发包方式；委托项目管理公司代建；BOT 类特许方式。三类方式分述如下：

（1）建设单位直接招标发包方式　建设单位直接招标发包方式是指建设单位直接通过招标方式将任务发包给承包单位。所谓直接招标发包，是指由建设单位自己进行或委托招标代理机构进行招标发包活动，按发包的内容和招标的对象有平行承发包、设计总承包、施工总承包、项目总承包等方式。

1）平行承发包。建设单位把设计任务分别委托给多个设计单位，且把施工任务分别发包给多个施工单位，在这种情况下，各设计单位之间的关系是平行的关系，各施工单位之间的关系也是平行的关系，这种形式称为平行承发包方式。采用平行承发包方式，建设单位需要和多个设计单位及多个施工单位签订合同，为控制实施总目标，建设单位的协调工作量较大。

2）设计总承包。建设单位把项目的全部设计任务发包给设计总承包商，设计总承包商再把部分设计任务委托给其他专业设计单位，这种形式称为设计总承包方式。

3）施工总承包。建设单位把项目的全部施工任务发包给施工总承包商，施工总承包商再把部分施工任务委托给其他专业施工单位，这种形式称为施工总承包方式。

4）项目总承包。建设单位把一个项目的全部设计和全部施工任务都发包给一个总承包商，这种方式为项目总承包方式。

（2）委托项目管理公司代建　现代建设项目组成结构日趋复杂，不仅有新材料、新结构、新工艺、新技术的应用，而且建设项目管理已发展成为一项复杂的系统工程，它的优化组织和管理都涉及众多的专业知识以及现代化管理技术。要满足大规模化、高度技术化的建设项目快速、有效建设的要求，需要富有经验、专门从事工程项目管理的公司进行管理代建。委托项目管理公司代建的方式实现了项目的投资主体与经营管理机构的分离，即投资主体仅做投资市场的研究、投资项目的策划与决定、投资所需资金的筹措及运用、项目的转让或项目产品的移交。

代建的含义是代行（组织）建设，是指项目业主因缺乏工程建设管理的能力，故需委托专业化的项目管理公司代为组织建设实施或代为管理，代建的内容依业主委托范围可大可小，如为完成政府工程而组建的建设单位，其代建的范围是项目的全寿命周期（从前期工作到试生产或使用）。

代建制是工程项目建设实施的一种模式，较为流行的有：交钥匙方式（Turnkey 模式）、建筑工程管理方式（Construction Management with Risk，即 CMR 模式）、设计—采购—施工总承包方式（EPC 模式）、设计—采购—施工—管理总承包方式（EPCM 模式）等。

（3）BOT 类特许方式　BOT 是采用项目融资的一种公共项目的特许建设方式。BOT 有广义与狭义之分，狭义的 BOT 是指建设（Build）—运营（Operate）—移交（Transfer）模式；广义的 BOT 实际是 BOT 诸多形式的总概念。

《建筑法》第二十四条第一款规定，“提倡对建筑工程实行总承包”。建设工程的总承包方式按承包内容的不同，分为施工（或勘察、设计）总承包和工程总承包。其中，施工（或勘察、设计）总承包是我国常见且较为传统的工程承包方式，其主要特征是承包商仅承揽了施工（或勘查、设计）任务；而工程总承包，则是指“从事工程总承包的企业受业主委托，按照合同约定对工程项目的勘察、设计、采购、施工、试运行（竣工验收）等实行全过程或若干阶段的承包”。《建筑法》第二十四条第二款规定，“建筑工程的发包单位可以将建筑工程的勘察、设计、施工、设备采购一并发包给一个工程总承包单位，也可以将建筑工程勘察、设计、施工、设备采购的一项或者多项发包给一个工程总承包单位”。

1.2.2 建设工程承包方式

建设工程承包方式是指工程承包发包双方之间经济关系的形式。受承包内容和具体环境的影响，承包方式多种多样。建设工程承包方式可按承包范围、承包者所处的地位、获得承包任务的途径、合同类型和计价方式分类，如图 1-2 所示。

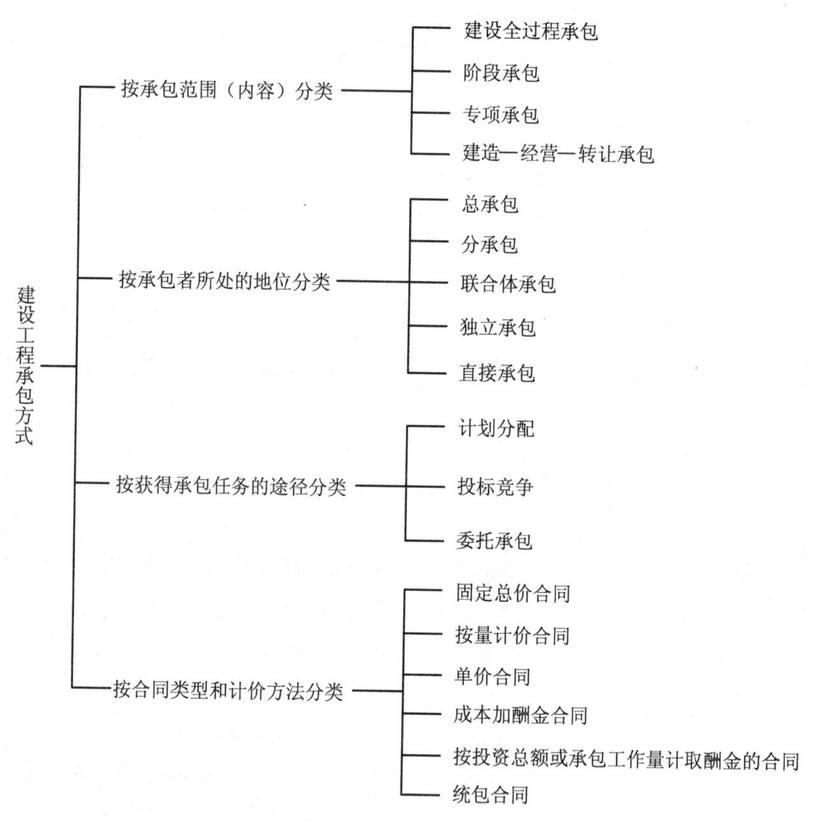

图 1-2　建设工程承包方式的分类

1.2.2.1 按承包范围划分承包方式

按工程承包范围即承包内容划分的承包方式，有建设全过程承包、阶段承包、专项承包和建筑—经营—转让（BOT）承包四种。

1. 建设全过程承包

建设全过程承包方式在建筑法中称为总承包，按其范围大小又可分为统包（也叫“一揽子承包”）和施工阶段全过程承包。全过程承包通常称之为“交钥匙”。为适应这种要求，国外某些大承包商往往和勘察设计单位组成一体化的承包公司，或者更进一步扩大到若干专业承包商和器材生产供应厂商，形成横向的经济联合体。这是近几十年来建筑业一种新的发展趋势。改革开放以来，我国各地设立的建设工程承包公司即属于这种承包单位。

（1）统包 统包是指建设单位一般只提出使用要求和竣工期限，承包方对项目建议书、可行性研究、勘察、设计、设备询价与选购、材料订货、工程施工、生产职工培训直至竣工投产实行全面的总承包，并负责对各项分包任务进行综合管理和监督。为了建设的衔接，必要时也可以吸收建设单位的部分力量，在承包公司的统一组织下，参加工程建设的有关工作。这种承包方式要求承发包双方密切配合，涉及决策性质的重大问题仍应由建设单位或其上级主管部门做最后的决定。这种承包方式主要适用于各种大中型建设项目。它的好处是可以积累建设经验和充分利用已有的经验，节约投资，缩短建设周期并保证建设的质量，提高经济效益。统包是全过程承包中范围最宽泛的一种，建设单位接收竣工的工程后，即可直接进入生产阶段。因此，它对承包单位要求较高，要求承包单位必须具有雄厚的技术、经济实力和丰富的组织管理经验。

（2）施工阶段全过程承包 施工阶段全过程承包也称为设计—施工连贯模式。它是指承包方在明确项目使用功能和竣工期限的前提下，完成工程项目的勘察、设计、施工、安装等环节。这种方式使设计与施工、安装密切配合，有利于施工项目管理，但因签订合同时尚无施工图样及有关资料，施工造价估算缺乏一定依据。若采用实际成本加固定比率计算造价，不容易控制成本及工期；若采用已完工程类比包干，对承包有一定风险。

2. 阶段承包

阶段承包是承包建设过程中某一阶段或某些阶段的工作内容，可分为建设工程项目前期阶段承包、勘察设计阶段承包、施工安装阶段承包等。

（1）建设工程项目前期阶段承包 建设工程项目前期阶段承包也称为项目开发阶段承包，主要是为建设单位提供前期决策的意见和科学、合理的投资开发建设方案，如可行性研究报告或设计任务书。

（2）勘察设计阶段承包 勘察设计阶段承包是指在可行性研究报告批准后，根据设计任务书提供勘察和设计两种不同性质的相关文件资料。其中，勘察单位最终提出施工现场的地理位置、地形、地貌、地质及水文地质等工程地质勘察报告和测量资料；设计单位最终提供设计图样和成本预算结果。

（3）施工安装阶段承包 施工安装阶段承包主要是为建设单位提供符合设计文件规定的建筑产品并进行施工安装。在施工安装阶段承包中，还可依承包内容的不同细化为以下三种方式：

1）包工包料，即承包人提供工程施工所需的全部人工和材料。这是国际上普遍采用的施工承包方式。

2）包工、部分包料，即承包人只负责提供施工所需的全部人工和一部分材料，其余部分则由建设单位或总包单位负责供应。我国改革开放前曾实行多年的施工单位承包全部用工和地方材料，建设单位供应统配和部管材料以及某些特殊材料，就属于这种承包方式。改革开放后已逐步过渡到包工包料方式。

3）包工不包料，即承包人仅提供劳务而不承担供应任何材料的义务。在国内外的建筑工程中都存在这种承包方式。

3. 专项承包

某建设阶段中的某一专门项目的专业性较强，因而多由有关的专业承包单位承包，称为专业承包。例如，可行性研究中的辅助研究项目；勘察设计阶段的工程地质勘察，基础或结构工程设计，工艺设计，供电系统、空调系统及防灾系统的设计；建设准备过程中的设备选购和生产技术人员培训；施工阶段的深基础施工，金属结构制作和安装，通风设备安装和电梯安装等。

4. 建造—经营—转让承包

国际上通称 BOT 方式，即“建造—经营—转让”英文“Build”“Operate”“Transfer”的缩写。这是20世纪80年代中后期新兴的一种带资承包方式，一般由一个或几个大承包商或开发商牵头，联合金融机构组成财团，就某个工程项目向政府提出建议和申请，取得建设和经营该项目的许可。这些项目一般都是大型公共工程和基础设施，如隧道、港口、高速公路、电厂等。政府若同意建议和申请，则将建设和经营该项目的特许权授予财团。财团负责资金筹集、工程设计和施工的全部工作；竣工后，在特许期内经营该项目，通过向用户收取费用回收投资、偿还贷款并获取利润；特许期满将该项目无偿地移交给政府经营管理。对项目所在国来说，采取这种方式可解决政府建设资金短缺的问题而不形成债务，又可解决本国欠缺建设、经营管理能力等困难，而且不用承担建设、经营中的风险。所以，这种方式在许多发展中国家受到欢迎和推广。对承包商来说，这种方式使他跳出了设计、施工的小圈子，实现工程项目前期和后期全过程总承包，竣工后参与经营管理，利润来源也就不限于施工阶段，而是向前后延伸到可行性研究、规划设计、器材供应及项目建成后的经营管理，从被动招标的经营方式转向主动为政府、业主和财团提供超前服务，从而扩大了经营范围。当然，这不免会增加风险，所以要求承包商有高超的融资能力和技术经济管理水平，包括风险防范能力。BOT 项目适用于发展中国家的大型能源、交通、基础设施建设。由于其投资回收慢，政府又缺少必要的资金，采用这种方式使政府及投资者都能获得利益。

1.2.2.2 按承包者所处的地位划分承包方式

在工程承包中，一个建设项目往往有不止一个承包单位。不同承包单位之间、承包单位和建设单位之间的关系不同、地位不同，就形成了不同的承包方式。按承包者所处的地位划分的承包方式，有总承包、分承包、联合体承包、独立承包和直接承包五种。

1. 总承包

一个建设项目建设全过程或其中某个阶段的全部工作，由一个承包单位负责组织实施。这个承包单位可以将若干专业性工作交给不同的专业承包单位去完成，并统一协调和监督它们的工作。在一般情况下，建设单位（业主）仅与这个承包单位发生直接关系，而不与各专业承包单位发生直接关系。该承包单位叫作“总承包单位”，或简称“总包”，通常为咨询公司、勘察设计机构、一般土建公司或设计施工一体化的大型建筑公司等。我国新兴的工程承包公司也是总包的一种组织形式。在法律规定许可的范围内，总包可将工程按专业分别发包给一家或多家经营资质、信誉等经业主（发包方）或其监理工程师认可的分包商。

总承包是目前建筑企业采用最多的一种工程承包模式，其主要特点如下：

1）对发包方（业主）而言，其合同结构简单，业主只与总承包单位签订合同，其组织管理和协调的工作量较少。

2）对总承包单位来说，其施工责任大、风险大。但其施工组织与管理存在较大的自主性，有充分发挥自身技术、管理综合实力的机会，施工效益的潜力也较大。

3）有利于实现以总承包为核心、从工程特点出发的施工作业队伍的优选和组合，有利于施工部署的动态推进。

4）相对于其他承包发包模式，总承包模式有利于业主控制工程造价，即只要在招标和签约过程中能够将发包条件、工程造价及其计价依据和支付方式描述清楚，合同谈判中经过充分协商，双方认定发包的条件、责任和权利、义务，且在施工过程中不涉及合同以外的工程变更和调整，承包总价一般不会发生大的变化。这种情况下，施工过程存在的风险，由总承包方预测分析，并采取一切可能的抗风险措施和手段，力求在造价不变的情况下，通过降低工程成本提高施工经营的经济效益。

2. 分承包

分承包简称分包，是相对总承包而言的，即承包者不与建设单位发生直接关系，而是从总承包单位分包某一分项工程（如土方、模板、钢筋等）或某种专业工程（如钢结构制作和安装、卫生设备安装、电梯安装等），在现场由总包统筹安排其活动，并对总包负责。分包单位通常为专业工程公司，如工业锅炉公司、设备安装公司、装饰工程公司等。国际上现行的分包方式主要有两种：一种是由建设单位指定分包单位，与总承包单位签订分包合同；另一种是总承包单位自行选择分包单位签订分包合同。

3. 联合体承包

联合体承包是相对于独立承包而言的承包方式，即由两个以上承包单位联合起来承包一项工程任务，由参加联合的各单位推荐代表统一与建设单位签订合同、共同对建设单位负责、协调它们之间的关系。参加联合的各单位仍是独立经营的企业，只是在共同承包的工程项目上，根据预先达成的协议承担各自的义务和分享共同的收益，包括资金的投入、人工和管理人员的派遣、机械设备和临时设备的费用分摊、利润的分享以及风险的分担等。工程任务完成后联合体进行内部清算而解体。由于多家联合，资金雄厚，技术和管理上可以取长补短，发挥各自的优势，有能力承包大规模的工程任务。同时由于多家共同作价，在报价及投标策略上互相交流经验，也有助于提高竞争力，较易中标。在国际工程承包中，外国承包企业与工程所在国承包企业联合经营，有利于了解和适应当地国情民俗、法规条例，便于工作的开展。

此种方式用联合体的名义与工程发包方签订承包合同，值得注意的是，《建筑法》第二十七条规定："大型建筑工程或者结构复杂的建筑工程，可以由两个以上的承包单位联合共同承包。共同承包的各方对承包合同的履行承担连带责任。""两个以上不同资质等级的单位实行联合共同承包的，应当按照资质等级低的单位的业务许可范围承揽工程。"此规定旨在防止那些资质等级低的施工企业搭车超范围承揽工程项目而使工程质量难以保证。

联合体承包方式在国际上得到了广泛应用，我国一些大型、复杂的建设工程项目中也有采用。这种承包模式有以下几个特点：

1）联合体承包模式可以集中各成员单位在资金、技术、管理等方面的优势，克服单一建筑企业力所不能及的困难，凭实力取得承包资格和取得业主的信任，也增强了抗风险的能力。

2）联合体有按照各参与方与联合体的合同及组建章程产生的自己的组织机构和代表，可以实行工程的统一经营，并按各方的投入比重确定其经济利益和风险承担的比例，以明确各自的责任、权利和义务。因其组成了联合体，是利益共享、责任共担的工程承包共同体，各方都能关心和重视承建工程经营的成败得失。

3）如上所述，联合体是利益共享、责任共担的工程承包共同体，所以在项目施工进展中如果有一个成员破产，其他成员企业共同补充相应的人力、物力、财力，不使工程项目进展受到影响，业主不会因此而受到损失。

4）工程联合体并不是一个注册实体，只是一个临时的承包机构。我国目前对此尚无立法，现在联合体承包时采用各方代表均在承包合同上签字的方式。

4. 独立承包

独立承包是指承包单位依靠自身的力量完成承包的任务而不实行分包的承包方式。它通常仅适用于规模较小、技术要求比较简单的工程以及修缮工程。

5. 直接承包

直接承包就是在同一工程项目上，不同承包单位分别与建设单位签订承包合同，各自直接对建设单位负责。各承包单位之间不存在总分包关系，现场上的协调工作可由建设单位自己去做，或委托一个承包单位牵头去做，也可聘请专门的项目经理来管理。直接承包也叫平行式承包。项目业主把施工任务按照工程的构成特点划分成若干个可独立发包的单元、部位和专业，线性工程（道路、管线、线路）划分成若干个独立标段等，分别进行招标承包。各施工单位分别与发包方签订承包合同，独立组织施工，施工承包企业相互之间为平行关系。其主要特点为：

1）工程项目施工可以在总体统筹规划的前提下，根据发包任务的分解情况分别考虑，只要该分解部分具备发包条件，就可以独立发包，以增强施工项目实施阶段设计和施工的搭接程度，缩短项目的建设周期。

2）由于直接承包的每项合同都是相对独立的，业主组织管理和协调的工作量增加了。

3）工程采取分解切块后发包，各独立施工任务并不是同步进行，对业主的投资控制的影响有两个方面。有利的一面是先实施的工程承包合同及时总结经验，指导后实施的承包合同投资控制，从而可以实现计划总造价的累计节超调节；不利的一面是整个招标过程延续时间较长，整个项目的总发包价要到最后一份合同签订时才能知道，一定程度上投资总目标的控制将处于被动。

4）相对于总承包而言，直接承包每项发包的工程量小。一方面这种模式适用于不具备总承包能力的一般中小型企业；另一方面综合管理水平高的企业感到这种方式不利于发挥其技术和管理的综合优势，积极性不高。但对技术复杂、施工难度大的部分，水平高的企业的积极性会高一些。

5）鉴于《建筑法》中规定“禁止将建筑工程肢解发包”，所以对于将本来可以由一个施工企业完成的项目肢解为若干部分、划小发包段以达到规避招标承包中相关规定的违规行为，应当禁止。

1.2.2.3　按获得承包任务的途径划分承包方式

根据承包单位获得任务的不同途径，承包方式可分为计划分配、投标竞争和委托承包三种方式。

1. 计划分配

计划分配方式是指在计划经济体制下，由中央和地方政府的计划部门分配建设工程任务，由设计、施工单位与建设单位签订承包合同。在我国，计划分配曾是多年来采用的主要方式，随着改革的深化已很少见。

2. 投标竞争

通过投标竞争，优胜者获得工程任务，与建设单位签订承包合同，这是国际上通行的获得承包任务的主要方式。我国实行社会主义市场经济体制，建筑业和基本建设管理体制改革的主要内容之一，就是从以计划分配工程任务为主逐步过渡到以在政府宏观调控下实行投标竞争为主的承包方式。

3. 委托承包

委托承包也称为协商承包，即无需经过投标竞争，而由建设单位与承包单位协商，签订委托其承包某项工程任务的合同。

1.2.2.4 按合同类型和计价方法划分承包方式

根据工程项目的条件和承包内容，合同和计价方法往往有不同类型。在实践中，合同类型和计价方法成为划分承包方式的主要依据，据此，承包方式分为固定总价合同、按量计价合同、单价合同、成本加酬金合同等。

工程项目的条件和承包内容的不同，往往要求不同类型的合同和包价计算方法。因此，在实践中，合同类型和计价方法就成为划分承包方式的重要依据。

1. 固定总价合同

固定总价合同就是按商定的总价承包工程。它的特点是以图样和工程说明书为依据，明确承包内容和计算包价，并一笔包死。在合同执行过程中，除非建设单位要求变更原定的承包内容，承包单位一般不得要求变更包价。这种方式对建设单位比较简便，因此为一般建设单位所欢迎。对承包商来说，如果设计图样和说明书相当详细，能据以比较精确地估算造价，签订合同时考虑得也比较周全，不致有太大的风险，也是一种比较简便的承包方式。如果图样和说明书不够详细，未知数比较多，或者遇到材料突然涨价以及恶劣的气候等意外情况，承包单位须承担应变的风险。为此，往往加大不可预见费用，因而不利于降低造价，最终是对承包单位不利。这种承包方式通常仅适用于规模较小、技术不太复杂的工程。

2. 按量计价合同

按量计价合同以工程量清单和单价表为计算包价的依据。通常由建设单位委托设计单位或专业估算师（造价工程师或测量师）提出工程量清单，列出分部分项工程量，如挖土若干立方米、填土夯实若干立方米、混凝土若干立方米、墙面抹灰若干平方米等，由承包商填报单价，再算出总造价。因为工程量是统一计算出来的，承包商只要经过复核并填上适当的单价就能得出总造价，承担风险较小。发包单位也只要审核单价是否合理即可，对双方都方便。目前国际上采用这种承包方式的较多。在我国，作为工程造价计算方法的改革方向，已开始推行。

3. 单价合同

在没有施工详图就需开工，或虽有施工图而对工程的某些条件尚不完全清楚的情况下，既不能比较精确地计算工程量，又要避免凭运气而使建设单位和承包单位任何一方承担过高的风险，采用单价合同是比较适宜的。在实践中，这种承包方式可细分为以下三种：

（1）按分部分项工程单价承包　按分部分项工程单价承包即由建设单位开列分部分项工程名称和计量单位，如挖土方每立方米、混凝土每立方米、钢结构每吨等，多由承包单位逐项填报单价；也可以由建设单位先提出单价，再由承包单位认可或提出修订的意见后作为正式报价，经双方磋商确定承包单价，然后签订合同，并根据实际完成的工程数量，按此单价结算工程价款。这种承包方式主要适用于没有施工图、工程量不明即需开工的紧急工程。

（2）按最终产品单价承包 按最终产品单价承包就是按每一平方米住宅、每一平方米道路等最终产品的单价承包。其报价方式与按分部分项工程单价承包相同。这种承包方式通常适用于采用标准设计的住宅，如中、小学校舍和通用厂房等工程。但考虑到基础工程因条件不同而造价变化较大，我国按每一平方米单价承包某些房屋建筑工程时，一般仅指±0标高以上部分，基础工程则以按量计价承包或分部分项工程单价承包。单价可按预算定额或加调价系数一次包死，也可商定允许随工资和材料价格指数的变化而调整。具体的调整办法应在合同中明确规定。

（3）按总价投标和决标，按单价结算工程价款 这种承包方式适用于设计已达到一定的深度，能据以估算出分部分项工程数量的近似值，但由于某些情况不完全清楚，在实际工作中可能出现较大变化的工程。例如，在铁路或水电建设中的隧洞开挖，就可能因反常的地质条件而使土石方数量产生较大的变化。为了使承发包双方都能避免由此带来的风险，承包单位可以按估算的工程量和一定的单价提出总报价，建设单位也以总价和单价为评标、决标的主要依据，并签订单价承包合同。随后，双方即按实际完成的工程数量与合同单价结算工程价款。

4. 成本加酬金合同

这种承包方式的基本特点是按工程实际发生的成本（包括人工费、材料费、施工机械使用费、其他直接费和施工管理费以及各项独立费，但不包括承包企业的总管理费和应缴税金），加上商定的总管理费和利润，来确定工程总造价。这种承包方式主要适用于开工前对工程内容尚不十分清楚的情况，如边设计边施工的紧急工程，或遭受地震、战火等灾害破坏后需修复的工程。在实践中主要有以下四种不同的做法。

（1）成本加固定百分数酬金 计算方法可用下式表示

$$C=C_a(1+P)$$

式中 C——总造价；

C_a——实际发生的工程成本；

P——固定的百分数。

从上式中可以看出，总造价 C 将随工程成本 C_a 而水涨船高，显然不能鼓励承包商关心缩短工期和降低成本，因而对建设单位是不利的。现在这种承包方式已很少被采用。

（2）成本加固定酬金 工程成本实报实销，但酬金是事先商定的一个固定数目。其计算式为

$$C=C_a+F$$

式中 F——酬金，通常按估算的工程成本的一定百分比确定，数额是固定不变的。

这种承包方式虽然不能鼓励承包商关心降低成本，但从尽快取得酬金出发，承包商将会关心缩短工期，这是其可取之处。为了鼓励承包单位更好地工作，也有在固定酬金之外，再根据工程质量、工期和降低成本情况另加奖金的。在这种情况下，奖金所占比例的上限可大于固定酬金，以充分发挥奖励的积极作用。

（3）成本加浮动酬金 这种承包方式要事先商定工程成本和酬金的预期水平。如果实际成本恰好等于预期水平，工程造价就是成本加固定酬金；如果实际成本低于预期水平，则增加酬金；如果实际成本高于预期水平，则减少酬金。这三种情况可用下式表示

如果 $C_a=C_0$，则 $C=C_a+F$

$$C_a<C_0，C=C_a+F+\Delta F$$

$$C_a>C_0，C=C_a+F-\Delta F$$

式中　C_0——预期成本；

ΔF——酬金增减部分，可以是一个百分数，也可以是一个固定的绝对数。

采用这种承包方式，通常规定，当实际成本超支而减少酬金时，以原定的固定酬金数额为减少的最高限度。也就是在最坏的情况下，承包人将得不到任何酬金，但不必承担赔偿超支的责任。

从理论上讲，这种承包方式既对承发包双方都没有太多风险，又能促使承包商关心降低成本和缩短工期；但在实践中准确地估算预期成本比较困难，所以要求当事双方具有丰富的经验并掌握充分的信息。

（4）目标成本加奖罚　在仅有初步设计和工程说明书即迫切要求开工的情况下，可根据粗略估算的工程量和适当的单价表编制概算，作为目标成本；随着详细设计逐步具体化，工程量和目标成本可加以调整，另外规定一个百分数作为酬金；最后结算时，如果实际成本高于目标成本并超过事先商定的界限（例如 5%），则减少酬金，如果实际成本低于目标成本（也有一个幅度界限），则加给酬金。用公式表示如下：

$$C=C_a+P_1C_0+P_2（C_0-C_a）$$

式中　C_0——目标成本；

P_1——基本酬金百分数；

P_2——奖罚百分数。

此外，还可另加工期奖罚。这种承包方式可以促使承包商关心降低成本和缩短工期，而且目标成本是随设计的进展而加以调整才确定下来的，故建设单位和承包商双方都不会承担多大风险，这是其可取之处。当然也要求承包商和建设单位的代表都必须具有比较丰富的经验和充分的信息。

5. 按投资总额或承包工作量计取酬金的合同

这种承包方式主要适用于可行性研究、勘察设计和材料设备采购供应等项承包业务，即按概算投资额的一定百分比计算设计费，按完成勘察工作量的一定百分比计算勘察费，按材料设备价款的一定百分比计算采购承包业务费等，这些都要在合同中作出明确规定。

6. 统包合同

统包合同即“交钥匙”合同，其内容见前面“建设全过程承包”一节。下面说明达成统包合同与确定包价的一般步骤。

1）建设单位委托承包商做拟建项目的可行性研究；承包商在提出可行性研究报告的同时，提出初步设计和工程概算所需的时间和费用。

2）建设单位委托承包商做初步设计并着手施工现场的准备工作。

3）建设单位委托承包商做施工图设计并着手组织施工。

每一步都要签订合同，规定支付给承包商的报酬数额。由于设计是逐步深入，概预算是逐步完善的，而且建设单位要根据前一步工作的结果决定是否进行下一步工作，所以不大可能采用固定总价合同、按量计价合同或单价合同等承包方式。在实践中以采用成本加酬金合同者为多，至于采用哪一种成本加酬金合同，则根据实际情况由建设单位和承包商双方协商确定。

1.2.3　工程招标投标概述

1.2.3.1　建设工程招标投标的概念

1. 招标投标

招标投标是在市场经济条件下进行工程建设、货物买卖、中介服务等经济活动的一种竞争方式和交易方式，其特征是引入竞争机制以求达成交易协议或订立合同。它是指招标人对工程建设、货物买卖、中介服务等交易业务事先公布采购条件和要求，吸引愿意承接任务的众多投标人参加竞争，招标人按照规定的程序和办法择优选定中标人的活动。

整个招标投标过程，包含着招标、投标和定标（决标）三个主要阶段。招标是招标人事先公布有关工程货物或服务等交易业务的采购条件和要求，以吸引投标方参加竞争承接。这是招标人为签订合同而进行的准备，在性质上属于要约邀请。投标是投标人获悉招标人提出的条件和要求后，以订立合同为目的向招标人作出愿意参加有关任务的承接竞争，在性质上属于要约。定标是招标人在众多投标人中选出最优条件的作为中标人，在性质上属于承诺。

2. 建设工程招标投标

建设工程招标投标是指建设单位（即业主或项目法人）通过招标的方式，将工程建设项目的勘察、设计、施工、材料设备供应、监理等业务，一次或分步发包，由具有相应资质的承包单位通过投标竞争的方式承接。其最突出的优点是：将竞争机制引入工程建设领域，工程项目的发包方、承包方和中介方统一纳入市场实行公开交易，给市场主体的交易行为赋予了极大的透明度，鼓励竞争，防止和反对垄断，通过平等竞争，优胜劣汰，最大限度地实现投资效益的最优化；通过严格、规范、科学合理的动作程序和监管机制，有力地保证了竞争过程的公正和交易安全。

1.2.3.2　各类建设招标投标的特点

建设工程招标投标的目的是在工程建设中引入竞争机制，择优选定勘察、设计、设备安装、施工、装饰、材料设备供应、监理和工程总承包单位，以保证缩短工期、提高工程质量和节约建设资金。工程招标投标的总的特点是：

1）通过竞争机制，实行交易公开。

2）鼓励竞争、防止垄断、优胜劣汰，实现投资效益。

3）通过科学合理和规范化的监管机制与动作程序，可有效地杜绝不正之风，保证交易的公正和公平。

1. 工程勘察设计招标投标的特点

工程勘察是指依据工程建设目标，通过对地形、地质、水文等要素进行测绘、勘探、测试及综合分析测定，查明建设场地和有关范围内的地质地理环境特征，提供工程建设所需的资料及与其相关的活动，具体包括工程测量、水文地质勘察和工程地质勘察。

工程设计是指依据工程建设目标，运用工程技术和经济方法，对建设工程的工艺、土木、建筑、公用、环境等系统进行综合策划、论证，编制工程建设所需要的文件及与其相关的活动，具体包括总体规划设计（或总体设计）、初步设计、技术设计、施工图设计和设计概算编制。

（1）工程勘察招标投标的特点

1）有批准的项目建议书、可行性研究报告、规划部门同意的用地范围许可文件和要求的地形图。

2）采用公开招标或邀请招标方式。

3）申请招标登记，招标人自己组织招标或委托招标代理机构代理招标，编制招标文件，对投标单位进行资格审查，发放招标文件，组织勘察现场和进行答疑，投标人编制和递交投标书，开标、评标、定标、发出中标通知书，签订勘察合同。

4）在评标、定标时，着重考虑勘察方案的优劣，同时也考虑勘察进度的快慢，勘察收费依据与取费的合理性、正确性，以及勘察资历和社会信誉等因素。

（2）工程设计招标投标的特点

1）设计招标在招标的条件、程序、方式上，与勘察招标相同。

2）在招标的范围和形式上，主要实行设计方案招标，可以是一次性总招标，也可以分单项、分专业招标。

3）在评标、定标时，强调把设计方案的优劣作为择优、确定中标单位的主要依据，同时也考虑设计经济效益的好坏、设计进度的快慢、设计费报价的高低以及设计资历和社会信誉等因素。

4）中标人应承担初步设计和施工图设计，经招标人同意也可以向其他具有相应资格的设计单位进行一次性委托分包。

2. 施工招标投标的特点

建设工程施工是指把设计图样变成预期的建筑产品的活动。施工招标投标是目前我国建设工程招标投标中开展得比较早、比较多、比较好的一类，其程序和相关制度具有代表性、典型性，甚至可以说，建设工程其他类型的招标投标制度都是承袭施工招标投标制度而来的。就施工招标投标本身而言，其特点主要是：

1）在招标重要条件上，比较强调建设资金的充分到位。

2）在招标方式上，强调公开招标、邀请招标，议标方式受到严格限制甚至被禁止。

3）在评标定标时，要综合考虑价格、工期、技术、质量安全、信誉等因素，价格因素所占分量比较突出，可以说是关键的一环，常常起决定性作用。

3. 工程建设监理招标投标的特点

工程建设监理是指具有相应资质的监理单位和监理工程师，受建设单位或个人的委托，独立对工程建设过程进行组织、协调、监督、控制和服务的专业化活动。工程建设监理招标的主要特点是：

1）在性质上，属于工程咨询招标投标的范畴。

2）在招标的范围上，可以包括工程建设过程中的全部工作，如项目建设前期的可行性研究、项目评估等，项目实施阶段的勘察、设计、施工等，也可以只包括工程建设过程中的部分工作，通常主要是施工监理工作。

3）在评标定标时，综合考虑监理规划（或监理大纲）、人员素质、监理业绩、监理取费、检测手段等因素，但其中最主要的考虑因素是人员素质，其分值所占比重较大。

4. 材料设备采购招标投标的特点

建设工程材料设备是指用于建设工程的各种建筑材料和设备。材料设备采购招标投标的主要特点是：

1）在招标形式上，一般应优先考虑在国内招标。

2）在招标范围上，一般为大宗的而不是零星的建设工程材料设备采购，如锅炉、电梯、空调等的采购。

3）在招标内容上，可以就整个工程建设项目所需的全部材料设备进行总招标，也可以就单项工程所需材料设备进行分项招标或者就单件（台）材料设备进行招标，还可以进行从项目的设计，材料设备生产、制造、供应和安装高度到试用投产的工程技术材料设备的成套招标。

4）在招标中，一般要求做标底，标底在评标定标中具有重要意义。

5）允许具有相应资质的投标人就部分或全部招标内容进行投标，也可以联合投标，但应在投标文件中明确一个总牵头单位承担全部责任。

5. 工程总承包招标投标的特点

1）它是一种带有综合性的全过程的一次性招标投标。

2）投标人在中标后应当自行完成中标工程的主要部分（如主体结构等），对中标工程范围内的其他部分，经发包人同意，有权与作为招标的分包投标人签订工程分包合同。

3）分承包招标投标的运作一般按照总承包招标投标的规定执行。

1.2.3.3 建设工程招标投标活动的基本原则

1. 合法原则

合法原则是指建设工程招标投标主体的一切活动必须符合法律、法规、规章和有关政策的规定，即主体资格要合法，活动依据要合法，活动程序要合法，对招标投标活动的管理和监督要合法。

2. 统一、开放原则

统一原则是指市场必须统一，管理必须统一，规范必须统一。

开放原则要求根据统一的市场准入规则，打破地区、部门和所有制等方面的限制和束缚，向社会开放建设工程招标投标市场，破除地区和部门保护主义，反对一切人为的对外封闭市场的行为。

3. 公开、公平、公正原则

公开原则是指建设工程招标投标活动应具有较高的透明度。

1）建设工程招标投标的信息公开。

2）建设工程招标投标的条件公开。

3）建设工程招标投标的程序公开。

4）建设工程招标投标的结果公开。

公平原则是指所有投标人在建设工程招标投标活动中享有均等的机会，具有同等的权利，履行相应的义务，任何一方都不受歧视。

公正原则是指在建设工程招标投标活动中，按照同一标准实事求是地对待所有的投标人，不偏袒任何一方。

4. 诚实信用原则

诚实信用原则是指在建设工程招标投标活动中，招（投）标人应当以诚相待，讲求信用，实事求是，做到言行一致，遵守诺言，履行成约，不得见利忘义，投机取巧，弄虚作假，隐瞒欺诈，损害国家、集体和其他人的合法权益。

5. 求效、择优原则

求效、择优原则，是建设工程招标投标的终极原则。讲求效益和择优定标，是建设工程招标投标活动的主要目标。在建设工程招标投标活动中，除了要坚持合法、公开、公正等前提性、基础性原则外，还必须贯彻求效、择优的目的原则。贯彻求效、择优原则，最重要的是要有一套科学合理的招标投标程序和评标办法。

6. 招标投标权益不受侵犯原则

招标投标权益是当事人和中介机构进行招标投标活动的前提和基础，因此，保护合法的招标投标权益是维护建设工程招标投标秩序、促进建筑市场健康发展的必要条件。

建设工程招标投标活动当事人和中介机构依法享有的招标投标权益，受国家法律的保护和约束。任何单位和个人不得非法干预招标投标活动的正常进行，不得非法限制或剥夺当事人和中介机构享有的合法权益。

课 后 作 业

1. 实地参观建设工程交易中心，了解其基本功能。

2. 参加招投标交易活动，体验工程发包与承包以招投标的方式在交易中心完成的过程。根据自身体验回答以下问题：

（1）简述我国建设工程招标投标活动应当遵循的基本原则。

（2）简述以招标投标的方式发包承包工程的流程。

项目二　招标方的工作

学习目标

了解招标的基本法律规定，熟悉招标流程及评标、定标的原则，掌握编制招标公告、资格预审文件及招标文件的方法。

任务1　对建设项目招标的认识

2.1.1　建设项目招标概述

2.1.1.1　概念、原则及特点

1. 招标投标的概念

招标是指招标人事前公布工程、货物或服务等发包业务的相关条件和要求，通过发布广告或发出邀请函等形式，召集自愿参加竞争者投标，并根据事前规定的评选办法选定承包商的市场交易活动。在建筑工程施工招标中，招标人要对投标人的投标报价、施工方案、技术措施、人员素质、工程经验、财务状况及企业信誉等方面进行综合评价，择优选择承包商，并与之签订合同。

投标就是投标人根据招标文件的要求，提出完成发包业务的方法、措施和报价，竞争取得业务承包权的活动。

从1984年国务院颁布《关于改革建筑业和基本建设管理体制若干问题的暂行规定》，原国家计划委员会（现发展和改革委员会）和城乡建设环境保护部（现住房和城乡建设部）联合颁布《建设工程招标投标暂行规定》算起，我国在工程项目上推行招标投标制已有30多年的历史。

随着建筑业改革的深入，我国实行招标投标的工程比例逐年上升。全国地级市都已建立了专门的招标投标管理机构，制订了招标投标管理办法。招标投标已成为建设市场的主要交易方式。

2. 招标投标活动的原则

根据《招标投标法》规定，招标投标活动的原则包括：公开原则、公平原则、公正原则和诚实信用原则。

（1）公开原则　公开原则就是要求招标投标活动具有较高的透明度，招标信息、招标程序必须公开，即必须做到招标通告公开发布、开标程序公开进行、中标结果公开通知，使每一个投标人获得同等的信息，在信息量相等的条件下进行公平的竞争。

（2）公平原则　公平原则要求给予所有投标人以完全平等的机会，使每一个投标人享有同等的权利并承担同等的义务，招标文件和招标程序不得含有任何对某一方歧视的要求或规定。

（3）公正原则　公正原则就是要求在选定中标人的过程中，评标机构的组成必须避免任何倾向性，评标标准必须完全一致。

（4）诚实信用原则　诚实信用原则也称为诚信原则，这条原则要求招标投标当事人应以诚实、守信的态度行使权利，履行义务，以维护双方的利益平衡，以及自身利益和社会利益的平衡。双方当事人都必须以尊重自身利益的同等态度尊重对方利益，同时必须保证自己的行为不损害第三方利益和国家、社会的公共利益。《招标投标法》规定：应该实行招标的项目不得规避招标，招标人和投标人不得有串通投标、泄露标底、骗取中标、非法转包等行为。

3．招标投标交易活动的特征

（1）平等性　招标投标是独立法人之间的经济交易活动，它按照平等、自愿、互利的原则和规范的程序进行。招标人和投标人均享有规定的权利和义务，受法律的保护和约束。同时，招标人提出的条件和要求对所有潜在的投标人都是同等的。因此，投标人之间的竞争也是平等的。

（2）竞争性　招标投标交易方式的核心就是竞争。投标人为了中标，相互在价格、品质、进度和服务等方面进行竞争，优胜劣汰。为了生存，企业间的竞争往往达到非常激烈的程度。

（3）开放性　为了保证招标投标的竞争性，招标要求打破地方保护、行业垄断的局面，彻底开放市场。因此，公开招标要求在全国性的甚至是国际性的传播媒体上发布招标公告，从而保证最大限度的竞争。

2.1.1.2　招标的基本法律规定

随着我国建筑市场的发育成熟以及与国际市场的接轨，我国的招标投标制度也逐步完善，国家和政府通过立法对招标投标活动进行了规范。全国人大通过的《建筑法》《招标投标法》等法律，国务院通过的《建设工程质量管理条例》《中华人民共和国招标投标法实施条例》等行政法规，各部委制定的《工程建设项目施工招标投标办法》《评标委员会和评标方法暂行规定》等部门规章，以及各省市制定的有关政策规定都对招标投标活动进行了原则性的和具体的规定。

1．招标的范围与规模标准

《招标投标法》规定，在中华人民共和国境内进行下列工程建设项目，包括项目的勘察、设计、施工、监理以及与工程建设有关的重要设备、材料等的采购，必须进行招标。

1）大型基础设施、公用事业等关系社会公共利益、公众安全的项目。

2）全部或者部分使用国有资金投资或者国家融资的项目。

3）使用国际组织或者外国政府投资贷款、援助资金的项目。

2000 年 5 月 1 日，国家计划委员会（现发展和改革委员会）颁布的《工程建设项目招标范围和规模标准规定》具体规定，达到下列规模的必须进行招标：施工单项合同 200 万元以上；重要设备材料采购 100 万元以上；勘察、设计监理 50 万元以上；项目总投资 3 000 万元以上。

由于我国幅员辽阔，各地情况千差万别，为了适应当地实际情况，各省、市、自治区都根据《招标投标法》的基本规定，制定了具体的实施细则，其中对招标范围的规定也做法不一。例如，有的规定，凡属国有和集体所有制企业投资建设的项目或国有和集体经济组织控股的建设项目必须实行招标，其他项目则由建设单位自主决定是否进行招标；有的规定，除抢险救灾等特殊工程外，所有的新建、扩建、改建的建设项目都必须进行招标；有的规定，建筑面积在一定限额以上（如 $500m^2$ 以上）或投资、造价在一定限额以上（如造价 50 万元以上）的建设项目必须进行招标，限额以下可以不招标等。

该规定距今已有十多年，自2000年至今价格指数、GDP等反映我国经济发展与货币实际购买力等的因素均发生了重大的变化，依法必须招标项目的规模标准应随之上调。

非法律法规规定必须招标的项目，建设单位可自主决定是否进行招标，任何组织或个人不得强制要求招标。同时，若建设单位自愿要求招标，招标投标管理机构应予以支持。

2. 建设工程招标的基本条件

（1）招标人必须具备的条件　为了确保招标投标活动的质量，真正达到选拔最优秀的承包商和建设投资最低化的目的，各地政府招标投标主管部门还对招标人的招标资质进行了规定。

建设工程招标人的招标资质主要由以下两方面标准确定：

1）招标人是否有与招标项目相适应的数量和级别的技术、经济等专业技术人员。

2）招标人是否具有编制招标文件和组织招标活动的能力。

若招标人不具备上述条件，无相应的招标资质，就不允许自行组织招标，而必须委托具有相应资质的招标代理机构代理招标。

（2）招标代理机构的资格条件　建设工程招标代理是指工程建设单位将建设工程招标事务委托给具有相应资质的中介服务机构，由该中介服务机构在招标人委托授权的范围内，以招标人的名义，独立组织建设工程招标活动，并由建设单位接受招标活动的法律效果的一种制度。这里，代替他人进行建设工程招标活动的中介服务机构，称为招标代理人。

建设工程招标人委托建设工程中介服务机构作为自己的代理人，必须有委托授权行为。委托授权是建设工程招标人作为被代理人，以委托的形式表示将招标代理权授予代理人的单方行为。被代理人一方一旦授权，代理人就取得了招标代理权。建设工程招标当事人委托授予代理权，应当采用书面形式。授权委托书应当载明代理人的姓名或者名称、代理事项、代理的权限范围和代理权的有效期限，并且由委托人签名盖章。如果授权委托书授权不明，代理人凭借该授权不明的授权委托书与善意的第三人（相对人）进行了不符合被代理人本意的招标事务，其效果仍应归属于被代理人，如果因此致使第三人（相对人）受损害的，被代理人应向受害人负赔偿责任，代理人负连带责任。

招标代理人受招标人委托代理招标，必须签订书面委托代理合同。授权委托书和委托代理合同关系十分密切，但两者不是一回事。授权委托书和委托代理合同的主要区别是：授权委托书体现为单方法律行为，委托合同体现为双方法律行为。所谓委托代理合同，是指招标人委托招标代理机构处理招标事务，招标代理机构接受委托的协议。

政府招标主管部门对招标代理机构实行资质管理。招标代理机构必须按照有关规定，在资质证书容许的范围内展开业务活动。招标代理的资质主要根据以下条件确定：

1）机构的营业场所和资金情况。

2）技术、经济专业人员数量、职称和工作经验情况。

3）机构在招标代理方面的工作业绩。

越级代理属于一种无权代理行为，不受法律保护。

（3）招标工程应具备的条件　为了建立和维护正常的建设工程招标投标秩序，建设工程招标必须具备一定的条件，不具备这些条件就不能进行招标。如原国家计划委员会、建设部等部委联合制定的《工程建设项目施工招标投标办法》规定，依法必须招标的工程建设项目，应当具备下列条件才能进行施工招标：

1）招标人已经依法成立。

2）初步设计及概算已履行审批手续。

3）招标范围、招标方式和招标组织形式等已履行核准手续。

4）有相应资金或资金来源落实。

5）有招标所需的设计图样及技术资料。

当然，对于建设项目的不同建设任务的招标，其条件可以有所不同或有所侧重。

建设工程勘察、设计招标的条件：设计任务书或可行性研究报告已获批准；具有设计所必需的可靠基础资料。

建设监理招标的条件：初步设计和概算已获批准；工程建设的主要技术工艺要求已确定；项目已纳入国家计划或已向有关部门备案。

建设工程材料、设备供应招标的条件：建设资金（含自筹资金）已按规定落实；具有批准的初步设计或施工图设计所附的设备清单，专用、非标设备应有设计图样、技术资料等。

对建设项目招标的条件，最基本、最关键的是要把握住两条：一是建设项目已合法成立，按照国家有关规定需要履行项目审批手续的，已履行了审批手续；二是建设资金已基本落实，工程任务承接者确定后能实际开展运作。

2.1.2　招标方式

2.1.2.1　公开招标

公开招标又称为无限竞争招标，是由招标人以招标公告的方式邀请不特定的法人或者其他组织投标，并通过国家指定的报刊、广播、电视及信息网络等媒介发布招标公告，有意向的投标人接受资格预审、购买招标文件、参加投标的招标方式。

这种招标方式的优点是：投标的承包商多，范围广，竞争激烈，建设单位有较大的选择余地，有利于降低工程造价、提高工程质量、缩短工期。

公开招标是最具竞争性的招标方式，其参与竞争的投标人数量最多，只要符合相应的资质条件，投标人愿意便可参加投标，不受限制。因而竞争程度最为激烈。它可以为招标人选择报价合理、施工工期短、信誉好的承包商创造机会，为招标人提供最大限度的选择范围。

公开招标程序最严密、最规范，有利于招标人防范风险，保证招标的效果，有利于防范招标投标活动操作人员和监督人员出现舞弊现象。

公开招标是适用范围最为广泛、最有发展前景的招标方式。在国际上，招标通常都是指公开招标。在某种程度上，公开招标已成为招标的代名词。《招标投标法》规定，凡法律法规要求招标的建设项目必须采用公开招标的方式，若因某些原因需要采用邀请招标的，必须经招标投标管理机构批准。

公开招标也有缺点，如由于投标的承包商多，招标工作量大，组织工作复杂，需投入较多的人力、物力，招标过程所需时间较长。因此，在不违背法律规定的招标投标活动原则的前提下，各地在实践中采取了不同的变通办法。

2.1.2.2　邀请招标

邀请招标又称为有限竞争性招标，是指招标人以投标邀请书的方式邀请特定的法人或其他组织投标。这种方式不发布公告，招标人根据自己的经验和所掌握的各种信息资料，向具备承担该项工程的施工能力资信良好的三个及以上承包商发出投标邀请书，收到邀请书的单位参加投标。

邀请招标方式的优点是：目标集中，招标的组织工作较容易，工作量较小。邀请招标程序上比公开招标简化，招标公告、资格审查等操作环节被省略，因此在时间上比公开招标短得多。邀请招标的投标人往往为3～5家，比公开招标少，因此评标工作量减少，时间也大大缩短。

邀请招标方式的缺点是：由于参加的投标人较少，竞争性较差，使招标人对投标人的选择范围小。如果招标人在选择邀请单位前所掌握的信息量不足，则会失去发现最适合承担该项目的承包商的机会。由于邀请招标存在上述缺点，因此有关法规对依法必须招标的建设项目，采用邀请招标的方式招标进行了限制。

《中华人民共和国招标投标法实施条例》规定，国有资金占控股或者主导地位的依法必须进行招标的项目，应当公开招标；但有下列情形之一的，可以邀请招标：

（1）技术复杂、有特殊要求或者受自然环境限制，只有少量潜在投标人可供选择。

（2）采用公开招标方式的费用占项目合同金额的比例过大。

有第二项所列情形，按照国家有关规定需要履行项目审批、核准手续的依法必须进行招标的项目，由项目审批、核准部门在审批、核准项目时做出认定；其他项目由招标人申请有关行政监督部门做出认定。

国务院发展改革部门指导和协调全国招标投标工作，对国家重大建设项目的工程招标投标活动实施监督检查。国务院工业和信息化、住房和城乡建设、交通运输、水利、商务等部门，按照规定的职责分工对有关招标投标活动实施监督。

县级以上地方人民政府发展改革部门指导和协调本行政区域的招标投标工作。县级以上地方人民政府有关部门按照规定的职责分工，对招标投标活动实施监督，依法查处招标投标活动中的违法行为。县级以上地方人民政府对其所属部门有关招标投标活动的监督职责分工另有规定的，从其规定。财政部门依法对实行招标投标的政府采购工程建设项目的预算执行情况和政府采购政策执行情况实施监督。

监察机关依法对与招标投标活动有关的监察对象实施监察。

2.1.3　招标程序

随着形势和环境的变化，各地政府对建设程序的控制方式也发生了一定变化，各地区的招标程序不尽相同。

2.1.3.1　公开招标程序

公开招标的程序一般可划分为六个基本环节：建设项目招标申请；编制招标公告或资格预审文件、招标文件；投标人的资格预审（采用资格预审方式）；发放招标文件；开标、评标与定标；签订合同。

1. 招标申请

各地一般规定，招标人进行招标，要向招标投标管理机构填报招标申请书。招标申请书经批准后，方可编制招标文件和招标控制价，并将这些文件报招标投标管理机构备案。招标人或招标代理人也可在申报招标申请书时，一并将已经编制完成的招标文件和招标控制价，报招标投标管理机构备案。经招标投标管理机构对上述文件进行审查认定后，方可发布招标公告或发出投标邀请书。

招标申请书是招标人向政府主管机构提交的要求开始组织招标的一种文书。其主要内容包括：招标工程具备的条件、招标的工程内容和范围、拟采用的招标方式和对投标人的要求、招标人或者招标代理人的资质等。

招标申请时，招标投标管理机构首先要对招标人的资格进行审查，不具备规定条件的招标人，须委托具有相应资质的咨询、监理等单位代理招标。其次要对招标项目所具备的条件进行审查，符合条件的方准许其进行招标。

上述规定的主要目的在于促使建设单位严格按基本建设程序办事，防止“三边”工程的发生，并确保招标工作的顺利进行。

招标申请时，招标投标管理机构还要对项目的招标方式进行审查，凡依法必须招标的项目，没有特殊情况，必须公开招标。有特殊原因需要采用邀请招标的，必须依据《招标投标法》《工程建设项目施工招标投标办法》以及其他法律法规的规定进行严格审查。

2. 招标公告或资格预审公告

招标申请书和招标文件等备案后，招标人就要发布招标公告或资格预审公告。

采用公开招标方式的，招标人要在报纸、杂志、广播、电视、网络等大众传媒或建筑工程交易中心公告栏上发布招标公告。信息发布所采用的媒体，应与潜在投标人的分布范围相适应，不相适应的是一种违背公正原则的违规行为。如国际招标的应在国际性媒体上发布信息，全国性招标的就应在全国性媒体上发布信息，否则即被认为是排斥潜在投标人。必须强调，依法必须招标的项目，其招标公告应当在国家指定的报刊和信息网络上发布。

实行资格预审（即在投标前进行资格审查）的，用资格预审通告代替招标公告，即只发布资格预审通告，通过发布资格预审通告，招请投标人；实行资格后审（即在开标后进行资格审查）的，不发资格审查通告，而只发招标公告，通过发布招标公告招请投标人。

3. 发放招标文件

招标人将招标文件、图样和有关技术资料发给投标人（实行资格预审的须通过资格预审获得投标资格）。投标人收到招标文件、图样和有关资料后，应认真核对，并以书面形式予以确认。

4. 现场踏勘

对于建设施工项目，投标人应进行现场踏勘，以便投标人了解工程场地和周围环境情况。

踏勘现场主要应了解以下内容：

1）施工现场是否达到招标文件规定的条件。

2）施工现场的地理位置、地形和地貌。

3）施工现场的地质、土质、地下水位、水文等情况。

4）施工现场气候条件，如气温、湿度、风力、年雨雪量等。

5）现场环境，如交通、饮水、污水排放、生活用电、通信等。

6）工程所在施工现场的位置与布置。

7）临时用地、临时设施搭建等。

5. 招标答疑

投标人在现场踏勘以及理解招标文件、施工图样时的疑问，可以于招标文件规定的时间前提出。招标人将在招标文件规定的时间前对投标人的疑问作出统一的解答，并以招标补充文件的形式，发放给所有投标人。

6. 投标文件的编制与送交

投标人根据招标文件的要求编制投标文件，并在密封和签章后，于投标截止时间前送达规定的地点。

7. 开标

招标人按招标文件规定的时间、地点，在投标人法定代表人或授权代理人在场的情况下进行开标，把所有投标者递交的投标文件启封公布，对标书的有效性予以确认。

8. 评标

由招标人、招标人邀请有关经济、技术专家组成评标委员会，在招标管理机构监督下，依据评标原则、评标方法，对投标人的技术标和商务标进行综合评价，确定中标候选单位，并排定优先次序。

采用资格后审的，招标人待开标后先对投标人的资格进行审查，经资格审查合格的，方准其进入评标。经资格后审不合格的投标人的投标应作废标处理。

公开招标资格后审和资格预审的主要内容是一样的。

9. 定标

中标候选单位确定后，招标人可对其进行必要的询标，然后根据情况最终确定中标单位。但在确定中标人之前，招标人不得与投标人就投标价格、投标方案等实质性内容进行谈判。同时，依法必须招标的项目，招标人应当确定排名第一的中标候选人为中标人。排名第一的中标候选人放弃中标、因不可抗力提出不能履行合同，或者招标文件规定应当提交履约保证金而在规定的期限内未能提交的，招标人可以确定排名第二的中标候选人为中标人。

10. 中标通知

中标人确定后，招标人应当向中标人发出中标通知书，同时通知未中标人。中标通知书对招标人和中标人具有法律约束力。中标通知书发出后，招标人改变中标结果或者中标人放弃中标的，应当承担法律责任。

11. 合同签订

中标通知书发出之日起30个工作日之内，招标人应当与中标人按照招标文件和中标人的投标文件订立书面合同。招标人与中标人签订合同后5个工作日内，应当向中标人和未中标的投标人退还投标保证金。

若招标文件规定必须交纳履约保证金的，中标单位应及时交纳。未按招标文件及时交纳履约保证金和签订合同的，将被没收投标保证金，并承担违约的法律责任。

2.1.3.2 邀请招标程序

邀请招标程序与公开招标程序的主要差异是邀请招标无需发布资格预审公告或招标公告，因为，邀请招标的投标人是招标人预先通过调查、考察选定的，投标邀请书是由招标人直接发给投标人的。除此之外，邀请招标的程序与公开招标完全相同。

任务2 编制招标公告或资格预审文件

2.2.1 招标公告

招标公告应当至少载明下列内容：

1）招标人的名称和地址。

2）招标项目的内容、规模、资金来源。

3）招标项目的实施地点和工期。

4）获取招标文件或者资格预审文件的地点和时间。

5）对招标文件或者资格预审文件收取的费用。

6）对投标人的资质等级的要求。

招标公告的一般格式见表 2-1。

表 2-1　招标公告示例

招标编号：________

1.（招标人名称）的（招标工程项目名称），已由（项目批准机关名称）批准建设。现决定对该项目的工程施工进行公开招标，择优选定承包人。

2. 本次招标工程项目概况

（1）说明招标工程项目的性质、规模、结构类型、招标范围、标段划分及资金来源和落实情况等。

（2）工程建设地点为________。

（3）计划开工日期为____年____月____日，竣工日期为____年____月____日，工期为____日历天。

（4）工程质量要求达到国家施工验收规范________标准。

3. 资格要求

凡参加本次投标的投标申请人必须具备建设行政主管部门核发的（建筑企业资质类别、资质等级）级及以上和具有足够资产及能力来有效地履行合同的施工企业或自愿组成的联合体（联合体各方均应具备规定的相应资格条件，相同专业的施工企业组成的联合体，按照资质等级较低的单位确定资质等级）。可对上述（一个或多个）招标工程项目进行投标。

4. 获取招标文件

投标人可按本公告后所附招标人或招标代理机构地址从招标人或招标代理机构处获取招标文件，时间为____年____月____日至____年____月____日，每天上午____时____分至____时____分，下午____时____分至____时____分（公休日、节假日除外）。

招标文件每套售价________元人民币，电子招标光盘每张售价________元人民币，售后不退。如欲邮购，可以书面形式通知招标人，并另加邮费每套________元人民币，招标人将立即以航空挂号方式向投标人寄送，但在任何情况下，如寄送的文件迟到或丢失，招标人均不对此负责。

5. 有关本项目投标的其他事宜，请与招标人或招标代理机构联系。

6. 联系方式

招标人：________（盖章）

地　　址：________邮政编码：________

联系电话：________传　　真：________

联系人：________电子邮箱：________

招标代理机构：________（盖章）

地　　址：________邮政编码：________

联系电话：________传　　真：________

联系人：________电子邮箱：________

日期：____年____月____日

2.2.2　资格预审文件

资格预审文件包括资格预审公告、申请人须知、资格审查办法、资格预审申请文件格式、项目建设概况，以及对资格预审文件的澄清和修改。

当资格预审文件、资格预审文件的澄清或修改等在同一内容的表述上不一致时，以最后发出的书面文件为准。

在获得招标信息后，有意参加投标的单位应根据资格预审通告或招标公告的要求携带有关证明材料到指定地点报名并接受资格预审。资格审查应主要审查潜在投标人是否符合下列条件：

1）具有独立订立合同的权利。

2）具有履行合同的能力，包括专业技术资格和能力，资金、设备和其他物质设施状况，管理能力，经验、信誉和相应的从业人员。

3）没有处于被责令停业，投标资格被取消，财产被接管、冻结，破产状态。

4）在最近三年内没有骗取中标和严重违约及重大工程质量问题。

5）法律、行政法规规定的其他资格条件。

资格审查时，招标人不得以不合理的条件限制、排斥潜在投标人或者投标人，不得对潜在投标人或者投标人实行歧视待遇。任何单位和个人不得以行政手段或者其他不合理方式限制投标人的数量。

招标人应当在资格预审通告或招标文件中载明资格预审的条件、标准和方法。招标人不得改变载明的资格条件或者以没有载明的资格条件对潜在投标人或者投标人进行资格审查。

报名和资格预审可以同时进行，也可以分开进行。资格预审就是招标人通过对投标人按照资格预审通告或招标公告的要求提交或填报的有关资格预审文件和资料的审查，确定合格投标人的活动。经资格预审后，招标人应当向资格预审合格的潜在投标人发出资格预审合格通知书，告知获取招标文件的时间、地点和方法，并同时向资格预审不合格的潜在投标人告知资格预审结果。资格预审不合格的潜在投标人不得参加投标。合格投标人名单一般要报招标投标管理机构复查。

对投标人的资格审查也有采用资格后审的。所谓资格后审就是招标人待开标后再对投标人的资格进行审查，经资格审查合格的，方准其进入评标。经资格后审不合格的投标人的投标应作废标处理。

公开招标资格预审和资格后审的主要内容是一样的，一般要求投标人向招标人提交以下法定证明文件和相关资料：

1）营业执照、资质等级证书和法人代表资格证明书。

2）近三年完成工程的情况。

3）目前正在履行的合同情况。

4）履行合同的能力，包括专业技术资格、能力和经验，资金、财务、设备、劳动力和其他资源状况，管理能力，信誉等。

5）受奖、罚的情况和其他有关资料。

两个以上法人或者其他组织可以组成一个联合体，以一个投标人的身份共同投标。

投标人可以单独参加资格预审，也可以作为联合体的成员参加资格预审，但不允许投标人参加同一个项目的一个以上的投标，任何违反这一规定的资格预审申请书将被拒绝。

联合体各方应当具备承担招标项目的相应能力，国家有关规定或者招标文件对投标人资格条件有规定的，联合体各方均应当具备规定的相应资格条件。由同一专业的单位组成的联合体，按照资质等级较低的单位确定资质等级。

联合体各方应当签订共同投标协议，明确约定各方拟承担的工作和责任，并将共同投标协议连同投标文件一并提交招标人。联合体中标的，联合体各方应当共同与招标人签订合同，就中标项目向招标人承担连带责任。

联合体参加资格预审应符合下列要求：

1）联合体的每一个成员均须提交与单独参加资格预审的单位要求一样的全套文件。

2）在资格预审文件中必须规定，资格预审合格后，作为投标人将参加投标并递交合格的投标文件。该投标文件连同后来的合同应共同签署，以便对所有联合体成员作为整体和独立体均具有法律约束力。在提交资格审查有关资料时，应附上联合体协议，该协议中应规定所有联合体成员在合同中共同的和各自的责任。

3）预审文件须包括一份联合体各方计划承担的合同额和责任的说明。联合体的每一成员须具备执行它所承担的工程的充足经验和能力。

4）预审文件中应指定一个联合体成员作为主办人（或牵头人），主办人应被授权代表所有联合体成员接受指令，并且由主办人负责整个合同的全面实施。

联合体如果达不到上述要求，其提交的资格预审申请将被拒绝。资格预审后，任何联合体的组成和资审合格的联合体的任何变化，须在投标截止日之前征得招标人或招标代理人的书面同意。作为联合体提出资格预审申请经审查合格后，不得再分开或加入其他联合体。

采用邀请招标方式时，对投标人的资格审查一般都采用资格后审，即招标人在发出招标邀请书后，再要求投标人按照投标邀请书的要求提交或出示有关文件和资料，并进行验证。招标人通过资格后审以确认自己所掌握的有关投标人的情况是真实的和可靠的。一般通过资格审查的投标人名单，要报招标投标管理机构进行审核。

邀请招标资格审查的主要内容，一般与公开招标相同。

经资格审查合格后，由招标人或招标代理人通知资格审查合格者，领取招标文件，参加投标。招标人向经审查合格的投标人分发招标文件及有关资料，并向投标人收取投标保证金。公开招标实行资格后审的，直接向投标报名者分发招标文件和有关资料，收取投标保证金。

任务3　编制招标文件

2.3.1　招标文件的内容及招标文件实例

2.3.1.1　招标文件的内容

招标人根据施工招标项目的特点和需要编制招标文件。招标文件一般包括：前附表；投标须知；合同主要条款；合同格式；采用工程量清单招标的，应当提供工程量清单；技术规范；设计图样；评标标准和方法；投标文件的格式。

招标人应当在招标文件中规定实质性要求和条件，并用醒目的方式标明。

1．前附表

前附表是投标须知前附表的简称，它以表格的形式将投标须知概括性地表示出来，放在招标文件的最前面，使投标人一目了然，有利于引起注意和便于查阅。前附表一般包括以下内容：

1）招标项目概况，包括项目名称、建设地点、建设规模、结构类型、资金来源等内容。

2）招标范围。

3）承包方式。

4）合同名称。

5）投标有效期。

6）质量标准。

7）工期要求。

8）投标人资质等级。

9）必要时概括列出投标报价的特殊性规定。

10）投标保证金数额。

11）投标预备会时间、地点。

12）投标文件份数。

13）投标文件递交地点。

14）投标截止时间。

15）开标时间。

2. 投标须知

投标须知一般包括总则、招标文件、投标文件、开标、评标、合同授予等内容。

（1）总则　投标须知的总则通常包括以下内容：

1）招标项目概括，主要项目名称、建设地点、建设规模、结构类型、资金来源、建设审批文件等内容。

2）招标范围。

3）承包方式。

4）招标方式。

5）招标要求，包括质量标准、工期要求。

6）投标人条件，包括企业资质和项目经理资质等。

7）投标费用。

（2）招标文件　这部分内容主要包括：

1）招标文件组成。

2）招标文件解释，其中规定了招标文件解释的时间和形式。

3）现场踏勘。

4）投标预备会。

5）招标文件修改，其中规定了招标文件修改的形式、时效、法律效力。

（3）投标文件　这是投标须知中对投标文件各项要求的阐述，主要包括以下几个方面：

1）投标文件的语言。

2）投标报价的规定，包括报价有效范围、报价依据、报价内容、部分费率和单价的规定、投标货币、主要材料和设备的品牌规定等。

3）投标文件编制要求，包括投标书组成内容、投标文件格式要求、投标文件的份数和签署、投标文件的密封与标志、投标有效期和投标截止期等。

4）投标文件递交规定，包括投标文件封包要求、投标文件递交的时间和地点等。

5）投标保证金，这是对投标保证金的形式以及交纳时间等问题的说明。

6）投标文件的修改与撤回，这是对投标书的修改与撤回在时间和形式上的规定。

（4）开标　该部分一般包括以下内容：

1）开标的时间、地点。

2）开标会议出席人员规定。

3）会前必须交验的有关证明文件的规定。

4）程序性废标的条件。

5）唱标和记录规定。

（5）评标　该部分一般包括以下内容：

1）评标委员会的组成。

2）评标办法。

3）实质性废标条件。

4）投标文件澄清规定。

5）评标保密规定。

（6）合同授予　该部分一般包括以下内容：

1）中标通知书发放规定。

2）履约保证金或保函递交时效规定。

3）合同签订时效规定。

3. 合同主要条款

合同主要条款一般包括施工组织设计和工期、工程质量与验收、合同价款与支付、工程保修和其他等部分。

1）施工组织设计和工期条款，一般包括进度计划编制要求，开、竣工日期，工程延期的条件。

2）工程质量与验收条款，一般包括质量标准，质量验收程序。

3）合同价款与支付条款，一般包括合同价款调整规定，工程款支付规定。

4）其他条款，根据招标人的具体要求编写。

4. 合同格式

此部分规定了合同所采用的文本格式。国内项目大多采用由建设部和国家工商行政管理局制定的《建设工程施工合同（示范文本）》（GF—2013—0201）。

5. 技术规范

此部分主要说明本项目适用规范、标准。

6. 设计图样

此部分对施工图的移交做出规定。招标文件中的图样，不仅是投标人拟定施工方案、确定施工方法、提出替代方案、计算投标报价必不可少的资料，也是工程合同的组成部分。因此在该部分中应详细列出图样张数和编号。

7. 评标标准和方法

《招标投标法》规定：评标委员会应当按照招标文件确定的评标标准和方法，对投标文件进行评审和比较。评标的标准，一般包括价格标准和价格标准以外的其他有关标准（又称“非价格标准”）。评标的方法是运用评标标准评审、比较投标的具体方法。常见的评标方法有经评审最低价法（能够满足招标文件的实质性要求，并且经评审的投标价格最低；但是投标价格低于成本的除外）和综合评估法（能够最大限度地满足招标文件中规定的各项综合评价标准）。

8. 投标文件的格式

此部分主要提供一些投标文件的统一格式。

招标文件发出后，招标人不得擅自变更其内容。若确需进行必要的澄清、修改或补充的，招标人应当在招标文件要求提交投标文件截止时间至少15天前，书面通知所有获得招标文件的投标人。

投标保证金是招标人为了防止发生投标人不递交投标文件，递交毫无意义或未经充分、慎重考虑的投标文件，投标人中途撤回投标文件或中标后不签署合同等情况的发生而设定的一种担保形式。其目的是约束投标人的投标行为，保护招标人的利益，维护招标投标活动的正常秩序，这也是国际上的一种习惯做法。

投标保证金的收取和缴纳办法，应在招标文件中说明。投标保证金可采用现金、支票、银行汇票，也可以是银行出具的银行保函。

七部委令第 30 号《工程建设项目施工招标投标办法》规定："投标保证金一般不得超过投标总价的百分之二，但最高不得超过八十万元人民币。投标保证金有效期应当超出投标有效期三十天。"

2.3.1.2 施工招标文件实例

第一卷 投标须知、合同条款及合同格式

一、前附表

项　号	条款号	内　容	说明与要求
1	1.1	工程名称	×××桩基工程
2	1.1	建设地点	×××路
3	1.1	建设规模及工程类别	本工程总建筑面积为183 300m^2，其中地上建筑面积为145 300m^2，地下建筑面积为38 000m^2，用地面积约52 862m^2，建筑高度99m，采用框剪结构
4	1.1	承包方式	包工包料
5	1.1	质量要求	符合工程施工质量验收规范标准
6	2.1	招标范围	桩基工程，具体以提供的施工图、工程量清单及招标文件中明确的内容为准
7	2.2	工期要求	120日历天
8	3.1	资金来源	政府资金
9	4.1	投标人资质等级	企业资质地基及基础工程专业承包壹等级及以上 建造师（项目经理）房建壹等级及以上
10	4.2	资格审查方法	采用资格后审
11	13.1	工程量清单计价方式	综合单价法
12	15.1	投标有效期	90日历天（从投标截止之日算起）
13	16.1	投标担保金额	投标保证金为人民币伍拾万元整，采用银行保函形式。投标人除提供"银行保函"外还需同时提供"开立保函协议"原件 投标人将银行保函复印件和保函协议复印件装订入投标函格式内容中作为投标文件的一部分，银行保函原件和保函协议原件在投标人递交投标文件时同时递交招标人（如未按本条要求提供，可能导致资格审查不予通过） 注意：投标人需充分考虑办理银行保函的时间
14	6.1	踏勘现场	招标人不集中组织踏勘现场，由投标人自行踏勘，费用自理
15	17.1	投标预备会（答疑会）	投标人在现场踏勘以及理解招标文件、施工图样中的疑问，可以于2010年6月13日17时前登录×××建设项目招标网（www.×××.gov.cn），以不署名的形式在"投标答疑专区"提疑。招标人将在开标前2010年6月18日17时前对投标人疑问作出统一的解答，并以投标补充文件的形式，在×××建设项目招标网（www.×××.gov.cn）上发布。在开标前，投标人须随时关注网站的最新答疑信息 联系电话：××× 传真：×××

（续）

项　目	条 款 号	内　容	说明与要求
16	18.1	投标人的替代方案	不允许
17	20.1	投标文件份数	一份正本，四份副本，（另提供投标文件电子版一份）
18	21.1	投标文件递交地点及截止日期	收件单位：招标人 地址：×××市建设工程交易中心第二开标室 （×××路×××号×××楼） 时间：2010 年 06 月 24 日 11 时
19	24.1	开标会	地址：×××市建设工程交易中心第二开标室 （×××路×××号×××楼） 时间：2010 年 06 月 24 日 11 时 00 分
20	32.3	评标标准及方法	按投标须知第 32.4 款
21	13.8	投标最高限价	招标控制价为人民币：4 393.19 万元，投标报价超过招标控制价的作废标处理。投标人如有异议的，应在投标截止前 7 天向招标人或委托的招标代理机构提出，并抄告招投标监督机构；由招标人或委托的招标代理机构负责复核，复核结果在投标截止时间前 3 天公布
22	37.2	履约担保金额	投标人提供的履约担保金额为合同总价的 10%，采用连带责任担保方式 为防止投标人低价抢标，最高限价的 85%作为风险控制价。凡低于该风险控制价的，中标人在提交履约保证金的同时必须以保函形式额外提交中标价净值与风险控制价之差额 保证的方式：连带责任保证
23		工程量清单综合单价的标准偏离率	20%
24		投标人修正不平衡报价的确认及询疑响应时间	评标委员会对不平衡报价修正后要求投标人书面确认，投标人不予确认的，评标委员会有权拒绝其投标文件。请各投标人授权委托人在评标期间保证电话联系畅通，并在接到通知后 30 分钟内携带授权委托书和身份证明材料到指定地点在 30 分钟内对调整后的报价进行当场确认，凡未在指定时间内确认的一律作投标人不接受修正后的报价处理 地址：×××市建设工程交易中心

二、投标须知

（一）总则

1　工程说明

1.1　工程说明见投标须知前附表（以下简称“前附表”）第 1 项～第 5 项所述。

1.2　上述工程按照《中华人民共和国招标投标法》等有关法律、法规、规章规定通过招标来择优选定施工单位。

2　招标范围及工期

2.1　本次招标的工程范围见前附表第 6 项所述。

2.2　本工程的工期要求见前附表第 7 项所述。

3　资金来源

本工程立项计划已得到有关部门的批准，工程资金通过前附表第 8 项所述的方式获得。

4　合格的投标人

4.1　投标人资质等级要求见前附表第 9 项所述。

4.2　投标人合格条件见本工程施工招标公告或投标邀请书。

4.3　本工程采用前附表第 10 项所述的资格审查方法确定合格投标人。

4.4　当采用资格后审时，投标人必须按资格审查文件要求在递交投标文件时一同报送资格后审的资料。

4.5　本项目不接受联合体投标。

5　投标费用

投标人应承担其编制投标文件与递交投标文件所涉及的一切费用。不论投标结果如何，招标人在任何情况下无义务也无责任承担这些费用。

6　踏勘现场

6.1　投标人自行对工程现场及周围环境进行踏勘，获取自己所需的有关编制投标文件和签署合同等的所有资料。踏勘现场所发生的费用由投标人自己承担。

6.2　招标人向投标人提供的有关现场的资料和数据，是招标人现有的能使投标人利用的资料。招标人对投标人由此而做出的推论、理解和结论概不负责。

6.3　投标人及其人员经过招标人的允许，可以踏勘为目的进入招标人的工程现场，但投标人及其人员不得因此使招标人及其人员承担有关的责任和蒙受损失。投标人并应对由此次踏勘现场而造成的死亡、人身伤害、财产损失、损害以及任何其他损失、损害和引起的费用和开支承担责任。

6.4　各投标单位应认真踏勘工程现场，熟悉施工现场及周围的地形、地貌、水文、地质、交通道路等情况，以获得一切可能影响投标报价的直接资料，如需发生费用，在其他项目清单中单列明细，一次性固定包干。中标后，不得以不完全了解现场情况为由而提出追加费用或延长工期等要求。对此类要求，建设单位将不予任何考虑。（本次工程量清单中不说明相应的现场施工条件，由投标人经现场踏勘后根据自身条件在投标报价中综合考虑）

6.5　如果投标人认为需要再次进行现场踏勘，招标人将予以支持，费用自理。

（二）招标文件

7　招标文件的组成

7.1　招标文件除以下内容外，招标人在招标期间发出的答疑纪要和其他补充修改函件，均是招标文件的组成部分，对投标人起约束作用。

招标文件包括下列内容:

第一卷　投标须知、合同条款及合同格式

一、前附表

二、投标须知

三、合同条款及格式

第二卷　工程技术要求及工程规范

四、工程技术要求及规范

五、工程量清单编制（分部分项工程量清单及计价表须采用工具软件的格式化表格）

第三卷　图样及其他资料

六、图样及其他资料

第四卷　投标文件格式

七、投标函格式

八、投标文件商务部分格式

九、投标文件技术部分格式

7.2　投标人购取招标文件后，应仔细检查招标文件的所有内容，如有残缺应在领到招标文件后3日内向招标人提出，否则，由此引起的投标损失自负；投标人同时应认真审阅招标文件中所有的事项、格式、条款和规范要求等，如果投标人的投标文件没有按照招标文件要求提交全部资料或者投标文件没有对招标文件做出实质性响应，其风险应由投标人自行承担并根据有关条款规定，其投标有可能被拒绝。

8　招标文件的澄清

8.1　投标人在收到招标文件后，对招标文件任何部分若有任何疑问，任何要求澄清招标文件的投标人，均应按照投标须知前附表第15项的要求登录×××建设项目招标网（www.×××.gov.cn），以不署名的形式在“投标答疑专区”提疑。不论是招标人根据需要主动对招标文件进行必要的澄清或是根据投标人的要求对招标文件做出澄清，招标人都将按照投标须知前附表第15项要求以书面形式予以答复，同时将书面答复在相关网站上公布，告知所有投标人。澄清纪要作为招标文件的组成部分，具有约束作用。

8.2　如有必要，招标人将就投标人提出的问题以答疑的形式在投标预备会上进行解释。

9　招标文件的修改

9.1　招标文件发出后，在投标截止日期5天前的任何时候，无论出于何种原因，招标人可主动地或在解答投标人提出的澄清问题时对招标文件进行修改。

9.2　招标文件的修改将在相关网站上公布，招标文件的修改作为招标文件的组成部分，并具有约束作用。

9.3　招标文件、招标文件澄清（答疑）纪要、招标文件修改补充通知内容均以书面明确的内容为准。当招标文件、修改补充通知、澄清（答疑）纪要内容相互矛盾时，以最后发出的通知（或纪要）或修改文件为准。

9.4　招标人保证招标文件澄清（答疑）纪要和招标文件修改补充通知在投标截止时间至少5日前在相关网站上公布给所有投标人。为使投标人在编写投标文件时有充分时间对招标文件的修改部分进行研究，招标人可以酌情延长递交投标文件的截止日期，具体时间将在修改补充通知中明确。

（三）投标文件的编制

10　投标文件的语言及度量衡单位

10.1　投标人与招标人之间对投标有关的所有往来通知、函件和投标文件均使用中文。投标人随投标文件提供的证明文件和资料可以为其他语言，但必须附中文译文，解释这些文件，应以中文为准。

10.2　除技术规范另有规定外，投标文件使用的度量衡单位，均采用中华人民共和国法定计量单位。

11　投标文件的组成

11.1　投标文件由投标函、商务部分和技术部分三部分文件组成。其中分部分项工程量清单及计价表必须采用招标文件工程量清单中工具软件的格式化表格。

11.2　投标函主要包括下列内容：

1）法定代表人资格证明书。

2）投标文件签署授权委托书。

3）投标函。

4）投标函附录。

5）投标担保（附银行保函复印件）。

6）招标文件要求投标人提交的其他投标资料（本项无格式，需要时由招标人用文字提出）。

11.3　商务部分主要包括下列内容：

工程量清单编制与报价统一格式。

（1）工程量清单及计价表式（不得随意修改）

1）工程量清单报价封面。

2）工程量清单报价说明。

3）投标总价封面。

4）工程项目报标汇总表。

5）单位工程报价汇总表。

6）分部分项工程量清单及计价表。

7）组织措施项目（整体）清单及计价表。

8）组织措施项目（专业工程）清单及计价表。

9）技术措施项目清单及计价表。

10）安全施工措施项目清单及计价表。

11）文明施工措施项目清单及计价表。

12）环境保护措施项目清单及计价表。

13）临时设施措施项目清单及计价表。

14）其他项目清单及计价表。

15）计日工表。

16）总承包服务费项目及计价表。

17）主要工日价格表。

18）主要材料价格表。

19）主要机械台班价格表。

（2）工程量清单报价分析表

1）分部分项工程量清单综合单价分析表。

2）措施项目清单分析表。

3）综合单价工料机分析表。

4）措施项目工料机分析表。

招标人根据拟建工程的构成、发包方式及报价要求，将在工程量清单编制总说明中明确投标人具体需填报的表格。

投标报价需要的其他资料（本项无格式，需要时由招标人用文字或表格提出，或投标人在投标报价时提出）。

11.4　技术部分主要包括下列内容：

（1）施工组织要求

1）工程概况及控制目标。

2）施工总体布置。

①工程投入的施工机械设备情况、主要施工机械进场计划。

② 劳动力安排计划。

③ 施工进度计划网络图。

④ 施工总平面布置设计。

3）针对招标人特殊要求的技术措施。

（2）项目管理班子配备

1）项目管理班子配备情况表。

2）项目经理简历表。

3）项目技术负责人简历表。

4）项目管理班子配备情况辅助说明资料。

（3）拟分包项目名称和分包商情况

技术部分内容总页数（不计封面、目录、人员资质及业绩证明辅助资料）不宜超过30页，表格可视内容需要扩展。

11.5　投标人资信情况主要包括:

1）投标人一般情况（必须提供企业营业执照）。

2）年营业额数据表。

3）近三年竣工的工程一览表。

4）目前在建工程一览表。

5）近三年财务状况表。

6）联合体状况表（如有）。

7）类似工程经验。

8）现场条件类似的合同的施工经验。

9）招标人要求提交的其他资料。

12　**投标文件格式**

投标文件包括本须知第11条中规定的内容，投标人提交的投标文件必须毫无例外地使用招标文件所提供的投标文件全部格式（表格可以按同样格式扩展）。

13　**投标报价**

13.1　本工程的工程量清单的投标单价采用本须知前附表第11项所规定的方式进行报价。

13.2　投标报价为投标人的投标文件中提出的各项支付金额的总和。

13.3　投标人的投标报价，应是完成本须知第2条和合同条款上所列招标工程范围及工期的全部，不得以任何理由予以重复，作为投标人计算单价或总价的依据。

13.4　采用工程量清单报价的，投标人应按清单中列出的工程项目填报单价和合价。每一项目只允许有一个报价。任何有选择的报价将不予接受，投标人未填单价或合价的工程项目，在实施后，招标人将不予以支付，并视作该项费用已包括在其他有价款的单价或合价内。

13.5　技术规范要求和设计施工图中所列的施工要求所产生的费用均应包括在投标报价中。上述要求凡招标人提供的工程量清单中未列入的，由投标人在相应的分部分项工程量清单项目的综合单价中考虑，招标人不单独列项支付。

13.6　合同的施工地点为本须知前附表第2项所述，除非合同中另有规定，投标人在投标总价中的价格均包括完成该工程项目的直接费、间接费、利润、税金、风险费等所有费用。

13.7　投标人应先到工地踏勘以充分了解工地位置、情况、道路、储存空间、装卸限制及任何其他足以影响承包价的情况，任何因忽视或误解工地情况而导致的索赔或工期延长申请将不获批准。

13.8　除非本招标文件对工程量清单编制和报价另有说明的，否则，投标人应按工程量清单中的项目和数量进行报价。投标最高限价见本须知前附表第21项。

13.9　根据《建设工程质量检测管理办法》（建设部令141号）、×××省建设工程质量检测管理实施办法，施工过程中工程质量检测由招标人直接委托，费用由招标人支付；投标人在投标报价中不需考虑检测费用。

13.10　公共费用（如交通、市容、环保、噪声、排污、治安等费用）由投标人自行调研作为单项费用计入措施项目费中，否则视作优惠。

13.11　施工中采取的必要技术措施及组织措施，如施工临时道路、公共道路进出口通道、场地排水、降水、停电时自发电、二次搬运、施工场地不足、成品保护、冬雨季施工等所需措施的一切费用和工期，以及其他各种可能因素影响施工所增加的费用均应含在投标报价中。

13.12　施工期间由于工程条件、规模等发生变化以及由于承包人原因造成施工方案的更改，所增加的工程费用及工期一概不予调整，属施工技术组织措施失误造成的费用及延误工期均由承包人承担。对施工组织设计的内容未在投标报价中体现的均视同优惠。

13.13　投标人应对施工现场进行踏勘，充分了解建筑物结构、现场情况等，对技术难度和安全性引起特别重视，所发生的费用如平整场地、垃圾外运等全部包括在投标报价中。

13.14　投标人投标报价应包括施工过程中所需的全部费用（包括且不限于定额规定的全部费用，管理部门各项规费、勘察现场费用、履约保函手续费、工程保险费及所有相关劳保、环卫、市容、消防、环保、治安保卫、交通设施、卫生防疫、计划生育及与周边单位和人员协调等一切费用）。

13.15　本招标工程所有建筑垃圾，中标人必须自行联系政府规定的合法弃土点，并必须保证运出开发区以外，涉及运输距离远近和运输过程中发生的环保费、城市卫生费等开支，投标人在报价时充分考虑，结算时不另增加费用。

13.16　中标单位有责任为招标人、监理单位、质监单位和设计单位等进行工程检查时免费提供安全保护用具和各种设施，该项费用在投标时应考虑。

13.17　施工过程中遇到地下障碍物时，地下障碍物的处理费用一次性包死，投标单位应把此部分的搬运及凿除费用考虑在投标报价中，结算不另行增加费用。如场地内有高于自然地坪的建筑垃圾（含弃土）及障碍物，投标单位应把此部分的搬运及凿除费用考虑在投标报价中，结算不另行增加费用。

13.18　本工程与其他施工将有可能同时交叉进行，为配合其他工程施工而产生的施工配合费，投标人应在投标报价中充分考虑，招标人不另支付。

13.19　《×××市建设工程施工现场安装在线监测系统的通知》要求，本工程需安装在线监测系统，相关费用在"文明施工措施项目清单及计价表"中计取。

13.20　土方（包括淤泥土方）外运运距由投标人自行考虑，并必须保证运出开发区以外，弃土地点须经业主方认可，且须按×××经济技术开发区的《开发区建筑垃圾及渣土管理实施细则》规定执行，中标后须到开发区建设局办理相关手续。

13.21　投标报价应由投标人或受其委托具有相应资质的工程造价咨询人编制。编制的投标报价应加盖编制单位公章、注册造价工程师执业专用章或相应专业的全国建设工程造价员专用章，注册造价工程师或全国建设工程造价员本人应在投标报价书上签字。

14　**投标货币**

本工程的投标应以人民币报价。

15　**投标有效期**

15.1　投标有效期见本须知前附表第 12 项所规定的期限，在此期限内，凡符合本招标文件要求的投标文件均保持有效。

15.2　在特殊情况下，招标人在原定投标有效期满之前招标人可以根据需要以书面形式向投标人提出延长投标有效期的要求，对此要求投标人须以书面形式予以答复，投标人可以拒绝招标人这种要求，而不被没收投标保证金或投标保函。同意延长投标有效期的投标人既不能要求也不允许修改其投标文件，但需要相应的延长投标担保的有效期，在延长的投标有效期内本须知第 16 条关于投标保证金或投标保函的退还与没收的规定仍然适用。

16　**投标担保**

16.1　投标人应在递交投标文件时或前以人民币提交一笔不少于本须知前附表第 13 项所规定数额的投标保证金或同等投标保证金额的投标保函，并作为其投标的一部分。招标人可根据本须知第 16.6 条规定的条件予以没收投标保证金或投标保函。

16.2　投标人应按要求提交投标担保，并采用下列形式:

本工程招标投标担保采用银行保函形式，投标人将银行保函复印件和保函协议复印件装订入投标函格式内容中作为投标文件的一部分，银行保函原件和保函协议原件在投标人递交投标文件时同时递交招标人。如未按本条要求提供，可能导致资格审查不予通过。

重新招标的项目，所有投标人需按规定重新缴纳投标担保。

16.3　投标人应在招标文件规定的期限前自行办妥投标担保交纳手续。投标保证金的交付时间以专户实际收到交纳资金为准。对于未能按要求提交投标担保的投标，招标人将视为不响应招标文件而予以拒绝。

16.4　招标项目中标通知书经×××市建设工程招标投标管理办公室备案后两天，该项目未中标单位即可办理投标保函退回手续。

16.5　中标人的投标担保，在中标人按本须知第 36 条规定签订合同并按本须知第 37 条规定提交履约担保后 3 日内予以退还（不计利息）。

16.6　如投标人有下列任何情况发生时，投标担保将被没收。

1）投标人在投标有效期内撤回其投标文件。

2）投标人拒绝按本须知第 31 条规定修正标价。

3）投标人无故放弃中标资格的。

4）中标人未能在规定期限内提交履约担保或签订合同协议。

17　**投标预备会（招标人不集中召开投标预备会）**

投标人在现场踏勘以及理解招标文件、施工图样中的疑问，可以于前附表第 15 项规定的时间前按前附表第 15 项规定的方式以不署名的形式提疑。招标人将在开标前，在前附表第 15 项规定的时间前，按前附表第 15 项规定的方式对投标人的疑问作出统一的解答，并以招标补充文件的形式发布。

18　**投标人的替代方案（本条不适用于本项目）**

19　**投标文件的份数和签署**

19.1　投标人应按本投标须知有关规定编制前附表第 17 项规定份数的投标文件。

19.2　投标文件的正本和副本均需打印或使用不褪色的墨水笔书写，字迹应清晰易于辨认，并应在投标文件封面的右上角清楚地注明“正本”或“副本”。正本和副本如有不一致之处，以正本为准。

19.3　投标文件封面、投标函均应加盖投标人印章并经法定代表人或其委托代理人签字或盖章。由委托代理人签字或盖章的在投标文件中必须同时提交投标文件签署授权委托书，投标文件签署授权委托书格式、签字、盖章及内容均应符合要求，否则投标文件签署授权委托书无效。

19.4　除投标人对错误之处必须修改外，全套投标文件应无涂改或行间插字和增删，如有修改，修改处应由投标人加盖投标人的校对章或由投标文件签字人签字或盖章。

19.5　投标文件的商务部分（投标函部分放入商务部分中一起装订）与技术部分必须分开装订。

（四）投标文件的递交

20　投标文件的密封和标记

20.1　投标人应将投标文件的所有正本密封在内外两层投标文件密封袋里，将投标文件的所有副本密封在内外两层投标文件密封袋里，并在投标文件的内外两层密封袋上清楚标明“正本”或“副本”。

20.2　在内层和外层投标文件密封袋上均应注明如下信息：

（1）写明招标人名称和地址

（2）注明下列识别标志

1）招标编号。

2）工程名称。

3）××年××月××日××时××分开标，此时间以前不得开封。

20.3　除了按本须知第20.2款所要求的识别字样外，在内层投标文件密封袋上还应写明投标人的名称与地址、邮政编码，以便投标按本须知第22条宣布“迟到”时，投标文件可按内层密封袋上标明的投标人地址原封退回。

20.4　如果投标文件没有按本投标须知第20.1款、第20.2款规定加写标记和密封，招标人将拒收或者告知投标人，招标人将不承担投标文件错放或提前开封的责任。对由此造成的提前开封的投标文件将予以拒绝，并退还给投标人。

20.5　所有投标文件的内层密封袋的封口处应加盖投标人印章，所有投标文件的外层密封袋的封口处应加盖密封章或投标人印章（如采用暗标，将另行明确要求）。

21　投标截止日期

21.1　投标人应按前附表第18项所规定的地址并在投标截止时间前将投标文件送达给招标人。

21.2　招标人按本须知第9条规定以修改补充通知的方式，酌情延长递交投标文件的截止日期。在此情况下，投标人的所有权利和义务以及投标人受制约的截止日期，均以延长后新的投标截止日期为准。

21.3　投标截止期满后，招标人收到的投标文件少于法定数的，招标人将依法重新组织招标。

22　迟交的投标文件

招标人在本须知第21条规定的投标截止日期以后收到的投标文件，将被拒绝或返回给投标人。

23　投标文件的补充、修改与撤回

23.1　投标人在递交投标文件以后，在规定的投标截止时间之前，可以书面形式补充修改或撤回已提交的投标文件，并通知招标人。补充、修改的内容为投标文件的组成部分。

23.2　投标人的补充、修改或撤回通知，应按本须知第 20 条有关规定密封、标志和递交并在内外层投标文件密封袋上清楚标明“补充修改”或“撤回”字样。

23.3　投标撤回通知书也可采用传真的方式，且要求招标人在投标截止日期前收到此传真，此传真件应满足下列条件:

1）传真件上应有投标人名称、地址、电话并有投标人印章。

2）具有本须知第 20.2 款所要求的标注。

3）非常清楚地标明“撤回”字样。

4）有投标的签字人签字或随后有经签署的确认文本。

23.4　根据本须知第 21 条规定，在投标截止日期以后，不得补充修改投标文件。

23.5　根据本须知第 16.6 款规定，在投标截止日期至投标人在投标函中规定的投标有效期满之前的这段时间内，投标人不得撤回其投标文件，否则其投标保证金或投标保函将被没收。

（五）开标

24　开标

24.1　本招标工程招标人将于投标截止时间的同一时间即按照本须知前附表第 19 项所规定的时间和地点公开举行开标会议，并邀请所有投标人代表参加开标会议。

24.2　参加开标会议的投标人的法定代表人或其委托代理人应随带本人身份证，委托代理人尚应随带参加开标会议的授权委托书，以证明其身份。投标企业应携带企业和拟派建造师（项目经理）的有效 IC 卡到场刷卡，否则不予开标。

24.3　按规定提交合格撤回通知的投标文件不予开封，并退给投标人；按本须知第 25 条规定宣布为无效的投标文件，不予详细评审。

24.4　开标会议由招标人主持

1）由招标人查验各投标人应到会代表身份是否符合本投标须知第 24.2 款规定。

2）由投标人或者其集体推选的代表检查投标文件的密封情况，也可以由招标人委托的公证机构进行检查并公证。

3）经确认无误后，由有关工作人员当众拆封，宣读投标人名称、投标价格和投标文件的其他主要内容。

24.5　招标人在招标文件中要求提交投标文件的截止时间前收到的投标文件，开标时都应当当众予以拆封、宣读。

24.6　招标人将对开标过程进行记录，并由招标人和投标人签字确认后存档备查。

25　投标文件的开标阶段审查

投标文件有下列情形之一的，招标人不予受理:

1）逾期送达的或者未送达指定地点的。

2）未按招标文件要求密封的。

（六）评标

26　评标会议

26.1　开标会议结束后，召开评标会议，评标会议采用保密方式进行。评标由评标委员会负责。

26.2　评标委员会由招标人依据有关法律规定组织。

27　评标过程的保密

27.1　公开开标后，直到授予中标人合同为止，凡属于对投标文件的审查、澄清、评价和比较的有关资料以及中标候选人的推荐情况、与评标有关的其他任何情况均应严格保密。

27.2　在投标文件的评审和比较、中标候选人推荐以及授予合同的过程中，投标人如试图向招标人和评标委员会施加影响的任何行为，都将会导致其投标被拒绝。

27.3　合同授予后，招标人不对未中标人就评标过程情况以及未能中标原因作任何解释。未中标人不得从评委或其他有关人员处获取评标过程的情况和材料。

28　资格后审

本工程采用资格后审，评标委员会应按照资格后审评标办法审查其是否有能力和条件有效地履行合同义务。

29　投标文件的澄清

29.1　为了有助于投标文件的审查、评价和比较，评标委员会可以用书面形式要求投标人对投标文件含义不明确的内容作必要的澄清或者说明。有关澄清说明与答复，投标人应以书面形式进行，但对投标报价和实质性的内容不得更改。根据本须知第 31 条，凡属于评标委员会在评标中发现的算术错误进行核实的修改不在此列。

30　投标文件的符合性鉴定

30.1　开标后，投标文件经审查符合本须知第 25.1 条规定的投标文件由评标委员会进行评审。

30.2　评标时，评标委员会将首先评定每份投标文件是否在实质上响应了招标文件的要求。所谓实质上响应是指投标文件应与招标文件的所有实质性条款、条件和规定相符，无显著差异或保留，或者对合同中约定的招标人的权利和投标人的义务方面造成重大的限制，纠正这些显著差异或保留将会对其他实质上响应招标文件要求的投标文件的投标人的竞争地位产生不公正的影响。

30.3　如果投标文件实质上不响应招标文件各项要求，评标委员会将予以拒绝，并且不允许投标人通过修改或撤销其不符合要求的差异或保留，使之成为具有响应性的投标。

31　错误的修正

31.1　评标委员会将对确定为实质上响应招标文件要求的投标文件进行校核，看其是否有计算上、累计上或表达上的错误，修正错误的原则如下：

1）如果数字表示的金额和用文字表示的金额不一致时，应以文字表示的金额为准。

2）当单价与数量的乘积与合价不一致时，以单价为准，除非评标委员会认为单价有明显的小数点错误，此时应以标出的合价为准，并修改单价。

3）合计累计金额与小计（合计）金额不一致的，以小计（合计）金额为准，并修改合计累计金额及总报价。

当评标委员会按照上述原则修正错误，发现其错误达到或超过原总报价 0.5%时，将认定其投标文件质量较差，其错误不予修正，作废标处理。

31.2　按上述修正错误的原则及方法调整或修正投标文件的投标报价，投标人同意后，调整后的投标报价对投标人起约束作用。如果投标人不接受修正后的报价，则其投标将被拒绝并且其投标保证金也将被没收，并不影响评标工作。

32　**投标文件的评估和比较**

32.1　评标委员会将按照本须知第 30 条规定仅对确实为实质上响应招标文件要求的投标文件进行评估和比较。

32.2　在评审过程中，评标委员会可能要求投标人就投标文件中的内容进行答辩，招标人将以书面形式通知投标人，投标人应按要求进行答辩。

32.3　评标委员会依据前附表第 20 项规定的评标标准和方法进行评审和比较，向招标人提交评标报告并推荐中标候选人或受招标人委托确定中标人。

32.4　评标方法和标准。经评审最低投标价法：即是能满足招标文件的实质性要求，通过经评审最低投标价的投标，为中标候选人。

32.5　中标人的确定。使用国有资金投资或者国有资金占控股或者主导地位的项目施工招标，确定中标人须严格按照国家发展与改革委员会等 7 部委第 12 号令、建设部 89 号令和市政府×××号文件中有关规定执行。

（七）合同的授予

33　**合同授予标准**

本工程的施工合同将授予按本须知第 32.3 款所确定的中标人。

34　**招标人拒绝任何或所有投标的权力**

尽管有本须知第 32 条规定，招标人不受合同授予报价最低的投标人或所有投标人约束，招标人在发出中标通知书前任何时候均有权依据评标委员会的评标报告接受或拒绝任何投标。

35　**中标通知书**

35.1　在投标有效期内，招标人将向中标人发出中标通知书。

35.2　招标人将在发出中标通知书的同时，将中标结果以书面形式通知所有未中标的投标人。

36　**合同协议书的签订**

36.1　招标人与中标人将于中标通知书发出之日起 30 日内，按照招标文件和中标人的投标文件签订建设工程施工合同。

36.2　中标人如不按本投标须知第 36.1 款的规定与招标人签订合同，则招标人将有充分的理由废除授标，并没收其投标保证金，给招标人造成的损失超过投标担保数额的，还应当对超过部分予以赔偿，同时依法承担相应法律责任。

36.3　中标人应当按照合同约定履行义务，完成中标项目施工，不得将中标项目施工转让（转包）给他人。

37　**履约担保**

37.1　履约和支付担保应采用连带责任保证担保方式，提倡采用建设行政主管部门统一的保函和担保合同示范文本。

37.2　合同协议书签署后 7 天内，中标人应按前附表第 22 项规定的金额向招标人提交履约担保。

37.3　如果中标人不能按本须知第 37.2 款的规定执行，招标人将有充分的理由废除合同，并没收其投标保证金，给招标人造成的损失超过投标保证金数额的，还应当对超过部分予以赔偿。

37.4　招标工程要求中标人提交履约担保的，提供支付担保金额在前附表第 22 项内规定。

38　**廉政责任**

工程建设项目承发包双方在签订业务合同的同时，必须签订廉政责任书，明确做出廉政承诺。

39　**未尽事宜**

本招标文件未尽事宜按现行招标投标的有关法律法规和规定执行。

40　**其他**

40.1　中标单位必须按“双标化”工地进行管理，所发生的费用列入措施费中进入总报价，一次性包死，今后不再调整。

40.2　投标人的投标文件必须完全响应招标文件的要求，投标书中一切有悖于招标文件的条款均视作无效条款；投标人在投标文件中单方面设置限制招标人的条款和内容均将被视作无效内容，并且出现上述现象时，投标人应自行承担废标风险。投标文件中所有在招标文件约定内容之外的与费用、进度、质量、索赔等有关的制约性内容在投标人中标后，经发包人作出书面确认之前，均视作无效。

40.3　项目管理负责人到位率应在80%以上，其他管理人员到位率应达到100%。

40.4　有工程施工交叉进行时，投标人应相互配合，并无条件服从招标人或监理工程师的合理安排。

40.5　工程通过竣工验收前，对已完成工程（含招标人专业分包且已移交给投标人的工程）成品的保护工作由投标人负责，费用在投标报价中包干。

40.6　临时设施必须符合国家相关规定要求。

附：资格后审评标方法

经评审最低投标法评标程序和要求

第一条　评标按下列程序进行：

（一）依法组建评标委员会。

（二）评标前准备。

（三）资格审查。

（四）初步评审。

（五）技术标评审。

（六）投标报价评审。

（七）完成评标报告。

第二条　招标人依法组建评标委员会，其中经济类专家不少于两人。评标委员会成员应当客观、公正地履行职责，遵守职业道德，对所提出的评审意见承担个人责任。

第三条　评标前准备工作

评标委员会评标前应当熟悉招标项目的相关情况、主要技术要求标准、商务条款以及评标定标程序、标准和方法等内容。招标人或招标代理机构做好评标前的其他准备工作。

第四条　资格审查

评标委员会依照招标文件的要求和规定，首先对投标人的投标资格进行符合性审查。投标人存在以下情况之一的，资格审查不予通过，予以废标，不再进行下一步评审：

（一）投标人不满足招标文件载明的企业资质、建造师（项目经理）资格、安全生产许可证等条件和标准的，包括：①企业安全生产许可证过期；②企业停止市场活动；③企业资质不符合要求；④建造师停止市场活动；⑤建造师无安全考核证书（B证）；⑥建造师安全考核证书（B 证）过期；⑦建造师有在投、在建项目；⑧建造师资格不符合要求；⑨注册建造师资格过期；⑩单项合同额超过企业注册资本金 5 倍以上。

（二）投标人未按照招标文件的要求提交投标保证金的。

（三）被有关行政监管部门通报限制投标且在限制期内的。

（四）投标报价高于投标限价的。

（五）投标文件中不附企业法人营业执照的作无效标处理。

（六）不符合资格审查条件的其他情形。

市交易中心对投标人企业资质和从业人员资格进行核对（核验企业和注册建造师 IC 卡），核对结果以书面形式提交评标委员会作为资格审查条件第（一）、（三）项的依据。资格审查条件第（一）项第⑩小项，由评标委员会根据投标文件所附企业法人营业执照进行评审。

资格审查条件（二）项根据投标人提供的银行保函和“开立保函协议原件”进行评审。

第五条　确定评审区间

（一）通过资格审查的投标单位少于或等于 5 家的，所有投标单位按投标报价从低到高的顺序全部进行评审。

（二）通过资格审查的投标单位多于 5 家的，评标委员会应先计算评标基准价。计算评标基准价时按投标报价从低到高的顺序先去除 M 家单位（M=通过资格审查的投标单位家数×10%，如存在非整数情况，则通过四舍五入办法去除）报价，再对剩余通过资格审查的投标单位投标报价去掉一个最高投标价和一个最低投标价后进行一次算术平均；再对第一次平均值以下（不含平均值，不含先前去除的 M 家单位报价）的报价进行第二次算术平均。以第二次算术平均值为基准价（小数点后保留两位，该基准价在评审过程中不作调整）。

1. 取基准价（含）以上的投标报价 5 名按从低到高的顺序进行评审。

2. 基准价（含）以上的投标单位不足 5 家的，取投标报价与评标基准价之差绝对值最小的前 5 名，按投标报价从低到高的顺序进行评审。

第六条　初步评审

评标委员会依照招标文件初步评审的要求和规定，对进入评审区间的 5 家投标文件进行初步评审。投标文件出现下列情形之一的，由评标委员会初审后按废标处理：

1. 本须知第 11 条规定的投标文件有关内容未按本须知第 19.3 款规定加盖投标人印章或未经法定代表人或其委托代理人签字或盖章，由委托代理人签字或盖章的未随投标文件一起提供有效的“授权委托书”原件。

2. 投标书商务部分没有编制人员签字、盖章的，或存在弄虚作假情况的。

3. 投标文件未按规定的格式填写，内容不全或关键字迹模糊、无法辨认的。

4. 投标人递交两份或多份内容不同的投标文件，或在一份投标文件中对同一招标项目报有两个或多个报价，且未声明哪一个有效，按招标文件规定提交备选投标方案的除外。

5. 投标人或组织结构（包括建造师或项目经理）与开标时提供的名称不一致的。

6. 组成联合体投标的，投标文件未附联合体各方共同投标协议的。

7. 投标文件提出了不能满足招标文件要求的工程验收、施工工期、保修期等要求的。

8. 法律、法规、规章及现行招投标管理规定必须废标的。

初步评审予以废除的投标文件不再进入后续评审。其他投标人按照本办法第五条第（二）项原则依次替补满 5 名（少于 5 名时全部选取），直至通过初步评审的投标单位达到 5 名，不足 5 名的全部进入后续评审。

第七条 技术标评审

评标委员会对通过初步评审的投标文件依次进行技术标评审，技术标评审采用通过制。投标文件有以下情况之一的，技术标评审不予通过：

1. 项目管理班子配备不能满足要求的。

2. 关键施工技术方案不可行的。

3. 生产措施存在重大安全隐患的。

4. 主要施工机械设备不能满足施工需要的。

5. 采用的验收标准或主要技术指标达不到国家强制性标准或招标文件要求的。

6. 采用的施工工艺、方法或质量安全管理措施不能满足国家强制性标准或要求的。

评标委员会对不予通过的技术标书，应出具书面评标报告。对于法律法规及招标文件无明确规定的，施工工艺、技术按照国家规范能满足招标项目施工要求的技术标书，不得随意废除。

第八条 投标报价评审

投标报价评审是指对投标人的工程量清单的范围、数量、报价进行全面审核和对比分析。重点列出投标报价相对于法律法规和招标文件的重大偏差和有无严重的不平衡报价，通过质询、判断做出书面评审意见。

（一）投标报价中有以下情况之一的，投标人的投标应予废除

1. 投标单位应根据有关要求加强安全防护、文明施工工作。文明施工、环境保护、安全施工、临时设施费等措施费用必须充分保证，其中文明施工费、环境保护费、安全施工费和临时设施费四项费用的投标报价总额不得低于按照《×××省建设工程施工取费定额》规定的相应弹性费率中值计算的所需费用总额的90%，否则，由评标委员会认定其低于成本价竞标。

规费（含危险作业意外伤害保险、农民工工伤保险等3种规费）、税金等不可竞争费用低于现行规定的作废标处理。

“施工现场在线监测系统”、民工宿舍“空调设施”等未按招标人依据市政府、市建设行政主管部门颁发的现行文件要求报价的，作废标处理。

2. 改变招标文件提供的工程量清单（项目编码、计量单位、工程数量、项目特征描述）的。

3. 改变招标文件规定的暂定价的。

4. 经评标委员会认定投标人的投标报价低于成本价的。

5. 投标人拒绝按评标委员会要求提供报价分析说明和证明材料的。

6. 工程量清单报价与工、料、机报价及对应的报价分析不相符的，或与拟建工程的施工组织设计及施工方案明显不匹配的，经评标委员会书面质询，投标人不能说明理由或评标委员会认定其理由不成立的。

7. 当评标委员会发现其错误达到或超过原总报价0.5%时，将认定其投标文件质量较差，其错误不予修正，作废标处理。

8. 投标人拒绝按招标文件的要求修正不平衡报价的。

9. 投标人未按招标文件要求提供电子版工程量清单报价书，并在评标时拒绝补正的。

10. 法律、法规、规章及现行招投标管理规定必须废标的。

（二）不平衡报价的评审

1. 招标人首先在招标文件中明确工程量清单综合单价的标准偏离率（一般不小于20%）。

2. 工程量清单评审项目由招标人在招标文件中指定和评标时计算机随机确定各50%组成（一般不少于30项）。

3. 计算评审项目基准单价（A）。对通过资格审查的所有投标人的投标单价按本办法第五条第（二）项确定基准单价。当通过资格审查的投标单位不足5家时，取所有投标单价的算术平均值下浮15%为基准单价。若经计算的基准单价明显偏离市场价格的，评标委员会应结合实际情况予以修正后确定基准单价。

4. 筛选偏离价格（B）。通过计算机对投标文件进行不平衡报价检测，筛选出与对应子目基准价相比超过标准偏离率的报价。

5. 修正不平衡报价。评标委员会按以下公式对投标人相对于招标文件的严重不平衡报价进行修正。

正偏离修正价格（T）$=A\times$（1+标准偏离率）

负偏离修正价格（P）$=B\times$（1+标准偏离率）

当 $P>A\times$（1−标准偏离率）时，取 $P=A\times$（1−标准偏离率）。

评标委员会对修正后的价格应要求投标人书面确认，投标人不予确认的，评标委员会有权拒绝其投标文件。

6. 对投标人不平衡报价的修正不改变投标总价。经修正的综合单价适用于工程量清单的工程数量有误或实施过程中工程变更引起的工程量增减。

招标人应当在招标文件拟签订合同专用条款中明确使用修正价格的价款调整方式。

第九条　经评标委员会评审后有效投标人不足 3 家时，评标委员会应判定本次投标是否具有竞争力。若评标委员会认为本次投标明显缺乏竞争的，可以否决全部投标。

第十条　采用经评审最低投标价法的项目，评标委员会对通过商务标及技术标评审的投标文件按投标报价从低到高进行排序。出现投标人投标报价完全相同时，由评标委员会集体讨论确定中标候选人的排序。

评标委员会应按排序推荐 3 家中标候选人，但有效投标不足 3 家的除外。

第十一条　完成评标报告

评标委员会应根据评标情况和结果，向招标人提交书面评标报告。评标报告由评标委员会成员起草，按少数服从多数的原则通过。评标委员会全体成员应在评标报告上签字确认，评标专家如有保留意见可以在评标报告中阐明。

评标报告应包括以下内容：开标记录；评标内容、过程和结果；废标情况说明及依据；询标澄清纪要；中标候选人的优劣对比和存在的问题；投标人不平衡报价修正表；其他建议。

第十二条　其他

评标时间必须满足保证评标工作质量的要求。评标过程中评标委员会对投标人提出质询或要求投标人书面确认的，投标人应在前附表 24 项规定的时间内予以书面回复或确认，否则视为不予回复或确认，评标委员会有权拒绝该投标文件。

三、合同条款及格式

使用住房和城乡建设部、国家工商总局于 2013 年 4 月 3 日建市[2013]56 号文印发的《建设工程施工合同（示范文本）》（GF—2013—0201）。《建设工程施工合同（示范文本）》（GF—2013—0201）包括三部分：第一部分　协议书（略）；第二部分　通用条款；第三部分　专用条款（略）。

（一）词语定义及合同文件

1　词语定义

1.1　通用条款：根据法律、行政法规规定及建设工程施工的需要订立，通用于建设工程施工的条款。

1.2 专用条款：发包人与承包人根据法律、行政法规规定，结合具体工程实际，经协商达成一致意见的条款，是对通用条款的具体化、补充或修改。

1.3 发包人：在协议书中约定，具有工程发包主体资格和支付工程价款能力的当事人以及取得该当事人资格的合法继承人。

1.4 承包人：在协议书中约定，被发包人接受的具有工程施工承包主体资格的当事人以及取得该当事人资格的合法继承人。

1.5 项目经理：承包人在专用条款中指定的负责施工管理和合同履行的代表。

1.6 设计单位：发包人委托的负责本工程设计并取得相应工程设计资质等级证书的单位。

1.7 监理单位：发包人委托的负责本工程监理并取得相应工程监理资质等级证书的单位。

1.8 工程师：本工程监理单位委派的总监理工程师或发包人指定的履行本合同的代表，其具体身份和职权由发包人承包人在专用条款中约定。

1.9 工程造价管理部门：国务院有关部门、县级以上人民政府建设行政主管部门或其委托的工程造价管理机构。

1.10 工程：发包人承包人在协议书中约定的承包范围内的工程。

1.11 合同价款：发包人承包人在协议书中约定，发包人用以支付承包人按照合同约定完成承包范围内全部工程并承担质量保修责任的款项。

1.12 追加合同价款：在合同履行中发生需要增加合同价款的情况，经发包人确认后按计算合同价款的方法增加的合同价款。

1.13 费用：不包含在合同价款之内的应当由发包人或承包人承担的经济支出。

1.14 工期：发包人承包人在协议书中约定，按总日历天数（包括法定节假日）计算的承包天数。

1.15 开工日期：发包人承包人在协议书中约定，承包人开始施工的绝对或相对的日期。

1.16 竣工日期：发包人承包人在协议书中约定，承包人完成承包范围内工程的绝对或相对的日期。

1.17 图样：由发包人提供或由承包人提供并经发包人批准，满足承包人施工需要的所有图样（包括配套说明和有关资料）。

1.18 施工场地：由发包人提供的用于工程施工的场所以及发包人在图纸中具体指定的供施工使用的任何其他场所。

1.19 书面形式：合同书、信件和数据电文（包括电报、电传、传真、电子数据交换和电子邮件）等可以有形地表现所载内容的形式。

1.20 违约责任：合同一方不履行合同义务或履行合同义务不符合约定所应承担的责任。

1.21 索赔：在合同履行过程中，对于并非自己的过错，而是应由对方承担责任的情况造成的实际损失，向对方提出经济补偿和（或）工期顺延的要求。

1.22 不可抗力：不能预见、不能避免并不能克服的客观情况。

1.23 小时或天：本合同中规定按小时计算时间的，从事件有效开始时计算（不扣除休息时间）；规定按天计算时间的，开始当天不计入，从次日开始计算。时限的最后一天是休息日或者其他法定节假日的，以节假日次日为时限的最后一天，但竣工日期除外。时限的最后一天的截止时间为当日24时。

2　合同文件及解释顺序

合同文件组成及解释顺序：①本合同协议书及补充协议书；②中标通知书；③投标函及投标函附录；④本合同专用条款；⑤合同通用条款；⑥标准、规范及有关技术文件；⑦图样；⑧招标文件；⑨投标文件及询标纪要。

3　语言文字和适用法律、标准及规范

3.1　本合同文件及往来资料均使用汉语言文字。

3.2　适用法律和法规

需要明示的法律、行政法规：适用于本合同文件的法律为国家《建筑法》《建设工程质量管理条例》及国家和工程所在地省、地区（市）的其他法律法规。

3.3　适用标准、规范

适用标准、规范的名称：本工程按现行国家相应规范施工。

发包人提供标准、规范的时间：所有标准、规范除本文件提供外均由承包人自备。

国内没有相应标准、规范时的约定：根据施工实际情况，由设计、现场工程师及×××市建设工程质量监督站三方协商而定。

4　图样

发包人向承包人提供图样日期和套数：开工前提供4套施工图样。

发包人对图样的保密要求：未经发包人同意，承包人不得将图样转给第三方。

使用国外图样的要求及费用承担：______/______。

（二）双方一般权利和义务

5　工程师

5.1　监理单位委派的工程师

姓名：______________职务：　总监理工程师　

职权：按监理合同有关规定办理

5.2　发包人派驻的工程师（在合同中明确）

姓名：____________职务：　本项目负责人　

职权：　代表发包人行使本合同中规定的权利。

6　工程师的委派和指令（略）

7　项目经理

姓名：__________职务：　项目经理　

8　发包人工作

8.1　发包人应按约定的时间和要求完成以下工作：

（1）施工场地具备施工条件的要求及完成的时间：已具备开工条件。

（2）将施工所需的水、电、电信线路接至施工场地的时间、地点和供应要求：施工用水、用电已接至施工现场附近，由变压器下端和自来水出口接至施工现场及场内的用电接线和用水接管（含水表和电表）等由中标人负责，相关费用由中标人承担计入报价。投标人应考虑自备发电设备和临时蓄水池，以防止施工过程中的临时停电和停水对工程进度和质量等的影响，费用包含在相关措施费中，否则做优惠处理。

（3）施工场地与公共道路的通道开通时间和要求：由承包人负责建施工临时道路与公共道路连通，费用纳入措施项目费中，道路的土地征用由发包人负责。

（4）工程地质和地下管线资料的提供时间：地质资料已提供，地下管线资料在合同签订后7日内提供。

（5）由发包人办理的施工所需证件、批件的名称和完成时间：开工前由发包人办理施工许可证，承包人配合。

（6）水准点与坐标控制点交验要求：在工程开工前，发包人将通过工程师提供基准点，双方代表应做好现场的交验工作并签字确认。移交后，承包人应予以良好保护，完工后将水准点完好地交还给发包人。

（7）图样会审和设计交底时间：合同签订后7天内，发包人将组织设计、监理、施工等有关部门进行图样会审或设计交底。

（8）协调处理施工场地周围地下管线和邻近建筑物、构筑物（含文物保护建筑）、古树名木的保护工作：除文物、古树名木保护外，其余由承包人处理并承担费用。

（9）双方约定发包人应做的其他工作：_____/_____。

8.2　发包人委托承包人办理的工作：____协助办理____。

9　承包人工作

承包人应按约定时间和要求，完成以下工作：

（1）需由设计资质等级和业务范围允许的承包人完成的设计文件提交时间：___/___。

（2）应提供计划、报表的名称及完成时间：在合同签署后7天内，承包人向发包人提供工程总进度计划以及下周、下月进度计划，如工程师另有要求时，还应按工程师指定的进度提交工程的进度计划。

（3）承担施工安全保卫工作及非夜间施工照明的责任和要求：若造成工程损失与人身伤害，承包人承担全部责任及费用。

（4）向发包人提供的办公和生活房屋及设施的要求：按业主要求。

（5）需承包人办理的有关施工场地交通、环卫和施工噪声管理等手续：遵循地方政府和有关部门的管理规定，经发包人同意后，由承包人自行办理有关手续和承担相关费用。

（6）完工工程成品保护的特殊要求及费用承担：在工程通过竣工验收前，对已完工程成品的所有保护及费用均由承包人负责。

（7）施工场地周围地下管线和邻近建筑物、构筑物（含文物保护建筑）、古树名木的保护要求及费用承担：做好保护工作，除文物、古树名木保护经发包人认可发生的费用由发包人承担，其余由承包人承担相关费用及法律责任。

（8）施工现场清洁卫生的要求：按《×××市建筑工程施工场地文明管理规定》等省市有关规定实施标准化管理和现场公共部位的清洁绿化工作并承担费用。工程完工交付5天内现场应清除所有不再需要的临时工程、承包人的设备和多余材料、全部建筑和生活垃圾，达到工程师满意的使用状态。如承包人不履行，发包人可自行清除，发生的费用由承包人承担。

（9）双方约定承包人应做的其他工作：在施工区域内做好各项安全保卫工作。

开工前承包人应对施工图样认真核查，积极配合发包人组织的施工图样会审及交底工作，及时指出图样中有任何不符合施工常规或惯例之处。

（三）施工组织设计和工期

10　进度计划

承包人提供施工组织设计（施工方案）和进度计划的时间：在合同签署后7天内，承包人向工程师提交3份其格式和内容符合工程师规定的工程进度计划，以及为完成该计划而建议采用的实施性的施工安排和施工方案说明。

工程师确认的时间：收到该计划后的5天内审查同意或提出修改意见。

11 **开工及延期开工（无）**

12 **暂停施工（无）**

13 **工期延误**

13.1 双方约定工期顺延的其他情况：承包人原则上不应提出延长工期的申请，特殊情况下，承包人要求延长工期的应经工程师批准。

13.2 工程延期的审批

（1）必须是非承包人自身的原因造成的工期延误，工程师才可以考虑是否受理承包人的延期申请。

（2）若只是局部工程受到影响，承包人应采取合同措施予以弥补，而不能推迟工程的总工期。

（3）延期工程项目如果不在工程施工进度网络计划的关键线路上，即使是关键工序但不在关键线路上的，工程师也不考虑延长工程总工期。

13.3 工程延期费用的确认

非承包人自身原因造成的工期延误费用由承包人上报发包人，经发包人、监理单位审批确认，其中人工的停工、窝工费用不计。

14 **工程竣工**

14.1 承包人必须按照协议书约定的竣工日期或工程师同意顺延的工期竣工。

14.2 因承包人原因不能按照协议书约定的竣工日期或工程师同意顺延的工期竣工的，承包人承担违约责任。

14.3 施工中发包人如需提前竣工，双方协商一致后应签订提前竣工协议，作为合同文件组成部分。提前竣工协议应包括承包人为保证工程质量和安全采取的措施、发包人为提前竣工提供的条件以及提前竣工所需的追加合同价款等内容。

（四）质量与检验

15 **工程质量**

15.1 工程质量应当达到协议书约定的质量标准，质量标准的评定以国家或行业的质量检验评定标准为依据。因承包人致使工程质量达不到约定质量标准的，承包人承担违约责任。

15.2 双方对工程质量有争议的，由双方同意的工程质量检测机构鉴定，所需费用及因此造成的损失，由责任方承担。双方均有责任的，由双方根据其责任分别承担。

16 **检查和返工**

16.1 承包人应认真按照标准、规范和设计图纸要求以及工程师依据合同发出的指令施工，随时接受工程师的检查检验，为检查检验提供便利条件。

16.2 工程质量达不到约定标准的部分，工程师可要求拆除和重新施工，直到符合约定标准。因承包人原因达不到约定标准的，由承包人承担拆除和重新施工的费用，工期不予顺延。

16.3 工程师的检查检验不应影响施工正常进行。如影响施工正常进行，检查检验不合格时，影响正常施工的费用由承包人承担。除此之外影响正常施工的追加合同价款由发包人承担，相应顺延工期。

17　隐蔽工程和中间验收

17.1　工程具备隐蔽条件或达到专用条款约定的中间验收部位，承包人进行自检，并在隐蔽或中间验收前48h以书面形式通知工程师验收。通知包括隐蔽和中间验收的内容、验收时间和地点。承包人准备验收记录，验收合格，工程师在验收记录上签字后，承包人可进行隐蔽和继续施工。验收不合格，承包人在工程师限定的时间内修改后重新验收。

17.2　工程师不能按时进行验收，应在验收前24h以书面形式向承包人提出延期要求，延期不能超过48h。工程师未能按以上时间提出延期要求，不进行验收，承包人可自行组织验收，工程师应承认验收记录。

17.3　经工程师验收，工程质量符合标准、规范和设计图纸等要求，验收24h后，工程师不在验收记录上签字，视为工程师已经认可验收记录，承包人可进行隐蔽或继续施工。

18　重新检验（无）

19　工程试车（无）

（五）安全施工

20　安全施工与检查

20.1　承包人应遵守工程建设安全生产有关管理规定，严格按安全标准组织施工，并随时接受行业安全检查人员依法实施的监督检查，采取必要的安全防护措施，消除事故隐患。由于承包人安全措施不力造成事故的责任和因此发生的费用，由承包人承担。

20.2　发包人应对其在施工场地的工作人员进行安全教育，并对他们的安全负责。发包人不得要求承包人违反安全管理的规定进行施工。因发包人原因导致的安全事故，由发包人承担相应责任及发生的费用。

21　安全防护

承包人在动力设备、输电线路、地下管道以及临街交通要道附近施工时，施工开始前应向工程师提出安全防护措施，经工程师认可后实施，防护措施费用包含在相关措施费中。

22　事故处理

22.1　发生重大伤亡及其他安全事故，承包人应按有关规定立即上报有关部门并通知工程师，同时按政府有关部门要求处理，由事故责任方承担发生的费用。

22.2　发包人承包人对事故责任有争议时，应按政府有关部门的认定处理。

（六）合同价款与支付

23　合同价款及调整

23.1　本合同价款采用＿＿＿＿（1）＿＿＿＿方式确定。

（1）采用固定价格合同，合同价款中包括的风险范围：本工程实行固定综合单价合同，结算工程量按施工图、设计变更和其他工程联系单根据国家工程量计算规范调整，除不可抗力外，其他因素均不予以调整；土方工程量一次性包干，结算时不做调整；项目组织措施费一次性包干；技术措施费在工程实施范围内一次性包干，超过工程实施范围的工程量重大变更等另行协商确定。

风险费用的计算方法：已包含在合同价内，不予调整。

风险范围以外合同价款调整方法：本工程结算时的工程量按施工图、设计变更和其他工程联系单根据国家工程量计算规范调整，综合单价按中标时的投标综合单价。

（2）采用可调价格合同，合同价款调整方法：___/___

（3）采用成本加酬金合同，有关成本和酬金的约定：___/___

23.2 双方约定合同价款的其他调整因素：___/___

24 工程预付款

发包人向承包人预付工程款的时间和金额或占合同价款总额的比例：___/___

扣回预付工程款的时间、比例：___/___

25 工程量确认

承包人向工程师提交已完工程量报告的时间：每月20日前提交。

26 工程款（进度款）支付

26.1 发包人每月按已完工程量的70%支付工程进度款，桩基工程完成后并验收合格，竣工资料移交后支付至该工程合同范围内已完成工程量的80%，工程结算经财政审计完成且竣工资料符合城建档案馆的要求后支付至财政审计后的总价的95%，余额5%作为工程质量保修金待质量保修期满二年，且质量回访合格后一次性结清。

26.2 承包人收取每期工程款时应开具正式发票。

（七）材料设备供应

27 发包人供应材料设备

27.1 发包人供应的材料设备与一览表不符时，双方约定发包人承担责任如下：

（1）材料设备单价与一览表不符：___/___

（2）材料设备的品种、规格、型号、质量等级与一览表不符：___/___

（3）承包人可代为调剂串换的材料：___/___

（4）到货地点与一览表不符：___/___

（5）供应数量与一览表不符：___/___

（6）到货时间与一览表不符：___/___

27.2 发包人供应材料设备的结算方法：___/___

28 承包人采购材料设备

承包人采购材料设备的约定：承包人采购的材料、设备必须保证质量并符合国家有关标准；采购的材料、设备到货后，必须附产品合格证等质量保证资料；承包人必须严格按照投标文件注明的厂家、品牌、等级采购材料设备，并经监理单位验收合格后方可使用。

（八）工程变更

29 工程设计变更

29.1 施工中发包人需对原工程设计变更，应提前14天以书面形式向承包人发出变更通知。变更超过原设计标准或批准的建设规模时，发包人应报规划管理部门和其他有关部门重新审查批准，并由原设计单位提供变更的相应图样和说明。因变更导致合同价款的增减及造成的承包人损失，由发包人承担，延误的工期相应顺延。

29.2 施工中承包人不得对原工程设计进行变更。因承包人擅自变更设计发生的费用和由此导致发包人的直接损失，由承包人承担，延误的工期不予顺延。

30 其他变更

合同履行中发包人要求变更工程质量标准及发生其他实质性变更，由双方协商解决。

31 **确定变更价格**

承包人在工程变更确定后 14 天内，提出变更工程价款的报告，经工程师确认后的调整合同价款。变更合同价款按下列方法进行：

（1）有适用于变更工程的，综合单价按中标时的投标综合单价。

（2）如发包人与承包人对部分材料价格协商不一致时，招标人将自行组织采购，视为甲供材料，承包人负责施工。

（九）竣工验收与结算

32 **竣工验收**

32.1 承包人提供竣工图的约定：承包人应在合同规定的工程预验收后 28 天内，免费向工程师提交 5 套符合城建档案馆及其他有关部门要求的竣工图样和竣工资料（包括相片）及 2 套光盘，竣工资料必须是 1 套原件，4 套复印件。如因资料不符合城建档案馆及其他有关部门的要求，而产生的资料整理费用，由承包人承担。

32.2 中间交工工程的范围和竣工时间：依据本工程实际情况确定。

33 **竣工结算**

33.1 该工程为政府性投资项目，甲方根据国家造价管理的有关规定以及财政部门审定的工程决算，与乙方办理最终价款结算手续。

33.2 承包方应当在工程验收合格后的 3 个月内向发包方提交完整的工程竣工结算资料，经发包人催促后 14 天内仍未提供或没有明确答复时，发包人有权根据已有资料进行审查，责任由承包人自负。招标（红线）范围内的措施费包干，结算时不得进行调整。

34 **质量保修**

34.1 承包人应按法律、行政法规或国家关于工程质量保修的有关规定，对交付发包人使用的工程在质量保修期内承担质量保修责任。

34.2 质量保修工作的实施。承包人应在工程竣工验收之前，与发包人签订质量保修书，作为本合同附件。

34.3 质量保修书的主要内容包括：质量保修项目内容及范围；质量保修期；质量保修责任；质量保修金的支付方法。

（十）违约、索赔和争议

35 **违约**

35.1 本合同中关于发包人违约的具体责任

（1）根据《建设工程施工合同（示范文本）》（GF—2013—0201）通用条款第 26.4 款，约定发包人违约应承担的违约责任：发包人不按合同约定支付工程款（进度款），双方又未达成延期付款协议，导致施工无法进行，承包人可停止施工，由发包人承担违约责任。

（2）根据《建设工程施工合同（示范文本）》（GF—2013—0201）通用条款第 33.3 款，约定发包人违约应承担的违约责任：发包人收到竣工结算报告及结算资料后 28 天内无正当理由不支付工程竣工结算价款，从第 29 天起按承包人同期向银行贷款利率支付拖欠工程价款的利息，并承担违约责任。

（3）双方约定的发包人其他违约责任： /

35.2 本合同中关于承包人违约的具体责任

（1）本合同通用条款第 14.2 款约定承包人违约承担的违约责任：除扣除全部工期履约保证金外，工期每拖延一天处以违约金为合同价的 0.02%，误期赔偿费限额为合同价的 3.75%。

如因承包人自身原因造成工期严重滞后，又无明显改进措施的，发包人有权要求承包人无条件退场，并承担由此产生的一切损失，同时，发包人也有权安排其他施工队伍进场施工，费用经审价机构审核后从承包人合同价款中扣除。

（2）本合同通用条款第 15.1 款约定承包人违约应承担的违约责任：承包人必须严格按照施工图及工程施工验收规范等精心组织施工，严格把好每道工序的质量关，确保工程竣工验收达到合格等级。经验收，如有不合格工程，承包人应无条件返工、整改，采取相应的补救、修复措施，直至工程竣工验收合格，如无法修复或严重降低工程整体质量，则发包人有权扣除其全额质量履约保证金，并处以工程结算总造价的 3.75%的违约金。

（3）双方约定的承包人其他违约责任：不定期进行安全文明施工检查，发现问题施工单位应及时整改，被一次警告后不做处罚，限期整改，被二次警告后扣除相应比例的文明施工费，另若由于施工不文明、不安全而被新闻单位曝光或相关主管部门检查后通报批评的，每次扣除承包人承诺的履约保证金壹万元整。

36 **索赔**

36.1 当一方向另一方提出索赔时，要有正当索赔理由，且有索赔事件发生时的有效证据。

36.2 承包人未能按合同约定履行自己的各项义务或发生错误，给发包人造成经济损失，发包人可按有关规定确定的时限向承包人提出索赔。

37 **争议**

双方约定，在履行合同过程中产生争议时：

（1）请上级主管部门调解。

（2）调解不成的按下列方式解决：依法向工程所在地人民法院起诉。

（十一）其他

38 **工程分包**

本工程发包人同意承包人分包的工程：中标单位资质范围以外的专业工程必须分包给有专业资质的施工单位。中标单位资质范围以内的工程未经发包人同意不得分包。

如果承包人未经发包人同意而自行分包、转包，一经发现并查实，发包人有权解除合同并由承包人承担由此造成的一切责任和损失，并没收全额履约保证金。

39 **不可抗力**

双方关于不可抗力的约定：六级以上地震、山洪暴发、战争、十级以上台风及其他属于承包人不能预见、不能避免并不能克服的客观情况。

40 **保险**

40.1 本工程双方约定投保内容如下：

（1）发包人投保内容：______/______

发包人委托承包人办理的保险事项：______/______

（2）承包人投保内容：承包人为建设工程和施工场地内的自有人员、设备及第三方生命财产办理保险并支付保险费用，费用已包含在总价内。

40.2 所有保险不应免除由于承包人过失造成的损失而承担的责任。

41 **担保**

本工程双方约定担保事项如下：

（1）发包人向承包人提供履约担保，担保方式为：____/____，担保合同作为本合同附件。

（2）承包人向发包人提供履约担保，担保方式为：＿＿/＿＿，担保合同作为本合同附件。

（3）双方约定的其他担保事项：

1）在质量保修期间，承包人应在收到发包人要求修理的通知后2天内派人员进驻现场进行解决。

2）履约担保。承包人应在收到中标函后的 14 天内，按招标文件规定的格式和金额向发包人提交中标金额15%的履约保证金。本条各项要求所需的费用由承包人承担。

履约保证金内容包括：工期担保为履约保证金的25%，质量担保为履约保证金的25%，人员及设备到位率担保为履约保证金的25%，文明施工、环境保护、安全生产担保为履约保证金的25%。

3）履约担保的有效期。履约担保在工程颁发交工证书之日后 28 天内有效。在此有效期截止日后14天内此履约担保退还给承包人。

42　专利技术及特殊工艺

42.1　发包人要求使用专利技术或特殊工艺，就负责办理相应的申报手续，承担申报、试验、使用等费用；承包人提出使用专利技术或特殊工艺，应取得工程师认可，承包人负责办理申报手续并承担有关费用。

42.2　擅自使用专利技术侵犯他人专利权的，责任者依法承担相应责任。

43　文物和地下障碍物

43.1　在施工中发现古墓、古建筑遗址等文物及化石或其他有考古、地质研究等价值的物品时，承包人应立即保护好现场并于4h内以书面形式通知工程师，工程师应于收到书面通知后24h内报告当地文物管理部门，发包人承包人按文物管理部门的要求采取妥善保护措施。发包人承担由此发生的费用，顺延延误的工期。如发现后隐瞒不报，致使文物遭受破坏，责任者依法承担相应责任。

43.2　施工中出现影响施工的地下障碍物时，承包人应于8h内以书面形式通知工程师，同时提出处置方案，工程师收到处置方案后24h内予以认可或提出修正方案。发包人承担由此发生的费用，顺延延误的工期。所发现的地下障碍物有归属单位时，发包人应报请有关部门协同处置。

44　合同解除

44.1　发包人承包人协商一致，可以解除合同。

44.2　有下列情形之一的，发包人承包人可以解除合同：

（1）因不可抗力致使合同无法履行。

（2）因一方违约（包括因发包人原因造成工程停建或缓建）致使合同无法履行。

44.3　合同解除后，不影响双方在合同中约定的结算条款的效力。

45　合同生效与终止

45.1　双方在协议书中约定合同生效方式。

45.2　除本通用条款第 34 条外，发包人、承包人履行合同全部义务，竣工结算价款支付完毕，承包人向发包人交付竣工工程后，本合同即告终止。

45.3　合同的权利义务终止后，发包人、承包人应当遵循诚实信用原则，履行通知、协助、保密等义务。

46　合同份数

双方约定合同份数：正本二份，双方各执一份；副本十份，发包人六份，承包人四份。

47　补充条款

47.1　施工区域“三通一平”费用由施工单位自行解决。

47.2　承包人承诺的项目部技术经济管理人员必须按投标承诺名单及时到位，项目经理和技术负责人每月现场到位不得少于 20 天，实际到位天数每少一天，按每人每天 1 000 元罚款。项目经理和技术负责人到位率不足 50%的，发包人有权中止合同，没收全部履约保证金，同时承包人赔偿发包人由此造成的损失。若因特殊情况或实际需要必须调换者，承包人必须事先向委托人提供相关材料并取得委托人的书面批准以后，才能派替换的人员进场。

47.3　因承包人原因造成工程进度严重滞后，或承包人在工期滞后并接到工程师要求整改通知后仍未有效改善工程进度的，发包人有权终止合同。

47.4　中标人在投标文件中隐含与招标文件相违背的内容，并且影响了招标人的利益，评标专家在评标中没有发现，并不代表招标人认可此内容，未经招标人同意此内容无效，此内容对招标人无约束力。

47.5　承包人应确保民工工资的及时支付，如不及时支付，视作违约，发包人有权代承包人支付民工工资，并在工程款中扣除。

47.6　承包人在中标后不得以任何理由拒绝发包人要求的工程量的增加或减少及工作内容的变更。

附件 1：承包人承揽工程项目一览表（略）

附件 2：发包人供应材料设备一览表（略）

附件 3：工程质量保修书（略）

第二卷　工程技术要求及工程规范

四、工程技术要求及规范

（一）工程技术要求

1. 依据设计施工图样和技术文件要求，本工程项目的材料、设备、施工必须达到现行中华人民共和国及省、市、行业的一切有关法规、规范的要求，如设计施工图样、技术文件、标准及规范要求有出入则以较严格者为准。

2. 根据工程设计要求，该项工程下列项目材料、施工除必须达到以上标准外，还应满足下列标准要求：对施工工艺的特殊要求，详见设计说明及施工图样。

3. 以上（不限于）规范均由投标人自备，如有不足之处或未能达到国家最新标准时，承包人应使施工及选用的设备和材料符合最新版本的国家标准、规范。

（二）质量保修期

本工程自验收合格之日起算，保修期为 2 年。

（三）工程质量要求

承包人必须严格按合同条款、施工图样及设计说明文件、施工验收规范、国家和省市的有关质量验收标准，精心组织施工，确保工程质量达到国家合格验收标准。投标人应详细编制施工方案，详细叙述关键部位的质量保证措施，并在投标文件中对质量目标进行承诺。

（四）材料设备要求

1　材料、设备的质量保证

1.1　本工程使用的设备、材料必须采用正规厂家生产的产品。如有虚假，发包人将要求承包人免费更换产品并扣除质量履约保证金。

1.2　在免费质量保修期内，承包人对有缺陷的部位必须无偿地给予修理与更换，并承担一切由此引起的对发包人或第三者的直接损失，除非该缺陷是由于人为破坏或合同规定的不可抗因素造成的。

1.3　承包人必须对所承包的工程的质量负全部责任，其责任不因其他材料设备生产商提供的保证书而减轻或更改。

2　材料设备供应要求

2.1　本次招标承包范围内的材料均由承包方根据本招标文件、设计图样和国家有关规定的具体要求进行采购、运输、检验、保管。

2.2　本次招标工程中所需的所有材料，承包人应在采购前向业主送样并经业主、监理签证确认，未经签证而使用的材料业主将不予支付该部分的工程款，投标人应在投标文件中明确主要材料品牌、规格和质量等级相关指标，中标后未经业主认可不得调换。

2.3　投标人在中标后不得随意提出材料品种和规格的变更，除非招标人和设计同意；也不得以采购困难等为理由延误工期，否则招标人可自行组织采购，视为甲供材料，费用从投标人工程款中扣除，并处以相同款项处罚。

2.4　投标人应按图样及招标文件要求进行材料的选择并报价，投标人提供的所有材料进场前必须提供材料样品经招标人审查，经招标人认可后方可组织材料进场。

2.5　主要材料设备说明，招标人对部分材料提供了品牌、规格、型号及相关要求，投标人必须按规定的要求进行投标报价。

1）招标人在工程量清单中对主要材料设备品牌、规格、型号要求有规定的，投标须在招标人规定的要求范围内选择，并在“主要材料价格表”的备注一栏里注明所选材料设备的品牌、规格、型号，如没有注明，则由招标人在选择范围内指定，投标人不得提出异议。

2）对材料的品牌、规格、型号没有规定的，由投标人按招标文件及施工图的要求进行投标报价并在“主要材料价格表”的备注一栏里注明所选材料设备的品牌、规格、型号，若投标人没有进行注明的，则由招标人指定品牌，投标价格不调整。

（五）工程管理的要求

1. 本工程发包范围内的工程项目，未经招标人同意一律不得分包。一经发现立即取消承包资格，做违约处理，并承担由此引起的一切经济损失。

2. 中标人应严格按已确认设计图纸和施工技术方案组织施工，并无条件地接受招标人委托的监理单位对施工质量的监督和管理。

3. 投标人在投标文件中承诺的管理人员未经招标人同意，承包人不得调换和撤离，并按工程进度及时到位。招标人有权要求施工单位撤换工作不负责任、管理不力、贻误工期和造成严重的安全事故和工程质量事故、违法乱纪的专业技术人员、管理人员和技术负责人，直至招标人满意为止。如相应资质的专业技术人员未按要求到位，视作违约，招标人有权单方面终止合同。

4. 项目经理到位率应在80%以上，其他管理人员到位率应为100%。

5. 因工程施工交叉进行，投标人应相互配合，并无条件服从招标人或监理工程师的合理安排。

6. 安全文明施工要求

1）施工单位中标后应与当地政府有关部门签订《治安责任承包协议书》，服从地方社会治安、综合治理、计划生育、交通管理、环境保护等管理规定。中标人应设有专职人员负责上述条款的执行。

2）投标人应有详细的工程安全措施和安全组织及配备专职安全负责人的说明和承诺，以确保安全施工。

3）中标人在工程施工全过程中要认真做好产品保护。因失窃或失火造成的损失均由承包方负责，凡由此而损及业主利益时，业主将向中标施工单位索赔。

五、工程量清单编制

1. 工程量清单应由具有编制招标文件能力的招标人或受其委托具有相应资质的工程造价咨询机构、招标代理机构编制。

工程量清单应加盖编制单位的公章、注册造价工程师和造价员的执业专用章，否则无效。

2. 工程量清单应依据《建设工程工程量清单计价规范》（GB 50500—2013），省、市建设行政主管部门的计价规定，达到规定设计深度的施工图样，与工程项目有关的规范和标准，招标文件及其补充通知，答疑纪要，施工现场实际情况，工程特点，常规施工方案及其他相关资料编制。

3. 工程量清单及计价采用的表格格式

（1）工程量清单及计价表式

1）工程量清单报价封面。

2）工程量清单报价说明。

3）投标总价封面。

4）工程项目报标汇总表。

5）单位工程报价汇总表。

6）分部分项工程量清单及计价表。

7）组织措施项目（整体）清单及计价表。

8）组织措施项目（专业工程）清单及计价表。

9）技术措施项目清单及计价表。

10）安全施工措施项目清单及计价表。

11）文明施工措施项目清单及计价表。

12）环境保护措施项目清单及计价表。

13）临时设施措施项目清单及计价表。

14）其他项目清单及计价表。

15）计日工表。

16）总承包服务费项目及计价表。

17）主要工日价格表。

18）主要材料价格表。

19）主要机械台班价格表。

（2）工程量清单报价分析表

1）分部分项工程量清单综合单价分析表。

2）措施项目费分析表。

3）综合单价工料机分析表。

4）措施项目工料机分析表。

（3）招标人根据拟建工程的构成、发包方式及报价要求，请投标人具体填报上述表格

4. 招标人应根据建设工程的构成、发包方式及报价要求，在招标文件中明确投标人要提供的纸质文件报表的种类和格式等具体要求。投标人必须提供投标总价封面，工程量清单报价说明，各类费用汇总表和计价表，主要工日、材料和机械价格表。

5. 采用电子化评标系统招标投标时，招标人在工程量清单招标时应提供不可追刻的电子光盘，光盘内含与纸质招标文件内容相一致的统一格式电子表格。电子表格包括分部分项工程量清单及计价表和其他要求投标人提供的报表格式。

6. 总说明的编制应包括的内容

1）工程概况：建设地址、建设规模、工程特征、招标项目中单位工程的组成、施工现场情况、交通运输、自然地理条件等。

2）工程招标和分包范围。招标人应明确纳入总承包人管理的项目内容及需要总承包人承担的职责。

3）工程量清单编制依据。

4）工程质量、工期、材料、施工等要求。

5）安全施工、文明施工、环境保护和临时设施的要求，招标项目各类专业工程对应的安全防护、文明施工措施费用的取费计算基数和最低费率标准。

6）规费、税金、农民工工伤保险费的取费要求。

7）招标项目各类专业工程的建设工程质量检验试验费取费计算基数和最低费率标准。

8）招标人自行采购材料的名称、规格型号、数量，要求总承包人提供的服务内容。

9）暂列金额的数量。

10）其他需要说明的问题。

7. 分部分项工程量清单是表明拟建工程全部分项实体工程名称和相应数量的清单，包括项目编码、项目名称、项目特征、计量单位和工程数量。

8. 分部分项工程量清单必须按《建设工程工程量清单计价规范》（GB 50500—2013）附录中统一的项目编码、项目名称、项目特征、计量单位和工程量计算规则进行编制。

1）分部分项工程量清单的项目编码采用十二位阿拉伯数字表示，同一招标项目的项目编码不得重码。

工程量清单出现《建设工程工程量清单计价规范》（GB 50500—2013）附录中未包括的项目，编制人应按《建设工程工程量清单计价规范》（GB 50500—2013）的规定做补充，并在所属的分部列项。补充项目的编码由附录的顺序码与 B 和三位阿拉伯数字组成，并应从×B001起顺序编制，同一招标工程的项目不得重码。工程量清单中需附有补充项目的名称、项目特征、计量单位、工程量计算规则和工程内容。清单编制人补充的项目应报市建设工程造价和投资管理办公室备案。

2）清单编制人确定分部分项工程量清单项目名称和描述项目特征时应具体、准确，把影响工程造价的因素描述清楚。

3）工程数量的有效位数应遵守《建设工程工程量清单计价规范》（GB 50500—2013）的规定。工程量的有效位数遵循下列规定：

① 以“t”为计量单位的，应保留三位小数，第四位小数四舍五入。

② 以“m^3”“m^2”“m”“kg”为计量单位的，应保留两位小数，第三位小数四舍五入。

③ 以“个”“项”等为计量单位的，应取整数。

4）分部分项工程量清单的计量单位应按附录中规定的计量单位确定。

附录中有两个或两个以上计量单位的，应结合拟建工程项目的实际选择最为合适的其中一个计量单位。

9. 分部分项工程量清单一般应根据不同单位工程分专业编制。当费用计算程序或规费费率不同时，分部分项工程量清单必须根据不同专业工程分别编制；当费用计算程序和规费费率都相同时，单位工程内的不同专业工程可以纳入同一份分部分项工程量清单。一般装饰工程跟建筑工程一起发包时，可以纳入建筑工程分部分项工程量清单。

10. 措施项目清单是表明为完成工程项目施工，发生于该工程施工准备和施工过程中非工程实体项目的清单。

措施项目根据组成内容应分为施工技术措施项目和施工组织措施项目，各项措施费用所包括的内容按省建设行政主管部门颁发的取费定额和有关取费计价文件确定。

11. 措施项目清单应根据拟建工程的具体情况，并结合常规的施工组织设计，参照《建设工程工程量清单计价规范》（GB 50500—2013）中 3.3.1 措施项目一览表。

12. 措施项目清单编制应体现工程特点和招标要求，需补充的措施项目，清单编制人可参照省建设行政主管部门颁发的计价依据补充或自行补充。清单编制人自行补充的项目，应填写在相应措施清单项目后。

13. 措施项目清单分为整体措施项目清单和专业工程措施项目清单。整体措施项目指根据招标项目整体应考虑的措施项目，整体措施项目清单应分为组织措施项目清单和技术措施项目清单分别编制。专业工程措施项目指根据分部分项工程量清单应按专业工程特点考虑的措施项目，专业工程措施项目清单也分为组织措施项目清单和技术措施项目清单分别编制。

14. 安全施工、文明施工、环境保护和临时设施是必须保证的措施项目，招标文件应对此提出要求并提供详细的措施项目清单，供投标人报价。具体编制可参照安全防护文明施工措施项目一览表并结合招标工程的特点列项。

15. 建设工程质量检验试验费、建筑工程超高施工增加费作为措施项目，分别列入组织措施和技术措施项目清单。

“施工现场在线监测系统”、民工宿舍“空调设施”等市委市政府以及市建设行政主管部门提出特殊要求的费用项目，招标人必须按照市政府、市建设行政主管部门颁发的有关文件要求明确设置，有费用标准的应明确具体费用标准。

16. 措施项目中可以计算工程量的项目，清单宜采用分部分项工程量清单的方式编制，列出项目编码、项目名称、项目特征、计量单位，提供工程量计算规则，以满足投标人报价的需要；不能计算工程量的项目，以“项”为计量单位列项。

17. 其他项目清单是根据拟建工程的具体情况，不在分部分项工程量清单和措施项目清单内的项目。

其他项目清单参照下列内容列项：暂列金额、总承包服务费、计日工等。未列项目招标人根据拟建工程的实际情况可做补充。

1）暂列金额指招标人在合同签订时尚未确定的或者为不可预见的所需材料、设备和服务的采购、施工中可能发生的工程变更、合同约定调整因素发生时的工程价款调整以及发生索赔、现场签证确认等因素而预留的暂定金额。项目所需的暂列金额由招标人在招标文件和清单编制总说明中明确，暂列金额一般不得超过招标项目预算造价的5%。

2）总承包服务费指投标人（施工总承包人）对招标人（发包人）依法进行的专业工程分包和材料、设备采购所提供的协调和配合服务以及施工现场管理、竣工资料汇总整理等服务所需的费用。专业工程分包单位要求利用施工总承包人的脚手架、垂直运输机械等设施时，其费用由施工总承包人和分包单位双方自行协商约定，不包括在总承包服务费中。

招标人应在招标文件中明确拟分包专业工程的名称、估算造价以及总承包服务的内容，以供投标人报价时考虑。

3）计日工指投标人为完成招标人提出的施工图样以外的、数量暂估的零星项目或工作计价所需的费用。

计日工表是其他项目清单中的计日工的附表，由招标人根据拟建工程的具体情况列出人、材、机的名称、规格、计量单位和相应数量。

18. 规费、税金指政府部门规定必须缴纳的费用。项目内容按照省建设行政主管部门颁发的取费定额和省市颁发的有关政策性文件确定。

当省、市级政府或省、市级有关权力部门对规费项目进行调整（增或减）时，招标人应根据招标工程所在地的实际情况对工程量清单中的规费项目做出补充和调整。

19. 主要工日、材料、机械台班价格表由招标人根据工程需要提出报价要求，投标人报价时可以补充。主要人工、材料、机械台班价格表中开列的项目应属清单范围内的项目。

20. 主要工日价格表编制时，由招标人列项供投标人报价。工种栏目可参照省建设行政主管部门颁发的计价依据按一类、二类、三类人工类别列项，或按具体工种列项。

21. 主要材料价格表编制时，由招标人开列材料编码、材料名称和计量单位供投标人报价。材料包括原材料、燃料、构配件和按规定应计入建安工程造价的设备。招标人应根据招标项目实际需要在主要材料价格表列出不少于10种主要材料(包括必须按要求列出招标人指定、提供和暂定材料)，以便于投标人报价和专家评审，并明确投标人应按招标工程项目提供主要工日、材料、机械台班价格表。

招标人指定的材料，由招标人明确规格、型号；招标人提供的材料，由招标人明确规格、型号和单价，并在“备注”栏中标明“甲供”。

其余材料由投标人根据施工图的要求自行明确规格、型号和报价，并在“备注”栏中标明品牌。

22. 主要机械台班价格表编制时，由招标人开列机械设备种类供投标人报价。

23. 为防止投标人围标抬价，国有资金投资的工程建设项目招标人应设置投标最高限价。投标最高限价应低于招标控制价一定比例，下浮比例不得低于8%。投标人的投标报价高于投标最高限价的，其投标应予以拒绝或由评标委员会评定为废标。

24. 工程量清单发出后的修正，招标人应以招标补充文件或招标答疑纪要的形式，将修正的内容通知所有投标人。招标补充文件、答疑纪要具有对工程量清单修正的效力。

第三卷　图样及其他资料（略）

第四卷　投标文件格式（略）

2.3.2　编制招标文件的注意事项

编制招标文件的注意事项如下：

（1）用醒目的方式标明招标的实质性要求和条件　招标人应当在招标文件中规定实质性要求和条件，并用醒目的方式标明。招标文件规定的各项技术标准应符合国家强制性标准。

（2）招标文件不得含有倾向或者排斥潜在投标人的内容　招标文件中规定的各项技术标准均不得要求或标明某一特定的专利、商标、名称、设计、原产地或生产供应者，不得含有倾向或者排斥潜在投标人的其他内容。如果必须引用某一生产供应者的技术标准才能准确或清楚地说明拟招标项目的技术标准时，则应当在参照后面加上"或相当于"的字样。

（3）招标文件应当规定投标有效期　招标文件应当规定适当的投标有效期，以保证招标人有足够的时间完成评标和与中标人签订合同。

（4）工期长的项目，招标文件可规定工程造价的调整方法　施工招标项目工期超过 12 个月的，招标文件中可以规定工程造价指数体系、价格调整因素和调整方法。

（5）招标控制价　招标控制价应严格按《建设工程工程量清单计价规范》（GB 50500—2013）的规定、本市工程造价管理机构发布的工程造价信息，结合招标文件中的工程量清单及有关要求、建设工程设计文件及相关资料、施工现场情况、工程特点及施工的常规做法以及与建设工程项目有关的标准、规范、技术资料编制。

任务 4　组织开标、评标

2.4.1　开标的程序及要求

开标应当在投标截止时间公开进行，开标地点应当在招标文件中预先确定。开标会议由招标单位组织并主持。开标会议在招标管理机构监督下进行，可以邀请公证部门对开标全过程进行公证。参加开标会议的人员，包括招标人或招标代理人的代表、投标人的法定代表人或其委托代理人、招标投标管理机构的监管人员，许多地方规定投标书中指定的项目负责人（如建造师等）应参加会议。招标文件中规定应出席会议的投标方人员未按时出席，该投标人的标书将被视为废标。评标组织成员不参加开标会议。

开标会议的议程如下：

1）参加开标会议的人员签到。

2）会议主持人宣布开标会议开始，宣读招标人法定代表人资格证明或招标人代表的授权委托书，介绍参加会议的单位和人员名单，宣布唱标人员、记录人员名单。

3）由投标人代表、招标投标管理机构的人员或公证员核查投标人提交的与标书评分有关的证明文件原件，确认后加以记录。若需进行资格后审的还需提交与资格后审有关的证明文件原件，后审不合格的，其标书作为废标，请其代表退场。

4）由招标人代表、招标投标管理机构的人员或公证员核查投标人提交的投标文件，检视其密封、标志、签署等情况，经确认无误后，宣布核查检视结果，并当众启封投标文件。凡未按招标文件和有关规定进行密封、标志、签署的投标书将被拒绝。

5）由唱标人员进行唱标。唱标是指公布投标文件的主要内容，当众宣读投标人名称、投标报价、工期、质量、主要材料用量、投标保证金、优惠条件等投标书的主要内容。

6）由投标人的法定代表人或其委托代理人核对开标会议记录，并签字确认开标结果。开标会议的记录人员应现场起草开标会议记录，将开标会议的全过程和主要情况，特别是投标人参加会议的情况、对投标文件的核查检视结果、开启并宣读的投标文件和标底的主要内容等，当场记录在案，并请投标人的法定代表人或其委托代理人核对无误后签字确认。开标会议记录应存档备查。至此，开标会议结束，转入评标阶段。

在开标过程中，遇到投标文件有下列情形之一的，应当确认为废标：

1）未按招标文件的要求密封、标志的，无投标人公章和投标人的法定代表人或其委托代理人的印鉴或签字的。

2）投标文件标明的投标人在名称和法律地位上与资格审查时不一致，或资格后审不合格的。

3）未按招标文件规定的格式、要求填写，内容不全或字迹潦草、模糊，辨认不清的。

4）投标人在一份投标文件中对同一招标项目报有两个或多个报价，且未书面声明以哪个报价为准的。

5）逾期送达的。

6）招标文件规定应出席开标会议的投标人代表未参加开标会议的。

7）联合体投标未附联合体各方共同投标协议的。

至于涉及投标文件实质性未响应招标文件的，应当留待评标时由评标组织评审、确认投标文件是否有效。对在开标过程中就被确认无效的投标文件，一般不再启封或宣读。在开标时确认投标文件是否无效，一般由参加开标会议的招标人或其代表进行，由参加会议的公证人员监督，经招标投标管理机构认可后宣布。如果投标当事人有异议的，则应留待评标时由评标组织评审确认。

由于在开标过程中部分投标书被确认为废标，有效投标不足三个使得投标明显缺乏竞争的，评标委员会可以否决全部投标。

2.4.2　评标专家的选取

评标由依法组建的评标委员会在招标投标管理机构和公证机构监督下进行。评标委员会向招标人推荐中标候选人或者根据招标人的授权直接确定中标人。

评标委员会由招标人负责组建。评标委员会成员名单一般应于开标前确定。评标委员会成员名单在中标结果确定前应当保密。

评标委员会由招标人或其委托的招标代理机构熟悉相关业务的代表，以及有关技术、经济等方面的专家组成，成员人数为五人以上的单数，其中技术、经济等方面的专家不得少于成员总数的三分之二。

评标委员会设负责人的，评标委员会负责人由评标委员会成员推举产生或者由招标人确定。评标委员会负责人与评标委员会的其他成员有同等的表决权。

评标委员会的专家成员应当从省级以上人民政府有关部门提供的专家名册或者招标代理机构的专家库内的相关专家名单中确定。确定评标专家，可以采取随机抽取或者直接确定的方式。一般项目，可以采取随机抽取的方式；技术特别复杂、专业性要求特别高或者国家有特殊要求的招标项目，采取随机抽取方式确定的专家难以胜任的，可以由招标人直接确定。

评标专家应符合下列条件：

1）从事相关专业领域工作满八年并具有高级职称或者同等专业水平。

2）熟悉有关招标投标的法律法规，并具有与招标项目相关的实践经验。

3）能够认真、公正、诚实、廉洁地履行职责。

有下列情形之一的，不得担任评标委员会成员：

1）投标人或者投标人主要负责人的近亲属。

2）项目主管部门或者行政监督部门的人员。

3）与投标人有经济利益关系，可能影响对投标公正评审的。

4）曾因在招标、评标以及其他与招标投标有关活动中从事违法行为而受过行政处罚或刑事处罚的。

评标委员会成员有上述情形之一的，应当主动提出回避。

评标委员会成员应当客观、公正地履行职责，遵守职业道德，对所提出的评审意见承担个人责任。评标委员会成员不得与任何投标人或者与招标结果有利害关系的人进行私下接触，不得收受投标人、中介人、其他利害关系人的财物或者其他好处。评标委员会成员和与评标活动有关的工作人员不得透露对投标文件的评审和比较、中标候选人的推荐情况以及与评标有关的其他情况。上述与评标活动有关的工作人员，是指评标委员会成员以外的因参与评标监督工作或者事务性工作而知悉有关评标情况的所有人员。

2.4.3　评标的原则、评议的内容及评标报告

评标委员会成员应当按照招标文件规定的评标标准和方法，客观、公正地对投标文件提出评审意见。招标文件没有规定的评标标准和方法不得作为评标的依据。

评标委员会对投标文件审查、评议的主要内容有以下几点：

1. 符合性鉴定

符合性鉴定是指评标委员会对投标文件进行符合性鉴定，包括商务符合性和技术符合性鉴定。投标文件应实质上响应招标文件的要求。所谓实质上响应招标文件的要求，就是指投标文件应该与招标文件的所有条款、条件和规定相符，无显著差异或保留。如果投标文件实质上不响应招标文件的要求，招标人应将其作为废标予以拒绝，并不允许投标人通过修正或撤销其不符合要求的差异或保留，使之成为具有响应性的投标文件。

在评标过程中，评标委员会发现投标人以他人的名义投标、串通投标、以行贿手段谋取中标或者以其他弄虚作假方式投标的，该投标人的投标应作废标处理。

在评标过程中，评标委员会发现投标人的报价明显低于其他投标报价或者在设有标底时明显低于标底，使得其投标报价可能低于其个别成本的，应当要求该投标人做出书面说明并提供相关证明材料。投标人不能合理说明或者不能提供相关证明材料的，由评标委员会认定该投标人以低于成本报价竞标，其投标应作废标处理。许多地方的招标投标管理机构为了便于执行，往往规定低于投标平均价一定幅度的报价为废标。

评标委员会应当审查每一投标文件是否对招标文件提出的所有的技术的和商务的实质性要求和条件做出响应。未能在实质上响应的投标，应作废标处理。

评标委员会应当根据招标文件，审查并逐项列出投标文件的全部投标偏差。

投标偏差分为重大偏差和细微偏差。下列情况属于重大偏差：

1）没有按照招标文件要求提供投标担保或者所提供的投标担保有瑕疵。

2）投标文件没有投标人授权代表签字和加盖公章。

3）投标文件载明的招标项目完成期限超过招标文件规定的期限。

4）明显不符合技术规格、技术标准的要求。

5）投标文件载明的货物包装方式、检验标准和方法等不符合招标文件的要求。

6）投标文件附有招标人不能接受的条件。

7）不符合招标文件中规定的其他实质性要求。

投标文件有上述情形之一的，属于未能对招标文件做出实质性响应的投标行为，应视为实质性废标，按规定应予以拒绝。

2. 技术性评价

技术性评价是指评标委员会对投标文件进行技术性评估。在施工招标中，评标委员会主要是对项目部组成人员的素质，施工方案，进度计划，人员和机械设备的配备，施工总平面布置，质量、进度和安全保证措施，文明施工和环境保护措施等进行评估。

3. 商务性评价

商务性评价是指评标委员会对投标文件进行商务性评估。具体是指对确定为实质上响应招标文件要求的投标文件进行投标报价评估，包括对投标报价进行校核，审查全部报价数据是否有计算上或累计上的算术错误，分析报价构成的合理性。当报价采用工程量清单时，评标委员会应对投标书中清单与招标文件中的清单进行比较核对。发现报价数据上有算术错误，修改的原则是：如果用数字表示的数额与用文字表示的数额不一致时，以文字数额为准；当单价与工程量的乘积与合价之间不一致时，通常以标出的单价为准；若评标委员会认为有明显的小数点错位，此时应以标出的合价为准，并修改单价。按上述原则调整投标书中的投标报价，经投标人确认同意后，对投标人起约束作用。如果投标人不接受修正后的投标报价，则其投标将被拒绝。

4. 综合评价与比较

综合评价与比较是指评标委员会对投标文件进行综合评价与比较。评标应当根据招标文件确定的评标标准和方法，按照平等竞争、公正合理的原则，对投标人的报价、工期、质量、主要材料用量、施工方案或组织设计、以往业绩和履行合同的情况、社会信誉、优惠条件等方面进行综合评价和比较，并与标底进行对比分析，通过进一步澄清、答辩和评审，公正合理地择优选定中标候选人。必要时，为有助于投标文件的审查、评价和比较，评标委员会有权要求投标人澄清其投标文件，可以分别对投标人进行质询，先以口头形式询问并解答，随后在规定的时间内投标单位以书面形式予以确认做出正式答复。澄清和确认的问题须经法定代表人或授权代理人签字，澄清问题的答复作为投标文件的组成部分，但不允许更改投标报价或投标文件的实质性内容。

评标和定标应当在投标有效期结束日 30 个工作日前完成。不能在投标有效期结束日 30 个工作日前完成评标和定标的，招标人应当通知所有投标人延长投标有效期。拒绝延长投标有效期的投标人有权收回投标保证金。同意延长投标有效期的投标人应当相应延长其投标担保的有效期，但不得修改投标文件的实质性内容。因延长投标有效期造成投标人损失的，招标人应当给予补偿，但因不可抗力需延长投标有效期的除外。

招标文件应当载明投标有效期。投标有效期从提交投标文件截止日起计算。

评标方法包括“经评审的最低投标价法”“综合评估法”或者法律、行政法规允许的其他评标方法。

（1）经评审的最低投标价法　所谓经评审的最低投标价法就是在评标委员会对所有投标人的质量和进度目标、技术标以及资信情况等进行评审以后，对其中评审合格者的投标报价进行比较，将报价最低者确定为中标者的评标办法。但通过大量实践，人们发现报价过低往往会导致中标人忽视质量和进度，因此，招标人开始渐渐比较认同合理低价中标的做法。这种评标办法也就被修正为“经评审的合理低价法”，一般选定低于标底且最接近标底的报价为中标价。

经评审的最低投标价法一般适用于具有通用技术、性能标准或者招标人对其技术、性能没有特殊要求的招标项目。

根据经评审的最低投标价法完成详细评审后，评标委员会应当拟定一份“标价比较表”，连同书面评标报告提交招标人。“标价比较表”应当载明投标人的投标报价、对商务偏差的价格调整和说明以及经评审的最终投标价。

（2）综合评估法　不宜采用经评审的最低投标价法的招标项目，一般应当采取综合评估法进行评审。根据综合评估法，推荐最大限度地满足招标文件中规定的各项综合评价标准的投标人为中标候选人。

衡量投标文件是否最大限度地满足招标文件中规定的各项评价标准，可以采取折算为货币的方法、打分的方法或者其他方法。需量化的因素及其权重应当在招标文件中明确规定。评标委员会对各个评审因素进行量化时，应当将量化指标建立在同一基础或者同一标准上，使各投标文件具有可比性。对技术部分和商务部分进行量化后，评标委员会应当对这两部分的量化结果进行加权，计算出每一投标的综合评估价或者综合评估分。

评标委员会在评标过程中发现的问题，应当及时做出处理或者向招标人提出处理建议，并做书面记录。

评标委员会完成评标后，应当向招标人提出书面评标报告，并抄送有关行政监督部门。评标报告应当如实记载以下内容：

1）基本情况和数据表。

2）评标委员会成员名单。

3）开标记录。

4）符合要求的投标一览表。

5）废标情况说明。

6）评标标准、评标方法或者评标因素一览表。

7）经评审的价格或者评分比较一览表。

8）经评审的投标人排序。

9）推荐的中标候选人名单与签订合同前要处理的事宜。

10）澄清、说明、补正事项纪要。

评标报告由评标委员会全体成员签字。对评标结论持有异议的评标委员可以书面方式阐述其不同意见和理由。评标委员会成员拒绝在评标报告上签字且不陈述其不同意见和理由的，视为同意评标结论。评标委员会应当对此做出书面说明并记录在案。

向招标人提交书面评标报告后，评标委员会即告解散。评标过程中使用的文件、表格以及其他资料应当及时归还招标人。

2.4.4 定标的原则及中标通知书的签发

中标人的投标应当符合下列条件之一：

1）能够最大限度地满足招标文件中规定的各项综合评价标准。

2）能够满足招标文件的实质性要求，并且经评审的投标价格最低；但是投标价格低于成本的除外。

在确定中标人之前，招标人不得与投标人就投标价格、投标方案等实质性内容进行谈判。

使用国有资金投资或者国家融资的项目，招标人应当确定排名第一的中标候选人为中标人。排名第一的中标候选人因不可抗力提出不能履行合同，或者招标文件规定应当提交履约保证金而在规定的期限内未能提交的，可以放弃中标，招标人可以确定排名第二的中标候选人为中标人。

排名第二的中标候选人因前款规定的同样原因不能签订合同的，招标人可以确定排名第三的中标候选人为中标人。

招标人可以授权评标委员会直接确定中标人。

当下述情况发生时，经招标管理机构同意可以拒绝所有投标，宣布招标失败：

1）最低投标报价超过控制价的。

2）所有投标单位的投标文件均实质上不符合招标文件要求。

中标人确定后，招标人应当向中标人发出中标通知书，同时通知未中标人，并与中标人在30个工作日之内签订合同。

中标通知书对招标人和中标人具有法律约束力。中标通知书发出后，招标人改变中标结果或者中标人放弃中标的，应当承担法律责任。中标人不在规定时间内及时与招标人签订合同，招标人有权没收投标保证金。当招标文件规定有履约保证金或履约保函时，中标人应在规定期限内及时提交，否则也将被视为放弃中标而被没收投标保证金。

招标人应当与中标人按照招标文件和中标人的投标文件订立书面合同。招标人不得向中标人提出压低报价、增加工作量、缩短工期或其他违背中标人意愿的要求，以此作为发出中标通知书和签订合同的条件。招标人与中标人不得再行订立背离合同实质性内容的其他协议。

招标人与中标人签订合同后5个工作日内，应当向中标人和未中标的投标人退还投标保证金。

课后作业

1. 下载并阅览本地招标管理部门网站上的招标公告和资格预审文件，并思考以下问题：

（1）项目进行招标必须满足哪些条件？

（2）法律法规对招标公告有什么规定？

（3）投标资格审查的目的是什么？有哪几种方式？

2. 下载并阅览本地招标管理部门制定的建设工程施工招标文件范本，并思考以下问题：

（1）施工招标文件主要有哪些内容？

（2）常见的评标方法有哪几种？

3. 收集一个本地招标工程的资料（或由教师提供），按照本地通用的招标文件格式文本，编写一份招标文件。

项目三　投标方的工作

学习目标

了解投标决策的原则、影响因素及内容，熟悉资格预审申请文件的内容，掌握编制投标文件的方法。

任务 1　投标决策

投标决策，是指承包商为实现其一定利益目标，针对招标项目的实际情况，对投标可行性和具体策略进行论证和抉择的活动。一旦决定参与投标，投标活动的一般程序如下：

1）成立投标组织。

2）投标初步决策。

3）参加资格预审，并领取招标文件。

4）参加现场踏勘和招标预备会。

5）进行技术环境和市场环境调查。

6）编制施工组织设计。

7）编制并审核施工图预算。

8）投标最终决策。

9）标书成稿。

10）标书装订和封包。

11）递交标书参加开标会议。

12）接到中标通知书后，与建设单位签订合同。

3.1.1　投标决策的原则及影响因素

1. 投标决策的原则

投标决策十分复杂，为保证投标决策的科学性，必须遵守一定的原则。

（1）目标性　投标的目的是实现投标人的某种目的，因此投标前投标人应首先明确投标的目标，如获取盈利、占领市场、创造信誉等，只有这样投标才能有的放矢。

（2）系统化　投标人所追求的目标往往不是单一的，在追求利润最大化的同时，往往还有追求信誉、抢占市场等目的。对于这些目标也要采用系统的方法进行分析、平衡，以便实现企业的整体目标最优化。

（3）信息化　决策应在充分占有信息的基础上进行，只有最大限度地掌握了诸如项目特点、材料价格、人工费水平、建设单位信誉、可能参与竞争的对手情况等信息，才能保证决策的科学性。

（4）预见性　预测是从历史和现实出发，运用科学的方法，通过对已占有的信息的分析，推断事物发展趋向的活动。投标决策的正确性取决于对投标竞争环境和未来的市场环境预测的正确性。因此预测是决策的基础和前提，没有科学的预测就没有科学的决策。

（5）针对性　要取得投标成功，投标人不但要保证报价符合建设单位目标，而且还要保证竞争的策略有较强的针对性。一味拼命压价，并不能保证一定中标，往往会因为没有扬长避短而被对手击败。同时，技术标（施工组织设计）的针对性也是取得投标成功所必需的。

2. 投标决策的影响因素

（1）投标人的内部因素　投标人的自身条件是投标决策的决定性因素，主要从技术、经济、管理、企业信誉等方面去衡量，考虑是否达到招标的要求，能否在竞争中取胜。

1）技术方面。投标人的技术条件主要应考虑下列因素：

① 拥有的精通业务的各种专业人才的情况。

② 设计、施工及解决技术难题的能力。

③ 有与招标工程相类似工程的施工经验。

④ 具有一定的固定资产和机具设备。

⑤ 具有一定技术实力的合作伙伴。

技术实力不但决定了承包商能承揽的工程的技术难度和规模，而且是实现较低的价格、较短的工期、优良的工程质量的保证，直接关系到承包商在投标中的竞争能力。

2）经济方面。投标人的经济条件主要应考虑下列因素：

① 具有融资的实力。

② 自有资金能够满足生产需要。

③ 具有办理各种担保和承担不可抗力风险的实力。

经济实力决定了承包商承揽工程规模的大小，因此投标决策时应充分考虑这一因素。

3）管理方面。投标人在管理方面应考虑下列因素：

① 成本管理、质量管理、进度控制的水平。

② 材料资源及供应情况。

③ 合同管理及施工索赔的水平。

管理实力决定着承包商承揽的项目的复杂性，也决定着承包商是否能够根据合同的要求，高效率地完成项目管理的各项目标。

4）信誉方面。承包商的信誉是其无形的资产，这是企业竞争力的一项重要内容。企业的履约情况、获奖情况、资信情况和经营作风都是建设单位选择承包商的条件。因此投标决策时应正确评价自身的信誉实力。

（2）投标决策的客观因素

1）招标人情况，主要包括招标人的合法地位、支付能力和履约信誉等。招标人的支付能力差、履约信誉不好都将损害承包商的利益，因此是投标决策时应予以充分重视的因素。

2）竞争对手情况，包括竞争对手的数量、实力、优势等情况。因为这些情况直接决定了竞争的激烈程度。竞争越激烈，中标概率越小，投标的费用风险越大；竞争越激烈，一般来说中标价越低，对承包商的经济效益影响越大。因此，竞争对手情况是对投标决策影响最大的因素之一。

3）监理工程师情况。监理工程师立场是否公正，直接关系到承包商是否能顺利实现索赔以及合同争议是否能顺利得到解决，从而关系到承包商的利益是否能得到合理的维护。因此，监理工程师的情况对投标决策也是有很大影响的。

4）法制环境情况。我国的法律、法规具有统一或基本统一的特点，但投标所涉及的地方性法规在具体内容上仍有所不同。因而对外地项目的投标决策，除研究国家颁布的相关法律、法规外，还应研究地方性法规。

进行国际工程承包时，投标人则必须考虑法律适用的原则，包括：强制适用工程所在地法律的原则；意思自治原则；最密切联系原则；适用国际惯例原则；国际法效力优于国内法效力的原则。

5）地理环境情况，其中包括项目所在地的交通环境。地质、地貌、水文、气象情况部分决定了项目实施的难度，从而会影响项目建设成本。而交通环境不但对项目实施方案有影响，而且对项目的建设成本也有一定影响。因此地理环境也是投标决策的影响因素。

6）市场环境情况。在工程造价中劳动力、建筑材料、设备以及施工机械等直接成本要占70%以上，因此项目所在地的工、料、机的市场价格对承包商的效益影响很大，从而对投标决策的影响也必定较大。

7）项目自身情况。项目自身特征决定了项目的建设难度，也部分决定了项目获利的丰厚程度，因此是投标决策的影响因素。

3.1.2　投标决策的内容

1. 投标项目选择决策

建设工程投标决策的首要任务是在获取招标信息后，对是否参加投标竞争进行分析、论证，并做出抉择。

承包商决定是否参加投标，通常要综合考虑各方面的情况，如承包商当前的经营状况和长远目标，参加投标的目的，影响中标机会的内部因素、外部因素等。一般来说，有下列情形之一的招标项目，承包商不宜选择投标：

1）工程规模超过企业资质等级的项目。

2）超出企业业务范围和经营能力的项目。

3）企业当前任务比较饱满，而招标工程是风险较大或盈利水平较低的项目。

4）企业劳动力、机械设备和周转材料等资源不能保证的项目。

5）竞争对手在技术、经济、信誉和社会关系等方面具有明显优势的项目。

2. 投标报价的决策

投标报价的决策分为总价决策和单价决策，先应进行总价决策，后要进行单价决策。

（1）报价的总价决策　根据竞争环境，采取总价报高价还是报低价的决策。

一般来说，项目有下列情形之一的，投标人可以考虑投标以追求效益为主，可报高价。

① 招标人对投标人特别满意，希望发包给本承包商的。

② 竞争对手较弱，而投标人与之相比有明显的技术、管理优势的。

③ 投标人在建任务虽饱满，但招标项目利润丰厚，值得且能实际承受超负荷运转的。

一般来说，有下列情形之一的，投标人可以考虑投标以保本为主，可报保本价：

① 招标工程竞争对手较多，而投标人无明显优势的，且投标人又有一定的市场或信誉上的目的。

② 投标人在建任务少，无后继工程，可能出现或已经出现部分窝工的。

我国的有关建设法规都对低于成本价的恶意竞争进行了限制，因此对于国内工程来说，目前阶段是不能报亏损价的。

（2）报价的单价决策　根据报价的技巧具体确定每个分项工程是报高价还是报低价，以及报价的高低幅度。在同一工程造价估算中，单价高低一般根据以下具体情况确定：

① 估计工程量将来增加的分项工程，单价可提高一些，否则报低一些。

② 能先获得付款的项目（如土方、基础工程等），单价可报高一些，否则报低一些。

③ 对做法说明明确的分项工程，单价应报高一些。反之，图样不明确或有错误，估计将来要修改的分项工程，单价可报低一些，一旦图样修改可以重新定价。

④ 没有工程量，只填报单价的项目（如土方工程中的水下挖土、挖湿土等备用单价），其单价要高一些，这样做也不影响投标总价。

⑤ 暂定施工内容要具体分析，将来肯定要做的单价可适当提高。如果工程分包，该施工内容可能由其他承包商施工时，则不宜报高价。

在进行上述调整时，若同时保持投标报价总量不变，则这种报价方法称为不平衡报价法。这种报价方法的意义在于，在不影响报价的竞争力的前提下谋取更大的经济效益。但各项目价格的调整需掌握在合理的幅度内，以免引起招标人的反感，甚至被确定为废标，遭受不应有的损失。

任务2　资格预审申请

3.2.1　资格预审申请文件的内容

资格预审申请文件应包括下列内容：

1）资格预审申请函。

2）法定代表人身份证明或附有法定代表人身份证明的授权委托书。

3）联合体协议书。

4）申请人基本情况表。

5）近年财务状况表。

6）近年完成的类似项目情况表。

7）正在施工和新承接的项目情况表。

8）近年发生的诉讼及仲裁情况。

9）其他材料，见申请人须知前附表。

申请人须知前附表规定不接受联合体资格预审申请的或申请人没有组成联合体的，资格预审申请文件不包括联合体协议书。

3.2.2　填写资格预审申请文件的注意事项

1）资格预审申请文件应按资格预审文件中“资格预审申请文件格式”进行编写。

2）“申请人基本情况表”应附申请人营业执照副本及其年检合格的证明材料、资质证书副本和安全生产许可证等材料的复印件。

3）“近年财务状况表”应附经会计师事务所或审计机构审计的财务会计报表，包括资产负债表、现金流量表、利润表和财务情况说明书的复印件，具体年份要求见申请人须知前附表。

4）“近年完成的类似项目情况表”应附中标通知书和（或）合同协议书、工程接收证书（工程竣工验收证书）的复印件。

5）“正在施工和新承接的项目情况表”应附中标通知书和（或）合同协议书复印件。

6）“近年发生的诉讼及仲裁情况”应说明相关情况，并附法院或仲裁机构作出的判决、裁决等有关法律文书复印件。

7）资格预审申请文件中的任何改动之处应加盖单位章或由申请人的法定代表人或其委托代理人签字确认。

任务 3 编制投标文件

3.3.1 投标文件的组成

建设工程投标文件，是建设工程投标人单方面阐述自己响应招标文件要求，旨在向招标人提出愿意订立合同的意思表示，是投标人确定和解释有关投标事项的各种书面表达形式的统称。从合同订立过程来分析，建设工程投标文件在性质上属于一种要约，其目的在于向招标人提出订立合同的意愿。

投标文件的组成，应根据工程所在地建设市场的常用文本确定，招标人应在招标文件中做出明确的规定，常用的投标文件格式文本的内容包括：

（1）投标函　投标函除正文外，还包括投标函附录、法定代表人资格证明书、投标文件签署、授权委托书、投标担保书（银行保函）等文件。

（2）投标报价文件（商务标）　投标报价文件的格式文本较多，各地都有自己的文本。《建设工程工程量清单计价规范》（GB 50500—2013）规定投标报价文件应包括：投标总价及工程项目总价表、单项工程投标报价汇总表、单位工程投标报价汇总表、分部分项工程量清单与计价表、措施项目清单与计价表、其他项目清单与计价表、计日工表、工程量清单综合单价分析表、规费税金项目清单与计价表等内容。

（3）技术标　技术标通常由施工组织设计、项目管理班子配备情况、项目拟分包情况、替代方案及其报价四部分组成，具体内容如下。

1）施工组织设计。标前施工组织设计的内容有主要施工方法、拟在该工程投入的施工机械设备情况、主要施工机械进场计划、劳动力安排计划、确保工程质量的技术组织措施、确保安全生产的技术组织措施、确保工期的技术组织措施、确保文明施工的技术组织措施等，并包括以下附表：

① 拟投入的主要施工机械设备表。

② 劳动力计划表。

③ 计划开、竣工日期和施工进度网络图。

④ 施工总平面布置图及临时用地表。

2）项目管理班子配备情况。项目管理班子配备情况主要包括项目管理班子配备情况表、项目经理简历表、项目技术负责人简历表和项目管理班子配备情况辅助说明等资料。

3）项目拟分包情况表。

4）替代方案及其相应的报价。

3.3.2　投标文件的编制

我国各地的投标文件格式文本在形式上有所差异，但基本内容大体相同。下面以通用的投标文件格式文本为例，说明投标文件的编制方法。

1. 投标函的编写

投标函是投标文件的重要组成部分，投标人应按照格式文本，如实填写投标函、投标函附录，以及法定代表人资格证明书、投标文件签署授权委托书、投标担保等证明投标文件的法律效力和商业资信的文件。

投标函是承包商向发包方就标的发出的要约。投标函的格式文本通常对要约人的法律责任已经做了统一的规定，填写时投标人应对标价、工期、质量、履约担保、投标担保等做出具体明确的意思表示，加盖投标人单位公章，并由其法定代表人签字或盖章。

（1）投标报价　投标报价简称标价，是投标函的核心内容。投标函填写的标价是投标人的正式报价，必须根据投标报价文件中的投标总价填写，同时填写文字金额和数字金额，并确保两者完全相符。

（2）工期　投标函的工期内容包括开、竣工日期和总工期日历天数，必须满足招标文件对工期的要求，并与本投标文件技术标中施工进度计划的开、竣工日期和总工期日历天数相符。

（3）履约担保　履约担保应按招标文件规定的数额填写，并与本投标函附件《投标保证金银行保函》的担保金额相符。

（4）投标担保　投标担保必须按招标文件规定的担保方式和金额填写，并在递交投标文件时按承诺的方式和金额提供投标保证。

（5）法定代表人资格证明书、投标文件签署授权委托书的填写　法定代表人资格证明书和投标文件签署授权委托书是证明投标人的合法性及商业资信的文件，必须按实填写。

2. 技术标的编制

对于大中型工程和结构复杂、技术要求高的工程来说，技术标往往是能否中标的决定性因素，其中最主要的是施工组织设计和项目经理（建造师）人选。

（1）编制施工组织设计的具体要求　投标文件中的施工组织设计称为标前施工组织设计。标前施工组织设计可以比中标后编制的施工组织设计概略。编制的具体要求如下：

1）编制标前施工组织设计应采取文字与图表相结合的形式阐述说明各分部分项工程的施工方法，以及施工机械设备、劳动力和材料采购、运输、使用等的计划安排。

2）结合招标工程特点提出切实可行的保证工程质量、安全生产、文明施工、工程进度的技术组织措施。

3）必须对关键工序、复杂环节等重点提出相应的技术措施。例如冬雨期施工技术措施、降低噪声和环境污染的技术措施、地下管线及其他相邻设施的保护加固措施等。

4）按照施工组织设计的内容，填写招标文件指定的技术标的图表。

（2）项目管理班子配备情况的编制　项目管理班子配备情况可用下列表格和资料来说明。

1）项目管理班子配备情况表。项目管理班子的配备，应根据工程大小和现场管理上的需要确定，大中型工程的项目经理部通常配备项目经理、技术负责人、施工员、材料员、质量员、安全员，以及泥工、木工和钢筋翻样等技术岗位人员。投标人只要将配备人员的名单及其基本情况按规定表格格式如实填写即可。

2）项目经理简历表。项目经理人选对投标人能否中标的影响较大，投标人应根据招标工程的特点和投标策略选派得力的项目经理，然后按规定格式如实填写表格。

3）项目技术负责人简历表。投标人应根据招标工程的技术特点选派合适的技术负责人，并按规定格式如实填写。

4）项目管理班子配备情况辅助说明资料。本资料由投标人自行设计填报的格式，主要填报下列情况：

① 管理班子的机构设置及职责分工。

② 项目班子主要成员执业资格证书等的复印证明资料。

③ 投标人认为有必要提供的其他资料。

（3）项目拟分包情况表　投标决策确定中标后拟将部分工程分包出去的，应按规定格式如实填表。如果不准备分包出去，则在规定表格填上“无”较好。

（4）替代方案及其相应的报价　招标人允许提交替代方案时，投标人可按多方案报价法提出替代方案及其相应的报价，作为投标文件的附录，供招标人考虑和选用。

3. 商务标的编制

（1）投标报价的组成及编制依据　根据《建筑安装工程费用项目组成》（建标[2013]44 号文件）的规定，建筑安装工程费按照工程造价形成由分部分项工程费、措施项目费、其他项目费、规费、税金组成，分部分项工程费、措施项目费、其他项目费包含人工费、材料费、施工机具使用费、企业管理费和利润。

投标报价的主要依据有：

① 招标文件，包括招标答疑文件。

②《建设工程工程量清单计价规范》（GB 50500—2013）、预算定额、费用定额以及地方性有关工程造价的文件，有条件的企业应尽量采用企业施工定额。

③ 劳动力、材料价格信息，包括由地方造价管理部门编制的造价信息。

④ 地质报告、施工图，包括施工图指明的标准图。

⑤ 施工规范、标准。

⑥ 施工方案和施工进度计划。

⑦ 现场踏勘和环境调查所获得的信息。

⑧ 当采用工程量清单招标时应包括工程量清单。

（2）投标报价的程序　承包工程有总价合同、单价合同、成本加酬金合同等合同形式，不同的合同形式的计算报价是有差别的。报价计算主要步骤如下：

1）研究招标文件。招标文件是投标的主要依据，承包商在计算标价之前和整个投标报价期间，均应组织参加投标报价的人员认真细致地阅读招标文件，仔细分析研究，弄清招标文件的要求和报价内容。一般主要应弄清报价范围，取费标准，采用定额、工料机定价方法、技术要求，特殊材料和设备，有效报价区间等。同时，在招标文件研究过程中要注意发现互相矛盾和表述不清的问题等。对这些问题，应及时通过招标预备会或采用书面提问形式，请招标人给予解答。

在投标实践中，报价发生较大偏差甚至造成废标的原因，常见的有两个。其一是造价估算误差太大，其二是没弄清招标文件中有关报价的规定。因此，标书编制以前，全体与投标报价有关的人员都必须反复认真研读招标文件。

2）现场调查。现场条件是投标人投标报价的重要依据之一。现场调查不全面不细致，很容易造成与现场条件有关的工作内容遗漏或者工程量计算错误。由这种错误所导致的损失，一般是无法在合同的履行中得到补偿的。现场调查一般主要包括如下方面：

① 自然地理条件，包括施工现场的地理位置；地形、地貌；用地范围；气象、水文情况；地质情况；地震及设防烈度；洪水、台风及其他自然灾害情况等。

这些条件有的直接涉及风险费用的估算，有的则涉及施工方案的选择，从而涉及工程直接费的估算。

② 市场情况，包括建筑材料和设备、施工机械设备、燃料、动力和生活用品的供应状况、价格水平与变动趋势；劳务市场状况；银行利率和外汇汇率等情况。

对于不同建设地点，由于地理环境和交通条件的差异，价格变化会很大。因此，要准确计算工程造价就必须对这些情况进行详细调查。

③ 施工条件，包括临时设施、生活用地位置和大小；供排水、供电、进场道路、通信设施现状；引接供排水线路、电源、通信线路和道路的条件和距离；附近现有建（构）筑物、地下和空中管线情况；环境对施工的限制等。

这些条件，有的直接关系到临时设施费的支出的多少，有的则或因与施工工期有关，或因与施工方案有关，或因涉及技术措施费，从而直接或间接影响工程造价。

④ 其他条件，包括交通运输条件；工地现场附近的治安情况等。

交通条件直接关系到材料和设备的到场价格，对工程造价影响十分显著。治安状况则关系到材料的非生产性损耗，因而也会影响工程成本。

3）编制施工组织设计。施工组织设计包括进度计划和施工方案等内容，是技术标的主要组成部分。施工组织设计的水平反映了承包商的技术实力，不但是决定承包商能否中标的主要因素，而且施工进度安排是否合理，施工方案选择是否恰当，对工程成本与报价有密切关系。一个好的施工组织设计可大大降低标价。因此，在估算工程造价之前，工程技术人员应认真编制好施工组织设计，为准确估算工程造价提供依据。

4）计算或复核工程量。要确定工程造价，首先要根据施工图和施工组织设计计算工程量，并列出工程量表。而当采用工程量清单招标时，这项工作可以省略。工程量的大小是投标报价的最直接依据。为确保复核工程量准确，在计算中应注意以下方面：

① 正确划分分项工程，做到与当地定额或单位估价表项目一致。

② 按一定顺序进行，避免漏算或重算。

③ 以施工图为依据。

④ 结合已定的施工方案或施工方法。

⑤ 进行认真复核与检查。

5）确定工、料、机单价。工、料、机的单价应通过市场调查或参考当地造价管理部门发布的造价信息确定。而工、料、机的用量尽量采用企业定额确定，无企业定额时，可依据国家或地方颁布的预算定额确定。

6）计算工程总价。综合分部分项工程费、措施项目费、其他项目费、规费、税金、风险费用形成工程总价。

7）审核工程总价。在确定最终的投标报价前，还需进行报价的宏观审核。宏观审核的目的在于通过变换角度的方式对报价进行审查，以提高报价的准确性，提高竞争能力。

宏观审核通常所采取的观察角度主要有以下几个方面：

① 单位工程造价。将投标报价折合成单位工程造价，如房屋工程按平方米造价，铁路、公路按公里造价，铁路桥梁、隧道按每延米造价，公路桥梁按桥面平方米造价等，并将该项目的单位工程造价与类似工程的单位工程造价进行比较，以判定报价水平的高低。

② 全员劳动生产率。所谓全员劳动生产率是指全体人员每工日的生产价值。一定时期内，由于受企业一定的生产力水平所决定，具有相对稳定的全员劳动生产率水平。因而企业在承揽同类工程或机械化水平相近的项目时应具有相近的全员劳动生产率水平。因此，可以此为尺度，将投标工程造价与类似工程造价进行比较，从而判断造价的正确性。

③ 单位工程消耗指标。各类建筑工程每平方米建筑面积所需的劳动力和各种材料的数量均有一个合理的指标。因而将投标项目的单位工程用工、用料水平与经验指标相比，也能判断其造价是否处于合理的水平。

④ 分项工程造价比例。一个单位工程是由基础、墙体、楼板、屋面、装饰、水电、各种附属设备等分项工程构成的，它们在工程造价中都有一个合理的大体比例，承包商可通过投标项目的各分项工程造价的比例与同类工程的统计数据相比较，从而判断造价估算的准确性。

⑤ 各类费用的比例。任何一个工程的费用都是由人工费、材料设备费、施工机械费、间接费等各类费用组成的，它们之间都应有一个合理的比例。将投标工程造价中的各类费用比例与同类工程的统计数据进行比较，也能判断估算造价的正确性和合理性。

⑥ 预测成本比较。若承包商曾对企业在同一地区的同类工程报价进行积累和统计，则还可以采用线性规划、概率统计等预测方法进行计算，计算出投标项目造价的预测值。将造价估算值与预测值进行比较，也是衡量造价估算正确性和合理性的一种有效方法。

⑦ 扩大系数估算法。根据企业以往的施工实际成本统计资料，采用扩大系数估算投标工程的造价，是在掌握工程实施经验和资料的基础上的一种估价方法。其结果比较接近实际，尤其是在采用其他宏观指标对工程报价难以校准的情况下，本方法更具优势。扩大系数估算法，属宏观审核工程报价的一种手段。不能以此代替详细的报价资料，报价时仍应按招标文件的要求详细计算。

⑧ 企业内部定额估价法。根据企业的施工经验，确定企业在不同类型的工程项目施工中的工、料、机等的消耗水平，形成企业内部定额，并以此为基础计算工程估价。此方法不但是核查报价准确性的重要手段，也是企业内部承包管理、提高经营管理水平的重要方法。

综合运用上述方法与指标，就可以减少报价中的失误，不断提高报价水平。

8）确定报价策略和投标技巧。根据投标目标、项目特点、竞争形势等，在采用前述的报价决策的基础上，具体确定报价策略和投标技巧。

9）最终确定投标报价。根据已确定的报价策略和投标技巧对估算造价进行调整，最终确定投标报价。

3.3.3　投标文件的格式

3.3.3.1　投标文件投标函格式

建设工程施工投标文件

（资格后审项目）

招标编号：________________

工程名称：________________________________

投标人：________________________________（盖公章）

法定代表人或其委托代理人：________________________（签字或盖章）

中介机构（如委托代理）：________________________（盖公章）

法定代表人或其委托代理人：________________________（签字或盖章）

日期：____年____月____日

施工投标文件

（封面）

工程名称：____

投标文件内容：______________（投标文件投标函格式）

投标人：________________________________（盖公章）

法定代表人或委托代理人：____________________（签字或盖章）

日期：____年____月____日

目　　录

1．法定代表人资格证明书

2．投标文件签署授权委托书（参加开标会议委托书参考格式）

3．投标函

4．投标函附录

5．投标保证金

6．招标文件要求投标人提交的其他投标资料（本项无表格，需要时由招标人用文字提出）

法定代表人资格证明书

单位名称：____

地址：____

姓名：__________性别：__________年龄：__________职务：____________________系____________________________的法定代表人。为施工、竣工和保修的工程，签署上述工程的投标文件，进行合同谈判、签署合同和处理与之有关的一切事务。

特此证明。

投标人：______________________（盖公章）

日期：____年____月____日

投标文件签署授权委托书

本授权委托书声明：我__________（姓名）系________（投标人名称）________的代表人，现授权委托________（单位名称）________的______（姓名）______为我公司签署本工程已递交的投标文件的法定代表人的授权委托代理人。代理人全权代表我所签署的本工程已递交的投标文件内容我均承认。

代理人无转委托权，特此委托。

代理人姓名：________________年龄：________________

身份证号码：________________职务：________________

投标人：________________________________（盖公章）

法定代表人：______________________________（签字或盖章）

授权委托日期：____年____月____日

开标委托书

兹委托______（姓名）______（职务________性别________年龄_______），为我单位参加__________（招标人及工程名称）____________开标会议的代理人，在代理范围内产生的民事法律责任由我单位承担。

代理期限：自______年______月______日至______年______月______日

（本委托书应与受委托人身份证一并在开标会上出示）。

委托人：（投标单位公章）　　　　　　　　法定代表人：（章）

____年____月____日

（注：此委托书格式供投标人参考）

投 标 函

致：（招标人名称）

1. 根据已收到贵方的招标编号为_____________的_____________工程的招标文件，遵照《中华人民共和国招标投标法》等有关规定，我单位经考察现场和研究上述招标文件的投标须知、合同条款、技术规范、图样和工程量清单及其他有关文件后，我方愿以人民币（大写）__________元（¥__________）的投标报价并按上述图样、合同条款、技术规范和工程量清单的条件要求承包上述工程的施工、竣工并承担任何质量缺陷保修责任。

2. 我方已详细审核全部招标文件，包括修改文件（如果有的话），及有关附件，我方完全知道必须放弃提出含糊不清或误解的权力。

3. 我方承认投标函附录是我方投标函的组成部分。

4. 一旦我方中标，我方保证在合同协议书中规定的开工日期开始施工，并在合同协议书中规定的预计竣工日期完成和交付全部工程，即在____年____月____日开工，____年____月____日竣工，共计____日历天内竣工并移交全部工程。

5. 如果我方中标，我方将按照规定提交上述总价_____%的银行保函或上述总价_____%的由具有独立法人资格的经济实体企业出具的履约担保书作为履约担保，共同地和分别地承担责任。在我方中标价低于风险控制价的情况下，我方将按照规定以保函形式提交中标价与风险控制价之差额。

6. 我方同意所递交的投标文件在“投标须知”第 15 条规定的投标有效期内有效，在此期间内我方的投标有可能中标，我方将受此约束。如果在投标有效期内撤回投标，投标保证金将全部被没收。

7. 除非另外达成协议并生效，贵方的中标通知书和本投标文件将成为约束我们双方的合同文件的组成部分。

8. 我方的金额为人民币（大写）__________元（¥__________）的投标担保与本投标函同时递交。

投标人：（盖章）单位地址：________________________

法定代表人或其委托代理人：____________________（签章或盖章）

邮政编码：____________电话：____________传真：____________

开户银行名称：______________开户银行账户：______________

开户银行地址：______________开户银行电话：______________

日期：____年____月____日

投标函附录

序　　号	项 目 内 容	合同条款号	约 定 内 容	备　　注
1	履约保证金 银行保函金额 履约担保书金额		按照招标文件要求	
2	施工准备时间		按照招标文件要求	
3	误期违约金额		按照招标文件要求	
4	误期赔偿费限额		按照招标文件要求	
5	提前工期奖		按照招标文件要求	
6	施工总工期		按照招标文件要求	
7	质量标准		按照招标文件要求	
8	工程质量违约金最高金额		按照招标文件要求	
9	预付款金额		按照招标文件要求	
10	预付款保函金额		按照招标文件要求	
11	进度款付款金额		按照招标文件要求	
12	竣工结算款付款时间		按照招标文件要求	
13	保修期		按照招标文件要求	

投标保证金银行保函

保函编号：____________________

鉴于（投标人名称）（以下简称“投标人”）于____年____月____日参加（招标人名称）（以下简称“招标人”）招标编号为（招标文件编号）的（工程项目名称）工程的投标。

本（银行名称）（以下简称“本银行”）受该投标人委托，在此无条件地，不可撤销地承担向招标人支付总金额为人民币（大写）________元（¥________）的责任。

本责任的条件是：

1．如果投标人在招标文件规定的投标有效期内撤回其投标。

2．投标人拒绝按本须知第31条规定修正标价。

3．投标人无故放弃中标资格。

4．如果投标人在投标有效期内收到招标人的中标通知书后

（1）不能或拒绝按投标须知的要求签署合同协议书。

（2）不能或拒绝按投标须知的规定提交履约保证金。

只要招标人指明产生上述任何一种情况的条件，则本银行在接到招标人的第一次书面要求后，即向招标人支付上述款额之内的任何金额，无需招标人提出充分证据证明其要求，只需要招标人在其要求中写明他所索的款额。

本保函在投标有效期后或招标人在这段时间内延长的投标有效期后28天（含28天）内保持有效，延长投标有效期无需通知本银行，但任何索款要求应在投标有效期内送到本银行。

银行名称：______________________________（盖章）

法定代表人或授权委托代理人：____________________（签字或盖章）

银行地址：__________________________________

邮政编码：____________________电话：____________________

日期：____年____月____日

3.3.3.2　投标文件商务部分格式

施工投标文件

（封面）

工程名称：________________________________

投标文件内容：__________（投标文件商务部分格式）

投标人：________________________________（盖公章）

法定代表人或委托代理人：____________________（签字或盖章）

日期：____年____月____日

工程量清单报价

1．投标报价应根据下列依据进行编制：《建设工程工程量清单计价规范》；省、市建设行政主管部门颁发的现行计价规定；本企业定额或参照省、市建设行政主管部门颁发的计价依据；招标文件、工程量清单及其补充通知、答疑纪要；达到规定设计深度的施工图样；施工现场实际情况、工程特点和自行拟定的施工组织设计或施工方案；市场价格或工程造价管理部门发布的价格信息；其他相关资料。

工程量清单报价应包括按招标文件规定，完成工程量清单项目的全部费用，包括分部分项工程费、措施项目费、其他项目费和规费、税金。

投标人应当根据本企业的具体经营状况，技术装备水平、管理水平，视工程的实际情况、风险程度，自主报价。投标人不得以低于其企业成本的投标报价竞标。

投标报价应由投标人或受其委托具有相应资质的工程造价咨询人编制。编制的投标报价应加盖编制单位公章、注册造价工程师执业专用章或相应专业的全国建设工程造价员专用章，注册造价工程师或全国建设工程造价员本人应在投标报价书上签字。

投标人委托具有相应资质的工程造价咨询人编制投标报价书的，投标文件中应附情况说明、委托编制投标报价的咨询合同书及工程造价咨询人的咨询资质等级证书等。

2．工程量清单采用综合单价计价。综合单价指完成工程量清单中一个规定计量单位项目所需的人工费、材料费、机械使用费、管理费和利润，并考虑风险因素。

人工费、材料费、机械使用费、管理费和利润包含的内容按省建设行政主管部门颁发的费用定额确定。

管理费、利润的计算由投标人自主确定或参照省建设行政主管部门颁发的取费定额和计算方法计算。

风险费的计算根据承担的风险范围由投标人自主确定。

3．分部分项工程量清单的综合单价，投标人应根据综合单价的组成、工程量清单项目特征描述和工程内容确定。

综合单价应包括招标人自行采购材料的价款。招标文件提供暂定价的材料，投标人按暂定的单价计入综合单价。暂定价材料如遇本省计价依据中无相类似的材料时，投标人应该在投标文件报价说明中明确该暂定价材料的损耗率。

4．措施项目清单是表明为完成工程项目施工，发生与该工程施工前和施工过程中非工程实体项目的清单。

措施项目分为施工技术措施项目和施工组织措施项目，各项措施费用包括的内容按省建设行政主管部门颁发的费用定额确定。

5．措施项目费用投标人根据自行确定的施工组织设计或施工方案填报数量和价格，投标人可结合实际情况补充措施项目。不发生的措施项目金额以“0”计价。

措施项目报价可参照综合单价的组成自主确定或参照省建设行政主管部门发布的消耗量定额、取费定额和计算方法计算。

6．措施项目中凡属周转使用的设备、材料，均应按单次使用摊销量报价。

7．投标人应针对拟建工程编制保证安全生产、文明施工、环境保护和临时设施的技术措施方案，并按招标文件的措施清单提供数量和报价。

投标人可补充措施项目。投标人措施项目各分项之间不得重复报价。

8．安全防护、文明施工措施费用（即安全施工、文明施工、环境保护和临时设施四项费用）必须充分保证。实行工程量清单招投标的项目，投标人应结合招标工程的实际，依据招标人提供的安全施工、文明施工、环境保护和临时设施四项措施项目清单及计价表，按项目整体考虑分别报价。

安全防护、文明施工措施费用报价不得低于省建设行政主管部门颁发的取费定额和相关取费计价文件规定的弹性费率中值的90%（即费率下限的计算值）。省、市建设行政主管部门颁发的有关文件对该措施费用内容和费率下限标准有调整的，按其规定执行。

安全防护、文明施工措施费和建设工程质量检验试验费均不得挪作他用。工程实施过程中应根据投标文件的承诺和合同规定，经监理单位审查认可后由建设单位足额支付。

9．建设工程质量检验试验费由投标人结合招标工程的实际，按项目整体组织措施考虑报价，并且不得低于省、市建设行政主管部门颁发的有关计价文件规定的弹性费率下限的计算值。

招标人提供的安全施工、文明施工、环境保护和临时设施四项措施项目清单及计价表中，“施工现场在线监测系统”、民工宿舍“空调设施”等安装费用项目，投标人必须按照市政府、市建设行政主管部门颁发的有关文件的设置要求和标准规定进行报价。投标人未按有关文件规定要求报价的，评标委员会可以评定为废标。

10．其他项目清单费用的暂列金额，投标人按招标文件确定的项目名称和金额填报。总承包服务费，投标人按招标文件确定的项目内容和要求自主报价；计日工费，投标人按招标文件列出的项目内容和数量自主确定综合单价并计算报价。招标人对计日工费内容和数量未作要求的，投标人不需要作出报价。

11．其他项目清单中的暂列金额和计日工，均为招标人估算、预测数量。投标时计入投标人的报价中，竣工结算时应按承包人实际完成的工程内容结算。

12．规费、税金按省建设行政主管部门颁发的取费定额的内容和计费标准计算报价（危险作业意外伤害保险费另计）。省市政府及有关权力部门颁发的政策性文件对规费、税金的内容和计费标准有调整的，按其规定执行。

13．农民工工伤保险应按市政府文件和市建设行政主管部门发布的有关计价文件规定计算报价。

14．投标人不得擅自修改招标文件的分部分项工程量清单内容。

投标人应根据自己的企业定额或参照省建设行政主管部门颁发的消耗量定额向招标人提供具体的报价计算分析，其各项报价分析表与工程量清单计价表之间的金额（价格）应前后对应一致。

15．工程量清单计价格式中列明的所有需要填报的单价和合价，投标人均应填报。措施项目费用报价允许投标人根据实际情况报“0”，但必须与施工组织设计或施工方案对应并提供充分的说明和依据。

附：

工程量清单及计价采用的表格格式如下：

1．工程量清单及计价表

（1）工程量清单报价封面

（2）工程量清单报价说明
（3）投标总价封面
（4）表1-1-1　工程项目报价汇总表
（5）表1-1-2　单位工程报价汇总表
（6）表1-2　分部分项工程量清单及计价表
（7）表1-3-A　组织措施项目（整体）清单及计价表
（8）表1-3-B　组织措施项目（专业工程）清单及计价表
（9）表1-3-C　技术措施项目清单及计价表
（10）表1-3-1　安全施工措施项目清单及计价表
（11）表1-3-2　文明施工措施项目清单及计价表
（12）表1-3-3　环境保护措施项目清单及计价表
（13）表1-3-4　临时设施措施项目清单及计价表
（14）表1-4　其他项目清单及计价表
（15）表1-4-1　计日工表
（16）表1-4-2　总承包服务费项目及计价表
（17）表1-5　主要工日价格表
（18）表1-6　主要材料价格表
（19）表1-7　主要机械台班价格表
2．工程量清单报价分析表
（1）表2-1　分部分项工程量清单综合单价分析表
（2）表2-2　措施项目清单分析表
（3）表2-3　综合单价工料机分析表
（4）表2-4　措施项目工料机分析表
3．根据招标人工程量清单编制要求填报具体的表格。

________________工程（招标编号：　　　　　　）

工程量清单报价

投　标　人：________________（单位盖章）

法定代表人：________________（签字或盖章）

中 介 机 构：________________（单位盖章）

法定代表人：________________（签字或盖章）

注册造价工程师：________________（签字及盖执业专用章）

概预算人员：________________（签字及盖资格章）

编 制 时 间：________________

投 标 总 价

建设单位：______________________________

工程名称：______________________________

投标总价（小写）：______________________________

（大写）：______________________________

投 标 人：______________________________（单位盖章）

法定代表人：______________________________（签字或盖章）

注册造价工程师：______________________________（签字及盖执业专用章）

造 价 员：______________________________（签字及盖资格章）

编 制 时 间：______________________________

工程量清单报价说明

投标人：（盖章）　　　　　法定代表人或委托代理人：（签字或盖章）

表 1-1-1　工程项目报价汇总表

建设单位和工程名称：

序　号	内　容	报价/元
一	单位工程费合计	
1	（单位工程 1，如 1 号楼）	
2	（单位工程 2）	
二	未纳入单位工程费的其他费用[（一）+（二）+（三）+（四）+（五）]	
（一）	整体措施项目清单（1+2）	
1	组织措施项目清单	
2	技术措施项目清单	
（二）	整体其他项目清单	
（三）	整体措施项目规费[（一）×费率]	
（四）	农民工工伤保险{[（一）+（二）+（三）]×费率}	
（五）	税金{[（一）+（二）+（三）+（四）]×费率}	
	总报价[一+二]	
总报价（大写）：		

注：1. 本表适用于①有 2 个及以上单位工程的群体项目的总报价汇总；②单位工程发包且有 2 个及以上专业工程分部分项工程量清单的招标项目总报价汇总。本表应在表 1-1-2 基础上汇总。

2. 本表中的整体项目措施清单报价是指根据招标人要求和项目特点应从招标项目整体上考虑的措施项目报价。

3. 本表中的整体其他项目清单报价是指根据招标人要求需按招标项目整体考虑的其他项目清单报价。

4. 本表中的规费指整体措施清单项目应计取的规费。规费内容是指《浙江省建设工程施工取费定额（2003 版）》规定的工程排污费、社会保障费、住房公积金和危险作业意外伤害保险。

5. 本表中的税金是指未纳入单位工程费的其他项目清单、整体措施项目清单以及相应规费等费用应计取的税金。

投标人：（盖章）　　　　　　法定代表人或委托代理人：（签字或盖章）

表 1-1-2　单位工程报价汇总表

建设单位和工程名称：

单位工程名称：

序　号	内　容	报价合计/元	（清单号）	（清单号）
			（专业工程 1）	（专业工程 2）
一	分部分项工程量清单			
二	措施项目清单（1+2）			
1	组织措施项目清单			
2	技术措施项目清单			
三	其他项目清单			
四	规费[（一+二）×费率]			
五	农民工工伤保险[（一+二+三+四）×费率]			
六	税金[（一+二+三+四+五）×费率]			
七	总报价（一+二+三+四+五+六）			
总报价（大写）：				

注：1. 本表适用于①只有 1 个专业工程分部分项工程量清单的单位工程发包项目的报价汇总；②其余招标项目的单位工程报价汇总。

2. 表中第四项规费内容是指《浙江省建设工程施工取费定额（2003 版）》规定的工程排污费、社会保障费、住房公积金和危险作业意外伤害保险。

投标人：（盖章）　　　　　　法定代表人或委托代理人：（签字或盖章）

表 1-2　分部分项工程量清单及计价表

单位工程及专业工程名称：　　　　　　　　　　　　　　第　　页共　　页

序号	项目编码	项目名称	项目特征描述	计量单位	工程量	综合单价/元	合价/元	其中		备注
								人工费	机械费	
（1）	（2）	（3）	（4）	（5）	（6）	（7）	（8）	（9）	（10）	（11）
合　计										

注：表中（1）（2）（3）（4）（5）（6）栏由招标人提供。（11）栏由招标人按需提出要求，如招标人需要投标人提供清单项目综合单价的计算分析和工料机分析，请在（11）备注中明确。

表 1-3-A　组织措施项目（整体）清单及计价表

工程名称：　　　　　　　　　　　　　　　　　　　　第　　页　　共　　页

序号	项目名称	单位	数量	金额/元	备注
（1）	（2）				
一	安全防护、文明施工措施项目				
1	安全施工				提供分析清单（表 1-3-1）
2	文明施工				提供分析清单（表 1-3-2）
3	环境保护				提供分析清单（表 1-3-3）
4	临时设施				提供分析清单（表 1-3-4）
二	其他组织措施项目				
5	夜间施工				
6	缩短工期增加				
7	已完工程保护				
8	材料二次搬运				
合　计					

注：1. 表中列项供参考，（1）、（2）由招标人提供，投标人可按工程实际做补充。

2. 措施项目应分整体措施项目和专业工程措施项目，安全防护、文明施工措施项目（环境保护、文明施工、安全施工、临时设施四项）应按招标项目整体报价，其他组织措施项目请投标人自行决定按整体项目还是按专业工程清单报价（专业工程组织措施项目清单见表 1-3-B）。

表 1-3-B　组织措施项目（专业工程）清单及计价表

工程名称：
单位工程及专业工程名称：　　　　　　　　　　　　　　　　　　　　　　第　页　共　页

序　号	项 目 名 称	单　位	数　量	金　额/元	备　注
（1）	（2）				
1	夜间施工				
2	缩短工期增加				
3	已完工程保护				
4	材料二次搬运				
合　计					

注：1. 表中列项供参考，（1）、（2）由招标人提供，投标人可按工程实际做补充。
　　2. 当招标项目为单位工程发包且只有 1 个分部分项工程量清单时，组织措施项目清单应按表 1-3-A 报价。

表 1-3-C　技术措施项目清单及计价表

工程名称：
单位工程及专业工程名称：　　　　　　　　　　　　　　　　　　　　　　第　页共　页

序号	项目编码	项目名称	项目特征描述	计量单位	工程量	综合单价/元	合价/元	其中		备注
								人工费	机械费	
（1）	（2）	（3）	（4）	（5）						（6）
		大型机械设备进出场及安拆	/					/	/	
		施工降水	/							
		施工排水	/							
		地上、地下设施或建筑物的临时保护措施	/							
		…								
		模板								
合　计										

注：1. 本表适用于以“项”为单位计价和以“分部分项工程量清单项目综合单价”方式计价的技术措施项目。
　　2. 措施项目应分整体措施项目和专业工程措施项目，如为整体措施项目，表头中只需填报工程名称。
　　3. 以“分部分项工程量清单项目综合单价”方式计价的技术措施项目，表中第（1）～（5）栏由招标人提供；以“项”为单位计价的技术措施项目，表中第（4）栏项目特征不需提供和填写。投标人根据施工方案对具体项目可做补充。
　　4. 第（6）栏由招标人按需要提出要求，如招标人需要投标人提供清单项目综合单价的计算分析和工料机分析，请在“备注”中明确。
　　5. 大型机械设备进出场及安拆费不需要提供其中的人工费和机械费。

表 1-3-1　安全施工措施项目清单及计价表

工程名称：　　　　　　　　　　　　　　　　　　　　　　　　　　　　　　　　第　页共　页

序　号	措施项目名称	单　位	数　量	单价/元	合价/元	备　注
(1)	(2)	(3)				
(一)	安全防护					
1	安全网	m^2				垂直外立面
2	防护栏杆	m				防护长度
3	防护门	m^2				
4	防护棚	m^2				防护面积
5	断头路阻挡墙	m^3				
6	安全隔离网	m^2				爆破工程
7	其他					
(二)	高处作业					
1	临边防护栏杆	m				防护长度
2	高压线安全措施	元				
3	起重设备防护措施	元				
4	外用电梯防护措施	元				
5	其他					
(三)	深基坑（槽）					
1	护栏	m				
2	临边围护	m				
3	上下专用通道	m^2				含安全爬梯
4	基坑支护变形监测	元				
5	其他					
(四)	外架					
1	密目网	m^2				
2	水平隔离封闭设施	m				
3	其他					
(五)	井架					
1	防护棚	m^2				
2	架体围护	m^2				
3	对讲机	套				
4	其他					
(六)	消防器材、设施					
1	灭火器	只				
2	消防水泵	台				
3	水枪、水带	套				
4	消防箱	只				
5	消防立管	m				
6	危险品仓库搭建	m^2				
7	单独供电系统	元				
8	防雷设施	元				
9	其他					

（续）

序　号	措施项目名称	单　位	数　量	单价/元	合价/元	备　注
（七）	特殊工程安全措施					
1	特殊作业防护用品	元				
2	救生设施	元				
3	救生衣	件				
4	防毒面具	副				
5	其他					
（八）	安全标志					
1	标牌、标识	元				
2	交叉口闪光灯	处				
3	航标灯	处				通航要求
4	其他					
（九）	安全专项检测					
1	塔吊检测	元				
2	人货两用电梯检测	元				
3	钢管、扣件检测	元				
4	起重机械监察	元				
5	挂篮检测	元				
6	缆绳检测	元				
7	其他					
（十）	安全教育培训	元				
（十一）	现场安全保卫	元				
（十二）	其他	元				
合　计						

注：表中（1）～（3）栏由招标人根据具体工程特点提供，投标人可补充。安全施工措施项目应按招标项目整体报价。

表 1-3-2　文明施工措施项目清单及计价表

工程名称：　　　　　　　　　　　　　　　　　　第　　页共　　页

序　号	措施项目名称	单　位	数　量	单价/元	合价/元	备　注
（1）	（2）	（3）				
（一）	施工现场标牌					
1	门楼	处				市政工程
2	标牌	块				
3	效果图	块				
4	其他					
（二）	现场整洁					
1	围墙	m				按标准设置
2	彩钢板围护	m				按标准设置
3	地坪硬化	m^2				
4	大门（封闭管理）	扇				
5	其他					
（三）	施工现场在线监测系统	元				
合　计						

注：表中（1）～(3)栏由招标人根据具体工程特点提供，投标人可补充。文明施工措施项目应按招标项目整体报价。

表 1-3-3　环境保护措施项目清单及计价表

工程名称：　　　　　　　　　　　　　　　　　　　　　　第　　页共　　页

序　号	项 目 名 称	单　位	数　量	单价/元	合价/元	备　注
(1)	(2)	(3)				
1	现场绿化	m^2				
2	冲洗设施	套				
3	扬尘控制费用	元				
4	污水处理费用	元				特殊工程要求
5	车辆密封费用	元				
6	其他					
合　计						

注：表中（1）～（3）栏由招标人根据具体工程特点提供，投标人可补充。环境保护措施项目一般应按招标项目整体报价。

表 1-3-4　临时设施措施项目清单及计价表

工程名称：　　　　　　　　　　　　　　　　　　　　　　第　　页共　　页

序　号	措施项目名称	单　位	数　量	单价/元	合价/元	备　注
(1)	(2)	(3)				
(一)	办公用房	m^2				
(二)	生活用房					
1	宿舍	m^2				
2	食堂	m^2				
3	厕所	m^2				
4	浴室	m^2				
5	其他					休息场所、文化娱乐设施等
(三)	生产用房（仓库）	m^2				
(四)	临时用电设施					
1	总配电箱	只				
2	分配电箱	只				
3	开关箱	只				
4	临时用电线路	m				
5	接地保护装置	处				
6	发电机	台				
7	其他					附近外电线路防护设施等
(五)	临时供水	m				按管道长度
(六)	临时排水	m				按管道长度
(七)	空调设施	台				
(八)	其他					
合　计						

注：表中（1）～（3）栏由招标人根据具体工程特点提供，投标人可补充。临时设施措施项目应按招标项目整体报价。

表1-4　其他项目清单及计价表

工程名称：

单位工程名称：　　　　　　　　　　　　　　　　　　　　　　　　　第　页共　页

序　号	项 目 名 称	金额/元	备　注
1	暂列金额		
2	计日工		明细表详见1-4-1
3	总承包服务费		明细表详见1-4-2
	合　计		

表1-4-1　计日工表

工程名称：

单位工程名称：　　　　　　　　　　　　　　　　　　　　　　　　　第　页共　页

编　号	项 目 名 称	单　位	数　量	综合单价/元	合价/元
(1)	(2)	(3)	(4)		
一	人　工				
1					
2					
3					
4					
人工小计					
二	材　料				
1					
2					
3					
材料小计					
三	施工机械				
1					
2					
3					
施工机械小计					
合　计					

注：表中（1）～（4）栏由招标人按需要提出，其中第（4）栏数量为暂定。

表 1-4-2　总承包服务费项目及计价表

工程名称：　　　　　　　　　　　　　　　　　　　　　　　第　　页共　　页

序　　号	项 目 名 称	项目价值/元	服 务 内 容	费率（%）	金额/元
（1）	（2）	（3）	（4）		
1	发包人分包专业工程				
2	发包人供应材料				
合　　计					

注：表中（1）～（4）栏由招标人按需要提出。

表 1-5　主要工日价格表

工程名称：　　　　　　　　　　　　　　　　　　　　　　　第　　页共　　页

序　　号	工　　种	单　　位	数　　量	单价/元
（1）	（2）	工日		

注：本表（1）、（2）栏由招标人按需要提出。

表 1-6 主要材料价格表

工程名称： 第　　页共　　页

序　　号	编　　码	材料名称	规格、型号	单　　位	数　　量	单价/元	备　　注
(1)	(2)	(3)	(4)	(5)	(6)	(7)	(8)

注：1. 表 (1)、(2)、(3)、(5) 栏由招标人按需要提出，投标人可补充；(4)、(6)、(7)、(8) 栏由投标人填写。

2. 材料包括原材料、燃料、构配件以及按规定应计入建筑安装工程造价的设备。

3. 招标人指定、提供或暂定的材料和设备，按杭州市建设工程工程量清单计价实施细则的规定填写。

表 1-7 主要机械台班价格表

工程名称： 第　　页共　　页

序　　号	机械设备名称	单　　位	数　　量	单价/元
(1)	(2)	台班		

注：表 (1)、(2) 由招标人按需要提出，投标人可补充。

表 2-1　分部分项工程量清单综合单价分析表

工程名称：　　　　　　清单号：　　　　　　　　　　　　　　　　第　　页共　　页

序号	编号	名称	计量单位	数量	综合单价/元							合计/元
					人工费	材料费	机械费	管理费	利润	风险费用	小计	
	(1)	(2)	(3)	(4)	(5)	(6)	(7)	(8)	(9)	(10)	(11)	(4)×(11)
1	(清单编码)	(清单名称)										
	(定额编号)	(定额名称)										
	…	…										
2	(清单编码)	(清单名称)										
	(定额编号)	(定额名称)										
	…	…										
合　计												

注：表（1）～（3）栏中清单编号和清单名称由招标人按需要提出。

表 2-2　措施项目清单分析表

工程名称：
单位工程名称：　　　　　　　　　　　　　　　　第　　页共　　页

序号	编号	名称	计量单位	数量	综合单价/元							合计/元
					人工费	材料费	机械费	管理费	利润	风险费用	小计	
	(1)	(2)	(3)	(4)	(5)	(6)	(7)	(8)	(9)	(10)	(11)	(4)×(11)
1	(清单编码)	(清单名称)										
	(定额编号)	(定额名称)										
	…	…										
2	(清单编码)	(清单名称)										
	(定额编号)	(定额名称)										
	…	…										
合　计												

注：表（1）、（2）栏中清单编号和措施项目清单名称由招标人按需要提出。

表 2-3 综合单价工料机分析表

项目编码： 计量单位：

项目名称： 第 页共 页

序号	名称及规格		单位	数量	金额/元	
					单价	合价
	人工	一类	工日			
		二类	工日			
		三类	工日			
1	人工费小计					
	主要材料					
	其他材料费					
2	材料费小计					
	主要机械					
	其他机械费					
3	机械费小计					
4	直接工程费（1+2+3）					
5	管理费					
6	利润					
7	风险费用					
8	综合单价（4+5+6+7）					

注：本表由招标人按需要提出。

表 2-4 措施项目工料机分析表

项目编码： 计量单位：

项目名称： 第 页共 页

序号	名称及规格		单位	数量	金额/元	
					单价	合价
	人工	一类	工日			
		二类	工日			
		三类	工日			
1	人工费小计					
	主要材料					
	其他材料费					
2	材料费小计					
	主要机械					
	其他机械费					
3	机械费小计					
4	直接工程费（1+2+3）					
5	管理费					
6	利润					
7	风险费用					
8	合计（4+5+6+7）					

注：本表由招标人按需要提出。

3.3.3.3 投标文件技术部分格式

施工投标文件

（封面）

工程名称：____________________

投标文件内容：______（投标文件技术部分格式）______

投标人：____________________（盖章）

法定代表人或委托代理人：______（签字或盖章）

日期：____年____月____日

目　　录

投标文件技术部分格式说明

1．投标人应按招标文件规定格式编写，应包括招标文件中投标须知 11.4 项规定的基本内容。

2．工程概况及控制目标、施工总体布置和针对招标人特殊要求的技术措施应按所附下列图表进行填报，图表及格式要求附后。

表 1　工程概况表

表 2　工程控制目标表

表 3　拟投入的主要施工机械设备表

表 4　劳动力计划表

表 5　计划开、竣工日期和施工进度网络图

表 6　施工总平面布置图及临时用地表

表 7　针对招标人特殊要求的技术措施表

3．项目管理班子配备情况应按所附下列图表进行填报，图表及格式要求附后。

表 8　项目管理班子配备情况表

表 9　项目经理简历表

表 10　项目技术负责人简历表

表 11　项目管理班子配备情况辅助说明资料

4．项目拟分包情况应按下列图表进行填报，图表及格式要求附后。

表 12　项目拟分包情况表

5．投标人中标后应编制并递交完整的施工组织设计，施工组织设计编制具体要求是：编制时应采用文字并结合图表阐述说明各分部分项工程的施工方法；施工机械设备、劳动力、计划安排；结合招标工程特点提出切实可行的工程质量、安全生产、文明施工、工程进度技术组织措施，同时应对关键工序、复杂环节重点提出相应技术措施，如冬雨期施工技术措施、减少扰民噪声、降低环境污染技术措施、地下管线及其他地上地下设施的保护加固措施等。

6．投标人中标后不得以细化招标人施工组织要求编制完整的施工组织设计为由而修改投标实质性内容，包括商务报价。

表1　工程概况表

表 2　工程控制目标表

表3　拟投入的主要施工机械设备表

序号	机械或设备名称	型号规格	数量	国别产地	制造年份	额定功率/kW	生产能力	用于施工部位备注

表4　劳动力计划表

单位：人

	按工程施工阶段投入劳动力情况						

注：1．投标人应按所列格式提交包括分包在内的劳动力计划表。

2．本计划表是以每班八小时工作制为基础的。

表5 计划开、竣工日期和施工进度网络图

投标人应提交施工进度网络图或施工进度表，说明按招标文件要求的工期进行施工的各个关键日期。中标的投标人还要按合同条件有关条款的要求提交详细的施工进度计划。

施工进度表可采用关键线路网络图表示，说明计划开工日期和各分项工程各阶段的完工日期和分包合同签订的日期。施工进度计划应与拟采用的施工组织设计相适应。

表6　施工总平面布置图及临时用地表

a）施工总平面布置图

投标人应提交一份施工总平面图，给出现场临时设施布置图表并附文字说明，说明临时设施、加工车间、现场办公、设备及仓储、供电、供水、卫生、生活等设施的情况和布置。

b）临时用地表

用　途	面积/m^2	位　置	需用时间
合　计			

注：1. 投标人应逐项填写本表，指出全部临时设施用地面积以及详细用途。

2. 若本表不够，可加附页。

表 7　针对招标人特殊要求的技术措施表

表8　项目管理班子配备情况表

职　　务	姓　　名	职　　称	上岗资格证明					已承担完工工程情况	
			证书名称	级　　别	证　　号	专　　业	原服务单位	项　目　数	主要项目名称

本工程一旦我单位中标，将实行项目经理负责制，并配备上述项目管理班子。上述填报内容真实，若不真实，愿按有关规定接受处理。项目管理班子机构设置、职责分工等情况另附资料说明。

表9　项目经理简历表

姓名		性别		年龄	
职务		职称		学历	
参加工作时间			从事项目经理年限		
项目经理资格证书编号					
在建和已完工程项目情况					
建设单位	项目名称	建设规模	开、竣工日期	在建或已完	工程质量

表 10　项目技术负责人简历表

姓名		性别		年龄	
职务		职称		学历	
参加工作时间			从事技术负责人年限		
资格证书名称及编号					
在建和已完工程项目情况					
建设单位	项目名称	建设规模	开、竣工日期	在建或已完	工程质量

表11　项目管理班子配备情况辅助说明资料

注：1. 辅助说明资料主要包括管理班子机构设置、职责分工、有关复印证明资料以及投标人认为有必要提供的资料。辅助说明资料格式不做统一规定，由投标人自行设计。

2. 项目管理班子配备情况辅助说明资料另附（与本投标文件一起装订）。

表 12　项目拟分包情况表

分包人名称			地址		
法定代表人		营业执照号码		资质等级证书号码	
拟分包的工程项目	主要内容		造价/万元		已经做过的类似工程

3.3.4　投标文件编制的注意事项

投标文件的编制质量关系重大，为了避免因工作上的疏漏而造成废标，编写投标文件时应注意下列事项：

1）投标人编制的投标文件，必须符合响应性投标的要求。

2）投标文件必须按规定的格式编制，不得任意修改招标文件中原有的工程量清单和投标文件格式。规定格式的每一空格都必须填写，如有重要数字不填写的，将被作为废标处理。

3）投标文件编制完毕后必须反复校对，单价、合价、总标价及其大、小写数字均应仔细核对，必须保证计算数字及书写均正确无误。

4）投标文件必须字迹清楚，签名及印鉴齐全。

5）投标文件编制完成后应按招标文件的要求整理、装订成册、密封和标志。投标文件的装帧应美观大方。

6）投递标书不宜太早，通常在截止日期前 1～2 天内递标，但也必须防止投递标书太迟，超过截止时间送达的标书是无效的。

课 后 作 业

1. 下载并阅览本地招标管理部门网站上的投标文件格式，并思考以下问题：

（1）投标文件一般应由哪几部分组成？

（2）投标文件编制的一般要求有哪些？

（3）技术标编制的要求有哪些？

2. 收集一个本地招标工程的资料及招标文件（或由教师提供），按照本地通用的投标文件格式文本，编写一份投标文件。

项目四　建设工程合同管理

学习目标

能拟定合同条款，签订工程合同，全面履行合同管理，正确确定索赔事项，编制索赔报告，成功索赔。

任务1　拟定合同条款

4.1.1　合同法概述及建设工程合同

4.1.1.1　合同的法律基础

1. 合同法律关系

（1）合同法律关系的概念　合同法律关系是指由合同法律规范调整的当事人在民事流转过程中形成的权利和义务关系。合同法律关系是由主体、客体和内容三个必不可少的部分组成的。

1）主体及其种类。合同法律关系主体是指合同法律关系的参加者或当事人，即参与合同法律关系，依法享有权利、承担义务的当事人。它包括自然人、法人、其他经济组织。

自然人是指基于出生而成为民事法律关系主体的有生命的人。自然人作为合同法律关系的主体应当具有相应的民事权利能力和民事行为能力。

法人是具有民事权利能力和民事行为能力、依法独立享有民事权利和承担民事义务的组织。法人是法律赋予社会组织具有人格的一项制度。法人必须依法成立，有必要的财产和经费，有自己的名称、组织机构和场所，能独立承担民事责任。法人的法定代表人是自然人，他依照法律或者法人组织章程的规定，代表法人行使职权。

其他经济组织是指依法成立，但不具备法人资格，而能以自己的名义参与民事活动的经济实体或者法人的分支机构等社会组织。

2）客体及其种类。合同法律关系客体是指合同法律关系主体的权利和义务所指的对象。它包括物、财、行为、智力成果等。

物是指可被人们控制，具有使用价值和价值的物质财富。它包括自然资源和人工制造的产品。物是合同法律关系中最常见的客体。

财一般是指货币资金，也包括有价证券。

行为是指合同法律关系主体有意识的活动，包括完成一定的工作和提供一定的劳务等。

智力成果是指人们脑力劳动所产生的成果，如专利权、商标权、著作权等。它们虽不呈物质形态，但具有重要的经济价值和社会价值，一旦和社会生产相结合，便可创造出巨大的物质财富。

3）内容。合同法律关系内容是指合同条款所规范的合同法律关系主体的权利和义务。

权利是指权利主体依据法律规定和约定，有权按照自己的意志做出某种行为和要求义务主体作出某种行为或者不得做出某种行为，以实现其合法权益。当权利受到侵犯时，法律将予以保护。

义务是指义务主体依据法律规定和权利主体的合法要求，必须做出某种行为或不得做出某种行为，以保证权利主体实现其权益，否则要承担法律责任。

（2）合同法律事实　合同法律事实是指能够引起合同法律关系产生、变更或消灭的客观现象。这种客观现象既可发生在人类社会，也可发生在自然界，但主要包括行为与事件两大类。

1）行为。行为是指合同法律关系主体有意识地能够引起合同法律关系产生、变更、消灭的活动，是以人们的意志为转移的法律事实。行为可分为合法行为与违法行为。

此外，行政行为和发生法律效力的法院判决以及仲裁机构发生法律效力的裁决等，也是一种法律事实，也能引起法律关系的产生、变更、消灭。

2）事件。事件是指不以合同法律关系主体的主观意志为转移而发生的，能够引起合同法律关系产生、变更、消灭的客观现象。这些客观现象的出现与否，是当事人无法预见和控制的。事件可分为自然事件、社会事件和意外事件。

合同法律关系是不会自然而然产生的，也不能仅凭法律规范规定就可在当事人之间发生具体的合同法律关系。只有一定的法律事实存在（如签订合同），才能在当事人之间发生一定的合同法律关系，或使原来的合同法律关系发生变更或消灭。

2. 代理制度

（1）代理及其法律特征　代理是指代理人在代理权限内，以被代理人的名义实施的、其民事责任由被代理人承担的法律行为。代理具有明确的法律特征。

1）代理人以被代理人的名义实施代理行为。代理人的任务就是替被代理人实施民事、经济法律行为。代理人只有以被代理人的名义进行代理活动，才能为被代理人设定权利和义务，代理行为所产生的后果，才能归属于被代理人。如果代理人不是以被代理人的名义而是以自己的名义实施某种法律行为，这种行为是代理人自己的行为而非代理行为，这种行为设定的权利和义务只能由代理人自己承担。

2）代理人必须在代理权限范围内实施代理行为。代理权是代理人进行代理活动的法律依据。无论代理权的产生是基于何种法律事实，代理人都不得擅自减少或扩大代理权限。代理人超越代理权限的行为不属于代理行为，被代理人对此不承担责任。

3）代理人行为必须是具有法律意义的行为，必须是能够发生法律上的权利和义务的行为。代理人的行为能够产生某种法律后果，使得被代理人与第三人之间设立、变更、终止民事权利和民事义务。代理的这一特征，使它与委托代办具体事务相区别，如为他人修理器物、整理资料、校阅文稿、清理账目的事务，不属于法律上的代理。

4）代理人在被代理人的授权范围内独立地表示自己的意志。

代理是法律行为，而法律行为的核心则是意思表示。当代理人与第三人进行法律活动时，当然要反映被代理人的意志，这个意志表现为被代理人的授权内容。代理人不能用自己的意志代替授权的内容，但代理人有权自行决定他如何向第三人作出意思表示，或者是否接受第三人的意思表示。

5）被代理人对代理行为承担民事责任。代理是代理人以被代理人的名义实施的法律行为，所以，代理人与被代理人之间不经过权利义务的转移过程，与被代理人自己的法律行为一样，由被代理人直接取得权利和承担义务。被代理人对代理人的代理行为承担民事责任，既包括对代理人在进行代理活动中的合法行为承担民事责任，也包括对代理人的不当代理行为承担民事责任。

（2）代理的种类　代理有委托代理、法定代理和指定代理三种形式。

1）委托代理。委托代理是基于被代理人对代理人的委托授权行为而产生的代理。委托代理关系的产生，需要在代理人与被代理人之间存在基础法律关系，如委托合同关系、合伙合同关系、工作隶属关系等，但只有在被代理人对代理人进行授权后，这种委托代理关系才真正建立。

在委托代理中，被代理人所做出的授权行为属于单方的法律行为，仅凭被代理人一方的意思表示，即可以发生授权的法律效力。被代理人有权随时撤销其授权委托。代理人也有权随时辞去所受委托。但代理人辞去委托时，不能给被代理人和善意第三人造成损失，否则应负赔偿责任。

2）法定代理。法定代理是基于法律的直接规定而产生的代理。法定代理是为了保护无行为能力的人或限制行为能力的人的合法权益而设立的一种代理形式，适用范围比较窄。

3）指定代理。指定代理是指根据主管机关或人民法院的指定而产生的代理。这种代理也主要是为无行为能力的人和限制行为能力的人而设立的。

（3）无权代理　无权代理是指行为人没有代理权而以他人名义进行民事、经济活动。无权代理主要有以下几种表现形式：

① 无合法授权的“代理”行为。

② 超越代理权限的“代理”行为。

③ 代理权终止后的“代理”行为。

对于无权代理行为，被代理人不承担法律责任。《中华人民共和国民法通则》（以下简称《民法通则》）规定，无权代理行为只有经过被代理人的追认，被代理人才能承担民事责任。未经追认的行为，由行为人承担民事责任，但本人知道他人以自己的名义实施民事行为而不做否认表示的视为同意。

（4）代理关系的终止　由于代理的种类不同，代理关系终止的原因也不尽相同。

1）委托代理关系的终止原因

① 代理期间届满或者代理事项完成。

② 被代理人取消委托或代理人辞去委托。

③ 代理人死亡或代理人丧失民事行为能力。

④ 作为被代理人或者代理人的法人资格终止。

2）法定代理或指定代理关系的终止原因

① 被代理人或代理人死亡。

② 代理人丧失行为能力。

③ 被代理人取得或者恢复民事行为能力。

④ 指定代理的人民法院或指定单位撤销指定。

⑤ 由于其他原因引起的被代理人和代理人之间的监护关系消灭。

（5）代理制度中的民事责任　代理关系是一种民事法律关系，必然涉及民事责任。我国

《民法通则》中对代理制度中的民事责任做了专门的规定。

1）委托书授权不明的，被代理人应当向第三人承担民事责任，代理人负连带责任。

2）没有代理权、超越代理权或者代理权终止后的行为，如果未经被代理人追认，由行为人承担民事责任。

3）第三人知道行为人没有代理权、超越代理权或者代理权已终止，还与行为人实施民事行为，给他人造成损害时，由第三人和行为人负连带责任。

4）代理人不履行职责而给被代理人造成损害的，代理人应当承担民事责任。

5）代理人和第三人串通，损害被代理人利益的，由代理人和第三人负连带责任。

6）代理人知道被委托代理的事项违法仍然进行代理活动的，或者被代理人知道代理人的代理行为违法不表示反对的，由被代理人和代理人负连带责任。

3. 担保制度

（1）担保及其目的　担保是指合同的当事人双方为了使合同能够得到切实履行，根据法律、行政法规的规定，经双方协商一致而采取的一种具有法律效力的保护措施。担保的目的在于促使当事人履行合同，从而在更大程度上使权利人的权益得以实现。

（2）担保的方式　我国《担保法》规定的担保方式有五种，即保证、抵押、质押、留置和定金。

1）保证。保证是指保证人和债权人约定，当债务人不履行债务时，保证人按照约定履行债务或承担责任的行为。保证的方式有一般保证和连带责任保证两种，保证人与债权人应当以书面形式订立保证合同，保证人必须是具有代为清偿债务能力的法人、其他组织或公民，但国家机关和以公益为目的的事业单位、社会团体不得作为保证人。

2）抵押。抵押是指债务人或第三人在不转移对抵押财产占有的情况下，将该财产作为债权的担保。当债务人不履行债务时，债权人有权依法将该财产折价或以拍卖、变卖该财产的价款优先受偿。采用抵押这种担保方式时，抵押人和抵押权人应以书面形式订立抵押合同。法律规定，土地所有权、公益事业单位和社会团体的设施不得作为抵押财产；抵押人以土地使用权、城市房地产权等财产作为抵押物时，当事人应到有关主管登记部门办理抵押物登记手续，抵押合同自登记之日起生效。

3）质押。质押是指债务人或第三人将其动产或权利移交债权人占有，用以担保债务的履行，当债务人不能履行债务时，债权人依法有权就该动产或权利优先得到清偿的担保。采用质押这种担保方式时，出质人与质权人应以书面形式订立质押合同。质押分为动产质押和权利质押两种。下列权利可以质押。

① 汇票、支票、债券、存款单、提单。

② 依法可转让的股份、股票。

③ 依法可转让的商标专用权、专利权、著作权中的财产权。

④ 依法可质押的其他权利。

4）留置。留置是指债权人按照合同的约定占有债务人的动产，债务人不按照合同约定的期限履行债务的，债权人有权依法留置该财产，以该财产折价或以拍卖、变卖该财产的价款优先受偿。

留置担保的范围包括主债权及利息、违约金、损害赔偿金、留置物保管费用和实现留置权的费用。

采用留置这种担保方式时，债权人与债务人应以书面形式订立留置合同，双方应在合同中约定，债权人留置财产后，债务人应当在不少于两个月的期限内履行债务，如债务人逾期不履行债务时，债权人可以对留置物进行处置。

5）定金。定金是指合同当事人一方为了证明合同成立及担保合同的履行在合同中约定应给付对方一定数额的货币。合同履行后，定金可收回或抵作价款。给付定金的一方不履行合同的，无权要求返还定金；收受定金的一方不履行合同的，应双倍返还定金。

由于定金是预先给付的，实践中，当事人经常将定金与预付款相混。由于预付款不是合同的担保方式，交付预付款的一方不履行合同的，预付款可以抵作违约金和赔偿金，有余额的还可请求对方返还；收受预付款的一方不履行合同的，必须如数返还预付款。

4. 诉讼时效制度

（1）诉讼时效及其特征　诉讼时效是指权利人在法定期间内，未向人民法院提起诉讼请求保护其权利时，法律规定消灭其胜诉权的制度。即当公民或法人的民事权利受到侵害时，在诉讼时效期间内未向人民法院提起诉讼，就丧失了请求人民法院依据法律程序强制义务人履行义务的权利。诉讼时效具有以下特征：

1）诉讼时效属于消灭时效。当事人提起诉讼是有时间限制的，在诉讼时效期间届满后，权利人就丧失了请求人民法院依据诉讼程序强制义务人履行义务的权利。这时，权利人虽然可以向人民法院提起诉讼，但是，除有延长时效的正当理由外，一般难于胜诉，即诉讼时效消灭了权利人的胜诉权。

2）诉讼时效届满不消灭实体权利。诉讼时效期间届满后，义务人如自愿履行义务，权利人仍有权受领，此时，义务人不得以时效期间届满为理由而要求返还。因为权利人的实体权利不因时效届满而消灭。

3）诉讼时效属于强制性的规定。诉讼时效及其具体内容必须由国家法律做出规定，当事人必须遵守。如果当事人之间另有与法律规定不同的诉讼时效期间协议，这种协议无效。

（2）诉讼时效期间　根据我国《民法通则》的规定，除法律另有规定以外，普通诉讼时效期间为2年。下列诉讼时效期间为一年：

① 身体受到伤害要求赔偿的。

② 出售质量不合格的商品未声明的。

③ 延付或拒付租金的。

④ 寄存财物被丢失或损毁的。

诉讼时效期间从权利人知道或者应当知道其权利受到侵害之日起开始计算。但是，从权利被侵害之日起超过20年的，人民法院不予保护。我国《民法通则》规定，在诉讼时效期间的最后6个月，因不可抗力或者其他障碍不能行使请求权的，诉讼时效中止，从中止诉讼时效的原因消除之日起，诉讼时效期间继续计算；诉讼时效因提起诉讼，当事人一方提出要求或者同意履行义务而中断，从中断时起，诉讼时效期间重新计算。

5. 保险制度

（1）保险的概念　保险是指投保人根据合同的约定，向保险人支付保险费，保险人对于合同约定可能发生的事故因其发生所造成的财产损失承担赔偿保险金责任，或者当被保险人死亡、伤残、疾病或者达到合同约定的年龄、期限时承担给付保险金责任的商业保险行为。保险是一种受法律保护的分散危险、消化损失的经济制度。

（2）工程保险

1）建筑工程一切险。建筑工程一切险简称建工险，是对施工期间工程本身、施工机具或工具设备因自然灾害或意外事故所遭受的损失予以赔偿，并对因施工而对工地及邻近地区的第三者造成的物质损失或人员伤亡承担赔偿责任的一种工程保险。建筑工程一切险承保各类民用、工业和公共事业建筑工程项目，包括道路、水坝、桥梁、港口等。

建筑工程一切险承保内容包括工程本身（永久工程、预备工程、临时工程、全部存放于工地的为施工所必需的材料、占整个工程造价 50%以内的安装工程），施工用设施、设备和机具，场地清理费、第三者责任、工地内现有的建筑物、业主或承包商停放于工地的财产。

2）安装工程一切险。安装工程一切险简称安工险，属于技术险种，目的在于为各种机器的安装及钢结构工程的实施提供尽可能全面的专业保险，适用于安装各种工厂用的机器、设备、储油罐、钢结构、起重机以及包含各种机械工程因素的各种建造工程。

安装工程一切险承保的内容包括安装工程合同中要求安装的机器、设备、装置、材料、基础工程、临时设施，承包商的机械设备、附带的土木建筑项目、场地清理费用、业主或承包商在工地上的其他财产等。

建筑工程一切险和安装工程一切险的被保险人包括业主、承包商和分包商，保险公司可以在一张保险单上加贴共保交叉责任条款对所有参加该项工程的有关各方都给予所需的保险。根据这一条款，每一个被保险人如同各自有一张单独的保险单，其财产遭受损失就可以从保险人那里获得相应的赔偿。

4.1.1.2　合同与合同法

合同是平等主体的自然人、法人、其他组织之间设立、变更、终止民事权利义务关系的协议。

在人们的社会生活中，合同是普遍存在的。在社会主义市场经济中，社会各类经济组织或商品生产经营者之间存在着各种经济往来关系。它们是最基本的市场经济活动，它们都需要通过合同来实现和连接，需要用合同来维护当事人的合法权益，维护社会的经济秩序。没有合同，整个社会的生产和生活就不可能有效和正常地进行。

为了保护合同当事人的合法权益，维护社会经济秩序，促进社会主义现代化建设，我国于 1999 年 3 月 15 日通过了《中华人民共和国合同法》（以下简称《合同法》），并于 1999 年 10 月 1 日起施行。《合同法》分总则、分则和附则三部分，共二十三章。总则包括一般规定、合同的订立、效力、履行、变更和转让、合同的权利义务终止、违约责任。分则就社会经济生活中常见的合同类型进行了规定，主要包括如下内容。

1）买卖合同。买卖合同是出卖人转移标的物的所有权于买受人，买受人支付价款的合同。买卖合同中，出卖的标的物应当属于出卖人所有或出卖人有权处分。标的物的所有权自标的物交付时起转移。在建筑工程中，材料和设备的采购合同就属于这一类合同。

2）供用电（水、气、热力）合同。供用电（水、气、热力）合同是供电（水、气、热力）人向用电（水、气、热力）人供电（水、气、热力），用电（水、气、热力）人支付电（水、气、热力）费的合同。

3）赠予合同。赠予合同是赠予人将自己的财产无偿给予受赠人，受赠人表示接受赠予的合同。

4）借款合同。借款合同是借款人向贷款人借款，到期返还借款并支付利息的合同。建筑工程中的贷款合同属于这类合同。

5）租赁合同。租赁合同是出租人将租赁物交付承租人使用、收益，承租人支付租金的合同。在建筑工程中常见的有周转材料和施工设备的租赁。

6）融资租赁合同。融资租赁合同是出租人根据承租人对出卖人、租赁物的选择，向出卖人购买租赁物，提供给承租人使用，承租人支付租金的合同。建筑企业使用的大型机械设备有时采用该类合同。

7）承揽合同。承揽合同是承揽人按照定作人的要求完成工作，交付工作成果，定作人给付报酬的合同。承揽包括加工、定作、修理、复制、测试、检验等工作。

8）建设工程合同。建设工程合同是承包人进行工程建设，发包人支付价款的合同。建设工程合同包括工程勘察、设计、施工合同。

9）运输合同。运输合同是承运人将旅客或者货物从起运地点运输到约定地点，旅客、托运人或者收货人支付票款或者运输费用的合同。运输合同又包括客运合同、货运合同和多式联运合同。建筑企业采用较多的是货运合同。

10）技术合同。技术合同是当事人就技术开发、转让、咨询或者服务订立的确立相互之间权利和义务的合同。

11）保管合同。保管合同是保管人保管寄存人交付的保管物，并返还该物的合同。保管行动可能是有偿的，也有可能是无偿的。

12）仓储合同。仓储合同是保管人储存存货人交付的仓储物，存货人交付仓储费的合同。建设施工项目也可能使用该类合同。

13）委托合同。委托合同是委托人和受托人约定，由受托人处理委托人事务的合同。

14）行纪合同。行纪合同是行纪人以自己的名义为委托人从事贸易活动、委托人支付报酬的合同。代理人与行纪关系中的行纪人是有区别的。行纪人在行纪关系中是以自己的名义而不是以委托人的名义与第三人进行经济活动的。

15）居间合同。居间合同是居间人向委托人报告订立合同的机会或者提供订立合同的媒介服务，委托人支付报酬的合同。建设项目招标信息的获取和合同的订立都有可能采用，一般由中介机构完成。

4.1.1.3 合同的形式

（1）口头合同　在日常的商品交换，如买卖、交易关系中，口头形式的合同被人们普遍地、广泛地应用。其优点是简便、迅速、易行；缺点是一旦发生争端就难以查证，对合同的履行难以形成法律约束力。因此，口头合同要建立在双方相互信任的基础上，适用于不太复杂、不易产生争执的经济活动。

在当前，运用现代化通信工具，如电话订货等，作为一种口头要约，也是被承认的。

（2）书面合同　它是用文字书面表达的合同。对于数量较大、内容比较复杂以及容易产生争执的经济活动必须采用书面形式的合同。书面形式的合同有如下优点。

① 有利于合同形式和内容的规范化。

② 有利于合同管理规范化，便于检查、管理和监督，有利于双方依约执行。

③ 有利于合同的执行和争执的解决，举证方便，有凭有据。

④ 有利于更有效地保护合同双方当事人的权益。

书面形式的合同由当事人经过协商达成一致后签署。如果委托他人代签，代签人必须事先取得委托书作为合同附件，证明具有法律代表资格。

书面形式可以是合同书、信件或数据电文（如电传、传真、电子数据交换、电子邮件等）。

书面合同是最常用，也是最重要的合同形式，人们通常所指的合同就是这一类。

4.1.1.4 合同的订立、履行、变更和终止

1. 合同的订立

合同的签订过程也就是合同的形成过程和协商过程。订立合同的具体方式多种多样，有的是通过口头或者书面往来协商谈判，有的是采取拍卖、招标投标等方式。但不管采取什么具体方式，都必然经过两个步骤，即要约和承诺。合同法规定，“当事人订立合同，采取要约、承诺方式”。

（1）要约 要约在经济活动中又被称为发盘、出盘、发价、出价、报价等。

1）要约是当事人一方向另一方提出订立合同的愿望。提出订立合同建议的当事人被称为“要约人”，接受要约的一方被称为“受要约人”。要约的内容必须具体明确，表明只要经受要约人承诺，要约人即接受要约的法律约束力。

2）要约人提出要约是一种法律行为。它在到达受要约人时生效。要约生效后，在要约的有效期内，要约人不得随便反悔（撤回）。

3）要约人可以撤回要约。要约人发出的撤回要约的通知应当在要约到达受要约人之前，或与要约同时到达受要约人。

4）要约人还可以撤销要约。要约人撤销要约的通知应当在受要约人发出承诺通知前到达受要约人。但《合同法》对撤销要约是严格加以限制的，因为这会直接影响到受要约人的利益。在下列情况下，要约不能撤销：

① 要约人规定了承诺期限，或者有其他形式明示要约不可撤销。

② 受要约人有理由认为要约是不可撤销的，并已经为合同的履行做了准备工作，如果要约撤销，受要约人就会受到损失。例如，受要约人收到要约后可能拒绝了其他人的同种要约；或受要约人收到要约后，可能为承诺做了准备工作，如为付款而向银行贷款，或者为准备接受来货而租赁了仓库等。

5）在如下情况下要约无效。

① 拒绝要约的通知到达要约人。

② 要约人依法撤销要约。

③ 在承诺期限内，受要约人未做出承诺。

④ 受要约人对要约的内容做出实质性变更。

有时当事人一方希望他人向自己发出要约，如发布拍卖公告、寄送价目表、发布招标公告和招标文件、发布招股说明书、商业广告等，这些为要约邀请。

在工程招标投标中，承包商的投标书是要约。

（2）承诺

1）承诺即接受要约，是受要约人同意要约的意思表示，他又被称为“承诺人”。

承诺也是一种法律行为，“要约”一经“承诺”，就被认为当事人双方已协商一致，达成协议，合同即告成立。承诺有两个条件：

① 承诺人按照要约所指定的方式，无条件地同意要约（或新要约）的内容。如果受要约人对要约的内容做了实质性变更，则要约失效。

② 承诺应在要约规定的期限内到达要约人，并符合要约所规定的其他各种要求。

2）承诺一般以通知的方式做出，承诺通知到达要约人时承诺生效，承诺生效时合同成立。

承诺期限的起算：

① 如果要约确定承诺期限，则应在该确定的期限内做出承诺；如果没有确定期限，以对话方式做出的，应当即时做出承诺；要约以非对话方式做出的，应当在合理期限内做出承诺。所谓合理期限，就是要考虑给承诺人以必要的时间。

② 要约以信件或电报做出的，则承诺期限从信件载明的日期或电报交发的日期起算；信件未载明日期的，则以投寄该信件的邮戳日期起算。

③ 要约以电话、传真等快速通信方式做出，承诺期限自要约到达受要约人时开始计算。

3）承诺可以撤回。承诺人撤回承诺的通知应在承诺通知到达要约人之前，或与承诺通知同时到达要约人。

4）新要约。如果受要约人要求对要约的内容做出实质性变更（如修改合同标的、数量、质量、合同价款、履行期限、履行地点和方式、违约责任和争执解决方法等），或超过规定的承诺期限才做出承诺，都不能视为对原要约的承诺，而只能作为受要约人提出的“新要约”。只有当要约人接受了这个新要约才算达成协议，合同以新要约的内容为准。

通常在合同的酝酿过程中，当事人双方对合同条款要反复磋商，经多轮会谈，在其中会产生许多次“新要约”，最终才达成一致，签订合同。

5）承诺生效的地点为合同成立的地点。如果当事人以合同书的形式签订合同，则双方当事人签字或盖章的地点为合同成立的地点。

【案例 4.1】

在某国际工程中，业主选定一个承包商，并向他发出一函件，表示“有意向”接受该承包商的报价，并“建议”承包商“考虑”材料的订货；如果承包商“希望”，则可以进入施工现场进行前期工作。而结果由于业主放弃了该开发计划，工程被取消，工程承包合同无法签订，业主又指令承包商恢复现场状况。而承包商为施工准备已投入了许多费用。承包商就现场临时设施的搭设和拆除、材料订货及取消订货损失向业主提出索赔。但最终业主以前述的信件作为“意向书”，而不是一个肯定的“要约承诺”（合同）为由反驳了承包商的索赔要求。

此案例对承包商非常有借鉴意义，在合同订立阶段，要约、承诺文件必须采用有效的书面形式，要约、承诺内容必须具体明确。

2. 合同的履行

（1）合同履行的基本原则　当事人订立合同，是为了实现一定的目的。这个目的只有通过全面履行合同所确定的权利、义务来实现，所以合同的履行是关键。履行合同应当遵守以下原则。

1）全面、适当履行原则。当事人应当按照约定全面履行自己的义务，包括按约定的主体、标的、数量、质量、价款或报酬、方式、地点、期限等全面履行义务。

2）遵守诚实信用原则。合同法规定，当事人应当遵循诚实信用原则，根据合同的性质、目的和交易习惯履行通知、协助、保密等义务。

3）公平合理，促使合同履行。为了合同能够很好地履行，在签订合同时要尽量想得周到，订得具体。如果签订合同时对有些问题没有约定，或约定得不明确，应当加以补救，不要因此而妨碍合同的履行。

4）不得擅自变更。在合同履行过程中，为了保障合同的严肃性，一方当事人不得擅自变更或者擅自将权利义务转让。如果发生需要变更或需要转让的情况，应根据自愿的原则，取得对方当事人同意，并且不得违背法律、行政法规强制性的规定。

5）合同生效后，当事人不得因姓名、名称的变更，或法定代表人、负责人、承办人的变动而不承担合同义务。

（2）合同履行的保护措施　为了保证合同的履行，保护当事人的合法权益，维护社会经济秩序，促使责权能够实现，防范合同欺诈，在合同履行过程中，需要通过一定的法律手段使受损害一方的当事人能维护自己的合法权益。为此，合同法专门规定了当事人的抗辩权和保全措施。

1）抗辩权。对于双务合同，合同各方当事人既享有权利也负有义务。当事人应当按照合同的约定履行义务，如果不履行义务或者履行义务不符合约定，债权人有权要求对方履行。所谓抗辩权，就是指一方当事人有依法对抗对方要求或否认对方权利主张的权利。合同法规定了同时履行抗辩权和不安抗辩权。

同时履行抗辩权是指若当事人互负债务，应当同时履行，一方在对方履行债务之前，或在对方履行债务不符合约定时，有权拒绝其相应的履行要求。有先后履行顺序的，若先履行一方未履行，后履行一方有权拒绝其履行要求。例如合同约定同时交货和支付价款，如果一方没有按时交货，相对方有权拒绝对方要其支付价款的要求。这样可以防止付款后收不到货。

不安抗辩权是指当事人互负债务，合同约定有先后履行顺序的，先履行债务的当事人应当先履行。但是，如果应当先履行债务的当事人有确切证据证明对方有丧失或者可能丧失履行债务能力的情形时，可以中止履行。规定不安抗辩权是为了保护当事人的合法权益，防止借合同进行欺诈，也可以促使对方履行义务。

但是对不安抗辩权要严格加以限制，决不能滥用，否则要承担违约责任。《合同法》规定，应当先履行债务的当事人，有确切证据证明对方有下列情形之一的，可以终止履行：

① 经营状况严重恶化。

② 转移财产，抽逃资金以逃避债务。

③ 丧失商业信誉。

④ 有丧失或者可能丧失履行债务能力的其他情形。

从这里可以看出，只有在对方丧失或者可能丧失履行债务能力，也就是根本性违约时，才能行使不安抗辩权，而且要有确切证据。《合同法》规定，当事人行使不安抗辩权中止履行的，应按一定的程序及时通知对方。如果对方提供适当担保时，应当恢复履行。若当事人没有确切证据而中止合同的履行，应当承担违约责任。

2）保全措施。为了防止债务人的财产不适当减少而给债权人带来危害，《合同法》允许债权人为保全其债权的实现采取保全措施。保全措施包括代位权和撤销权两种。

① 代位权。因债务人怠于行使其已到期的对第三方的债权，对债权人造成损害，债权人可以向人民法院请求以自己的名义代位行使债务人的债权。

例如，甲与乙订有货物买卖合同，甲交付了货物，乙应当向甲支付货款。另一方面，丙向乙借款，丙应向乙返还本金和利息。如果丙不还乙的借款，就可能影响乙向甲支付货款，形成三角债。如果乙怠于向丙追索到期的借款，造成无法向甲支付货款，对甲造成损害。在这种情况下，甲可以请求人民法院以甲的名义向丙行使债权。本来在乙和丙的借款合同中，乙是债权人，只有乙才能向丙行使债权，所以将甲向丙行使债权称为代位权。当然，代位权的行使范围以债权人的债权为限，债权人行使代位权的必要费用由债务人负担。

② 撤销权。因债务人放弃其到期债权或者无偿转让财产，或者债务人以明显不合理的低价转让财产，对债权人造成损害，并且受让人也知道该情形，债权人可以请求人民法院撤销债务人的行为。例如，乙欠甲钱无力偿还，但乙还有其他财产，如汽车、房产等，本来可以用这些财产抵债，但乙将这些财产以明显不合理的低价卖给丙或者无偿送给丙，丙也知道这一情况，那么甲可以请求人民法院撤销乙的行为。

（3）合同履行中的解释问题

1）在合同的执行过程中，如果当事人对合同条款的解释有争端，《合同法》规定，应当按照合同所使用的词句、合同的有关条款、合同的目的、交易习惯以及诚实信用的原则，确定该条款的真实意思。

2）如果合同文本采用两种以上的文字订立，并约定具有同等效力，当各文本使用的词句不一致时，应当根据合同的目的予以解释。

3）当合同中对有些内容没有约定或约定不明时，双方可以订立补充协议确定。如果不能达成补充协议，根据公平合理的原则，按照如下规定执行：

① 若质量要求不明确，则按照国家标准、行业标准履行；若没有国家标准或行业标准，则按照通常标准或者符合合同目的的特定标准履行。

② 若合同对价款或者报酬规定不明，则应按照订立合同时履行地的市场价格履行；若依法应当执行政府定价或政府指导价，则应按照规定履行。

如果合同规定执行政府定价或政府指导价，在合同执行中政府价格调整，则按照交付时的价格计价；若逾期交付标的物，又遇价格上涨，则按照原价格执行；若遇价格下降，则按照新价格执行；对逾期提取标的物或逾期付款的，则做相反的处理。这体现公平原则，对违约者不利。

③ 对履行地点不明确的情况，若合同规定给付货币的，则在接受货币一方所在地履行；若合同规定交付不动产的，则在不动产所在地履行；对其他标的情况，在履行义务一方所在地履行。

④ 若履行期限不明确，则债务人可以随时履行，债权人也可以随时要求履行，但应当给对方必要的准备时间。

⑤ 若履行方式不明确，则按照有利于实现合同目的的方式履行。

⑥ 若履行费用的负担不明确，则由履行义务一方负担。

4）如果采用格式条款签订合同，在执行中对格式条款存在两种以上的解释，则以对提供格式条款一方不利的解释为准。

3. 合同的变更和转让

1）当事人双方协商一致，就可以变更合同。合同变更应符合合同签订的原则和程序。

2）债权人可以将合同的权利全部或部分地转让给第三人，但如下情况除外：

① 根据合同的性质不得转让。

② 按照当事人的约定不得转让。

③ 按照法律规定不得转让。

债权人转让权利应当通知债务人。未经通知，该转让对债务人不发生效力。

3）合同当事人一方经对方同意，可以将自己的权利和义务转让给第三人。

4）如果当事人一方发生合并或分立，则应由合并或分立后的当事人承担或分别承担履行合同的义务，并享有相应的权利。

4. 合同的终止

合同终止是指合同当事人双方终止合同关系，合同确立的权利、义务消灭。合同终止的原因和情况各种各样，后果也不相同。《合同法》规定，在下列情形下合同终止。

（1）合同已按照约定履行　合同生效后，当事人双方按照约定履行自己的义务，实现了自己的全部权利，订立合同的目的已经实现，合同确立的权利义务关系消灭，合同因此而终止。

（2）合同解除　合同生效后，当事人一方不得擅自解除合同。但在履行过程中，有时会产生某些特定情况，应当允许其解除合同。合同解除有以下两种情况。

1）协议解除。协议解除是指当事人双方通过协议解除原合同规定的权利和义务关系。有时是在订立合同时在合同中约定了解除合同的条件，当解除合同的条件成立时，合同就被解除；有时在履行过程中，双方经协商一致同意解除合同。

2）法定解除。法定解除是合同成立后，没有履行或者没有完全履行以前，当事人一方行使法定解除权而使合同终止。为了防止解除权的滥用，《合同法》规定了十分严格的条件和程序。有下列情形之一的当事人可以解除合同：

① 因不可抗力因素致使合同无法履行，或不能实现合同目的。

② 在履行期满之前，当事人一方明确表示或者以自己的行为表明不履行主要债务。

③ 当事人一方拖延履行主要债务，经催告后在合理期限内仍未履行。

④ 当事人一方迟延履行债务或者有其他违约行为致使不能实现合同目的，致使原签订的合同成为不必要。

⑤ 法律规定的其他情形。

从上述可见，只有在不履行主要债务、不能实现合同目的，也就是根本违约的情况下，才能依法解除合同。如果只是合同的部分目的不能实现，或者部分违约，如迟延或者部分质量不合格，一方是不能解除合同的，而应当按违约责任来处理，可以要求违约方实际履行、采取补救措施、赔偿损失。

合同解除的程序是，若当事人一方依照规定要求解除合同应当通知对方，对方有异议的，可以请求人民法院或仲裁机构确认解除合同的效力。如果按法律、行政法规规定解除合同需要办理批准、登记等手续，则应当办理相关的批准、登记等手续。

合同的权利和义务终止，并不影响合同中结算和清理条款的效力。

4.1.1.5 合同的违约承担

违约责任是指合同当事人违反合同约定，不履行义务或者履行义务不符合约定所应承担的责任。违约责任制度是保证当事人履行合同义务的重要措施，有利于促进合同的全面履行。没有违约责任制度，“合同具有法律约束力”便成为空话。

《合同法》第七章规定，当事人不履行合同义务或者履行义务不符合约定的，就要承担违约责任。不管主观上是否有过错，除不可抗力因素可以免责外，都要承担违约责任。

当事人一方不履行合同义务或者履行合同义务不符合约定的，应当承担如下责任：

（1）继续履行合同　违约人应继续履行没尽到的合同义务。

（2）采取补救措施　如质量不符合约定的，可以要求修理、更换、重做、退货、减少价款或者报酬等。

（3）支付违约金

1）合同法规定，当事人可以约定违约金条款。在合同实施中，只要一方有不履行合同的行为，就得按合同规定向另一方支付违约金，而不管违约行为是否造成对方损失。以这种手段对违约方进行经济制裁，对企图违约者起警诫作用。违约金的数额应在合同中用专门条款详细规定。

2）违约金同时具有补偿性和惩罚性。《合同法》规定："约定的违约金低于违反合同所造成的损失的，当事人可以请求人民法院或者仲裁机构予以增加；若约定的违约金过分高于所造成的损失，当事人可以请求人民法院或者仲裁机构予以适当减少。"这保护了受损害方的利益，体现了违约金的惩罚性，有利于对违约者制约，同时体现了公平原则。

3）当事人可以约定一方向对方给付定金作为债权的担保。即为了保证合同的履行，在当事人一方应付给另一方的金额内，预先支付部分款额，作为定金。若支付定金一方违约或不履行合同，则定金不予退还。同样，如果接受定金的一方违约，不履行合同，则应加倍偿还定金。

（4）赔偿损失　违约方在继续履行义务、采取补救措施、支付违约金后，对方仍有其他损失，则应当赔偿损失。损失的赔偿额应相当于因违约所造成的损失，包括合同履行后可以获得的利润。

4.1.1.6 合同的争议处理

合同争执通常具体表现在当事人双方对合同规定的义务和权利理解不一致，最终导致对合同的履行或不履行的后果和责任的分担产生争端。合同争执的解决通常有如下几个途径。

（1）协商　这是一种最常见的，也是首先采用的解决方法。当事人双方在自愿、互谅的基础上，通过双方谈判达成解决争执的协议。这是解决合同争执的最好方法，具有简单易行、不伤和气的优点。

（2）调解　调解是在第三者（如上级主管部门、合同管理机关等）的参与下，以事实、合同条款和法律为根据，通过对当事人的说服，使合同双方自愿地、公平合理地达成解决协议。如果双方经调解后达成协议，由合同双方和调解人共同签订调解协议书。

如果当事人一方对调解协议有反悔，则他必须在接到调解书之日起一定时间内，向仲裁委员会申请仲裁，也可直接向人民法院起诉。超过这个期限，调解协议具有法律效力。

（3）仲裁　仲裁是仲裁委员会对合同争执所进行的裁决。仲裁委员会是常设性仲裁机构，在直辖市和省、自治区人民政府所在地设立，也可在其他设区的市设立。我国实行一裁终局制，裁决作出后合同当事人就同一争执若再申请仲裁或向人民法院起诉，则不再予以受理。仲裁程序如下：

1）申请和受理仲裁。由合同当事人一方或双方按双方的仲裁协议向仲裁委员会提出仲裁申请。仲裁委员会受理仲裁申请后应通知申请人和被申请人。被申请人在规定的时间内提交答辩书。

涉外合同的当事人可以根据仲裁协议向中国仲裁机构或其他仲裁机构申请仲裁。

2）成立仲裁庭。仲裁庭可以由3名仲裁员或者1名仲裁员组成。由3名仲裁员组成的，设首席仲裁员。

3）开庭和裁决。仲裁按仲裁规则进行，当事人可以提供证据。仲裁庭可以进行调查、搜集证据，可以进行专门鉴定。

当事人申请仲裁后，仍可以自行和解，达成和解协议；也可以放弃、修改、变更仲裁要求。

在仲裁裁决前，可以先行调解，如果达成调解协议，则调解协议与仲裁书具有同等法律效力。

裁决按多数仲裁员的意见做出，它自做出之日起发生法律效力。

4）执行。裁决做出后，当事人应当履行裁决。如果当事人不履行，另一方可以依照民事诉讼法规定向人民法院申请执行。

（4）诉讼 诉讼是运用司法程序解决争执，由人民法院受理并行使审判权，对合同双方的争执做出强制性判决。人民法院受理合同争执案件可能有以下情况。

1）合同双方没有仲裁协议，或仲裁协议无效，当事人一方向人民法院提出起诉状。

2）虽有仲裁协议，当事人向人民法院提出起诉，未声明有仲裁协议；人民法院受理后另一方在首次开庭前对人民法院受理案件未提异议，则该仲裁协议被视为无效，人民法院继续受理。

3）如果仲裁决定被人民法院依法裁定撤销或不予执行。当事人向人民法院提出起诉，人民法院依据《民事诉讼法》（对经济犯罪行为则依据《刑事诉讼法》）审理该争执。

法院在判决前再做一次调解，如仍达不成协议，可依法判决。

4.1.1.7 建设工程合同

（1）建设工程合同的概念 建设工程合同是承包人进行工程建设，发包人支付价款的合同。建设工程合同包括工程勘察、设计、施工合同。双方当事人应当在合同中明确各自的权利义务，但合同主要内容是承包人进行工程建设，发包人支付工程款。建设工程实行监理的，发包人也应当与监理人采用书面形式订立委托监理合同。建设工程合同是一种诺成合同，合同订立生效后双方应当严格履行。建设工程合同也是一种双务、有偿合同，当事人双方在合同中都有各自的权利和义务，在享有权利的同时必须履行义务。

建设合同是广义的承揽合同的一种，也是承揽人按照定作人的要求完成工作，交付工作成果，定作人给付报酬的合同。但由于工程建设合同在经济活动、社会生活中的重要作用，以及在国家管理、合同标的等方面均有别于一般的承揽合同，我国一直将建设工程合同列为单独的一类重要合同。但考虑到建设工程合同是从承揽合同中分离出来的，《合同法》第二百八十七条规定：建设工程合同中没有规定的，适用于承揽合同的有关规定。

（2）建设工程合同的特征

1）合同主体的严格性。建设工程合同主体一般只能是法人。发包人一般只能是经过批准进行工程项目建设的法人，必须有国家批准建设项目，落实投资计划，并且应当具备相应的协调能力；《招标投标法》第二十六、二十七条规定，承包人必须具备法人资格，而且应当具备相应的从事勘察、设计、施工等资质。无营业执照或无承包资质的单位不能作为建设工程合同的主体，资质等级低的单位不能越级承包建设工程。

2）合同标的的特殊性。建设工程合同的标的是各类建筑产品，建筑产品是不动产，其基础部分与大地相连，不能移动。这就决定了每个建设工程合同的标的都是特殊的，相互间具有不可替代性。这还决定了承包方工作的流动性。建筑物所在地就是勘察、设计、施工生产场地，施工队伍、施工机械必须围绕建筑产品不断移动。另外，建筑产品的类别庞杂，其外观、结构、使用目的、使用人都各不相同，这就要求每一个建筑产品都需要单独设计和施工，即建筑产品是单体性生产，这也决定了建设工程合同标的的特殊性。

3）合同履行期限的长期性。建设工程由于结构复杂、体积庞大、建筑材料类型多、工作量大，使得合同履行期限都较长。而且，建设工程合同的订立和履行一般都需要较长的准备期，在合同的履行过程中，还可能因为不可抗力、工程变更、材料供应不及时等原因而导致合同期限顺延。所有这些情况，决定了建设工程合同的履行期限具有长期性。

4）计划和程序的严格性。由于工程建设对国家的经济发展、公民的工作和生活都有重大的影响，因此，国家对建设工程的计划和程序都有严格的管理制度。订立建设工程合同必须以国家批准的投资计划为前提，即使是国家投资以外的，以其他方式筹集的投资也要受到当年的贷款规模和批准限额的限制，纳入当年投资规模的平衡，并经过严格的审批程序。建设工程合同的订立和履行还必须符合国家关于建设程序的规定。国家相关法律法规都有相应条款。

5）合同形式的特殊要求。我国《合同法》在一般情况下对合同形式采用书面形式还是口头形式没有限制，但是考虑到建设工程的重要性和复杂性，在建设过程中经常会发生影响合同履行的纠纷，因此《合同法》第二百七十条要求，建设工程合同应当采用书面形式，这也反映了国家对建设工程合同的重视。

（3）建设工程合同的种类　建设工程合同可以从不同的角度进行分类。

1）从承发包的工程范围进行划分。从承发包的不同范围和数量进行划分，可以将建设工程合同分为建设工程总承包合同，建设工程承包合同、分包合同。发包人将工程建设的全过程发包给一个承包人的合同即为建设工程总承包合同。发包人如果将建设工程的勘察、设计、施工等的每一项分别发包给一个承包人的合同即为建设工程承包合同。经合同约定和发包人认可，从工程承包人承包的工程中承包部分工程而订立的合同即为建设工程分包合同。

2）从完成承包的内容进行划分。从完成承包的内容进行划分，建设工程合同可以分为建设工程勘察合同、建设工程设计合同和建设工程施工合同三类。

3）从付款方式进行划分。以付款方式不同进行划分，建设工程合同可分为单价合同、总价合同和其他价格形式。

① 单价合同是指合同当事人约定以工程量清单及其综合单价进行合同价格计算、调整和确认的建设工程施工合同，在约定的范围内合同单价不做调整。合同当事人应在专用合同条款中约定综合单价包含的风险范围和风险费用的计算方法，并约定风险范围以外的合同价格的调整方法。

这类合同的适用范围比较宽，其风险可以得到合理的分摊，并且能鼓励承包单位通过提高工效等手段从成本节约中提高利润。这类合同能够成立的关键在于双方对单价和工程量计算方法的确认。在合同履行中需要注意的问题则是双方对实际工程量计量的确认。现在推行的工程量清单报价就需要采用这种合同付款方式。

② 总价合同是指合同当事人约定以施工图、已标价工程量清单或预算书及有关条件进行合同价格计算、调整和确认的建设工程施工合同，在约定的范围内合同总价不做调整。合同当事人应在专用合同条款中约定总价包含的风险范围和风险费用的计算方法，并约定风险范围以外的合同价格的调整方法。

这种合同类型能够使建设单位在评标时易于确定报价最低的承包商，易于进行支付计算。但这类合同适用于工程量不太大且能精确计算、工期较短、技术不太复杂、风险不大的项目。因此采用这种合同类型要求建设单位必须准备详细而全面的技术图样和各项说明，使承包单位能准确计算工程量。

③ 其他价格形式是指合同当事人可在专用合同条款中约定其他合同价格形式，如成本加酬金不定额计价以及其他合同类型。

这类合同的缺点是发包人对工程总造价不易控制，承包商也往往不注意降低项目成本。

这类合同主要适用于：需要立即开展工作的项目；新型的工程项目或对项目工程内容及技术经济指标未确定的项目；风险很大的项目。

4.1.2 《建设工程施工合同（示范文本）》的组成及主要条款

建筑产品在社会物资交流中是一种比较特殊的商品。它是非工厂化生产的单件产品，生产周期长，耗费人力、物力大，生产过程和技术复杂，受自然条件及政策法规影响大。这些特点决定了建筑工程施工合同的特殊性和复杂性。施工合同的签订这项工作对于任何一个发包人来说都不是一件经常性的、容易做好的事情。

《建设工程施工合同（示范文本）》（GF—1999—0201）于 1999 年开始实行，10 多年来现行法律法规新规定、项目管理新模式、市场发展新形势、交易习惯新要求都发生了很大的变化，同时也为了更多借鉴了国际通用土木工程施工合同的成熟经验和做法，住房和城乡建设部、国家工商总局建市〔2013〕56 号文印发了 2013 版《建设工程施工合同（示范文本）》（GF—2013—0201），自 2013 年 7 月 1 日起执行。

4.1.2.1 施工合同示范文本的组成

《建设工程施工合同（示范文本）》（GF—2013—0201)由协议书、通用条款、专用条款三部分及 11 个附件组成。11 个附件分别是承包人承揽工程项目一览表、发包人供应材料设备一览表、工程质量保修书、主要建设工程文件目录、承包人用于本工程施工的机械设备表、承包人主要施工管理人员表、分包人主要施工管理人员表、履约担保格式、预付款担保格式、支付担保格式和暂估价一览表。

1. 协议书

《建设工程施工合同（示范文本）》（GF—2013—0201）合同协议书共计 13 条，主要包括：工程概况、合同工期、质量标准、签约合同价和合同价格形式、项目经理、合同文件构成、承诺以及合同生效条件等重要内容，集中约定了合同当事人基本的合同权利义务。

协议书开头是发包人、承包人依照《中华人民共和国合同法》《中华人民共和国建筑法》及其他有关法律、行政法规，遵循平等、自愿、公平和诚实信用的原则，双方就某一项建设工程施工事项协商一致，订立文本合同的承诺（或确认）。结尾是发包人、承包人的住所，法定代表人、委托代理人联系方式、开户银行账号、签字盖章。中间部分是协议书内容，协议书内容包括 13 项。

（1）工程概况　工程概况包括工程名称、地点、内容（群体工程应附承包人承揽工程项目一览表）、立项批准文号及资金来源、工程承包范围等。工程承包范围具体确定工程施工内容。一般土木工程中常有分包、二次装修及特殊设备安装等情况需另择施工方，所以一次签订的合同中必须表明哪些内容做，哪些内容不做。

（2）合同工期　合同工期包括计划开工日期、计划竣工日期及合同工期总日历天数。

（3）质量标准　工程质量应达到国家或专业的质量验收标准的合格条件。若甲方要求工程质量达到优良标准（如市优、省优、部优），则应本着优质优价的原则支付由此增加的费用，对工期有影响的应给予相应顺延。

（4）签约合同价与合同价格形式　合同价款支付用人民币表示，包括签约合同价、安全文明施工费、暂估价、暂列金额、合同价格形式等。

（5）项目经理　明确载明本合同项目经理名称。

（6）合同文件及构成　构成合同的文件包括：本合同协议书；中标通知书（如果有）；投标函及其附录（如果有）；专用合同条款及其附件；通用合同条款；技术标准和要求；图样；

工程量清单；已标价工程量清单或预算书；其他合同文件。此外，在合同订立及履行过程中形成的与合同有关的文件均构成合同文件组成部分。

（7）承诺　承发包双方就本合同履行承诺。发包人和承包人通过招投标形式签订合同的，双方理解并承诺不再就同一工程另行签订与合同实质性内容相背离的协议。

（8）词语含义　本协议书中词语含义与第二部分通用合同条款中赋予的含义相同。

（9）签订时间

（10）签订地点

（11）补充协议　合同未尽事宜，合同当事人另行签订补充协议，补充协议是合同的组成部分。

（12）合同生效

（13）合同份数

2. 通用条款

通用条款是制定本文本的部门根据法律、行政法规及建设工程施工的需要而制定的，通用于所有建设工程项目施工的条款。通用合同条款是合同当事人根据《中华人民共和国建筑法》《中华人民共和国合同法》等法律法规的规定，就工程建设的实施及相关事项，对合同当事人的权利义务做出的原则性约定。

通用合同条款共计20条，具体条款分别为：一般约定、发包人、承包人、监理人、工程质量、安全文明施工与环境保护、工期和进度、材料与设备、试验与检验、变更、价格调整、合同价格、计量与支付、验收和工程试车、竣工结算、缺陷责任与保修、违约、不可抗力、保险、索赔和争议解决。前述条款安排既考虑了现行法律法规对工程建设的有关要求，也考虑了建设工程施工管理的特殊需要。

一般约定中词语定义条目中就包含了建设工程施工中最常用的词语，它们是：合同、合同协议书、发包人、承包人、项目经理、设计人、监理人、总监理工程师、发包人代表、工程、签约合同价、合同价格、费用、暂估价、暂列金额、计日工、总价项目、工期、开工日期、竣工日期、缺陷责任期、保修期、基准日期、图样、施工现场、书面形式等。

通用合同条款更多采用了FIDIC合同条款的规定，例如：

（1）化石、文物　在施工现场发掘的所有文物、古迹以及具有地质研究或考古价值的其他遗迹、化石、钱币或物品属于国家所有。一旦发现上述文物，承包人应采取合理有效的保护措施，防止任何人员移动或损坏上述物品，并立即报告有关政府行政管理部门，同时通知监理人。

发包人、监理人和承包人应按有关政府行政管理部门要求采取妥善的保护措施，由此增加的费用和（或）延误的工期由发包人承担。

（2）不可抗力　不可抗力是指合同当事人在签订合同时不可预见，在合同履行过程中不可避免且不能克服的自然灾害和社会性突发事件，如地震、海啸、瘟疫、骚乱、戒严、暴动、战争和专用合同条款中约定的其他情形。不可抗力引起的后果及造成的损失由合同当事人按照法律规定及合同约定各自承担。不可抗力发生前已完成的工程应当按照合同约定进行计量支付。

3. 专用条款

专用合同条款是对通用合同条款原则性约定的细化、完善、补充、修改或另行约定的条款。合同当事人可以根据不同建设工程的特点及具体情况，通过双方的谈判、协商对相应的专用合同条款进行修改补充。

在使用专用合同条款时，应注意以下事项：

1）专用合同条款的编号应与相应的通用合同条款的编号一致。

2）合同当事人可以通过对专用合同条款的修改，满足具体建设工程的特殊要求，避免直接修改通用合同条款。

3）在专用合同条款中有横道线的地方，合同当事人可针对相应的通用合同条款进行细化、完善、补充、修改或另行约定；如无细化、完善、补充、修改或另行约定，则填写“无”或划“/”。

例如，通用条款第 7.7 条“异常恶劣的气候条件”，其中规定：异常恶劣的气候条件是指在施工过程中遇到的，有经验的承包人在签订合同时不可预见的，对合同履行造成实质性影响的，但尚未构成不可抗力事件的恶劣气候条件。合同当事人可以在专用合同条款中约定异常恶劣的气候条件的具体情形。专用条款中第 7.7 条，可就异常恶劣的气候条件进行定义和明确。

在通用条款中讲得笼统的、普遍的或者不够明确的问题在专用条款中要做补充和修改。

4. 工程质量保修书

工程质量保修书是《建设工程施工合同》的一个子合同，开头是发包人（全称）、承包人（全称）对保修书的认定：发包人和承包人根据《中华人民共和国建筑法》和《建设工程质量管理条例》，经协商一致就×××××（工程全称）签订工程质量保修书。承包人在质量保修期内按照有关管理规定及双方约定承担工程质量保修责任。保修书最后是双方代表人签字及单位公章、时间。保修书包括 6 项内容。

（1）工程质量保修范围和内容　质量保修范围包括地基基础工程、主体结构工程，屋面防水工程、有防水要求的卫生间、房间和外墙面的防渗漏，供热与供冷系统，电气管线、给水排水管道、设备安装和装修工程，以及双方约定的其他项目。

（2）质量保修期　质量保修期从工程竣工验收合格之日算起。分单项竣工验收的工程，按单项工程分别计算质量保修期。根据国家有关规定，具体工程质量保修期为：土建工程（基础设施工程、房屋建筑的地基基础工程和主体结构工程）为设计文件规定的该工程的合理使用年限，屋面防水工程、有防水要求的卫生间、房间和外墙面的防渗漏为 5 年；电气管线、给排水管道、设备安装和装修工程为 2 年；供热及供冷系统为 2 个采暖期；室外的上下水和小区道路等市政公用工程保修期可以根据有关规定双方约定。还可以有其他约定。

（3）工程缺陷责任期为×××个月，缺陷责任期自工程竣工验收合格之日起计算。单位工程先于全部工程进行验收，单位工程缺陷责任期自单位工程验收合格之日起算。合同当事人应在专用合同条款约定缺陷责任期的具体期限，但该期限最长不超过 24 个月。

缺陷责任期终止后，发包人应退还剩余的质量保证金。

（4）质量保修责任　属于保修范围和内容的项目，承包人应在接到修理通知书之日后 7 天内派人修理。承包人不在约定期限内派人修理，发包人可委托其他人员修理，保修费用从质量保修金内扣除。

发生须紧急抢修事故（如上水跑水、暖气漏水漏气、燃气漏气等），承包人接到事故通知后，应立即到达事故现场抢修。非承包人施工引起的质量事故，抢修费用由发包人承担。在国家规定的工程合理使用期限内，承包人确保地基基础工程和主体结构工程的质量。因承包人原因致使工程在合理使用期限内造成人身和财产损害的，承包人应承担损害赔偿责任。

（5）保修费用　保修费用由造成质量缺陷的责任方承担。

（6）其他需要双方约定的工程质量保修事项。

4.1.2.2 合同双方的一般权利和义务

《建设工程施工合同（示范文本）》（GF—2013—0201)中的双方是指发包方和承包方，在合同的通用条款中叫发包人和承包人。在具体合同的签订和语言交流过程中，习惯上把发包方简称甲方，把承包方简称乙方。在实行工程监理的建设工程项目中，除甲、乙方之外还有监理方存在，通用条款中叫监理人，监理方受甲方委托，依法对建设工程进行监理，监理人员包括总监理工程师及监理工程师。

1. 发包人义务

发包人是指在协议中约定，具有工程发包主体资格和支付工程价款能力的当事人以及取得当事人资格的合法继承人。发包人可以是政府机关、企事业单位及个人投资者。

发包人有义务按专用条款约定的内容和时间完成以下工作：

1）办理土地征用、拆迁补偿、平整施工场地等工作，使施工现场具备施工条件，在开工后继续负责解决以上事项遗留问题。办理土地征用及拆迁补偿是一般新建项目开工前的准备工作，是一项比较麻烦且政策性很强的工作，只有做细做好才能使工程开工顺利，给施工单位创造良好的工作环境，避免与周边群众产生纠纷。除工程本身所占土地外，在城市市区施工时往往还需要占用道路或者其他工程周边场地，这些都需要甲方事先向城管部门办理有关手续及与相邻单位协商，尽可能减少工程施工给城市居民所带来的侵扰。

2）将施工所需水、电、电信线路从施工场地外部接至专用条款约定地点，保证施工期间的需要。一般建设工程施工现场除各方人员生活用水外，更多的是混凝土、砂浆搅拌及养护用水。由于混凝土拌合用水质量标准要求达到饮用水标准，因此多数施工现场都是直接引入城市自来水。施工现场照明及机械设备用电需从就近变压器接到专用线路，大型施工工地需专设变电设备。近年来我国移动电信的快速发展给建筑行业的广大技术和管理人员带来了极大的方便，任何一个工地上很少见到不带手机的项目经理、甲方代表或监理工程师。但由于施工现场对外联系的繁忙，各方驻工地办公、值班科室还需要相当数量的固定电话。

3）开通施工场地与城乡公共道路的通道，以及专用条款约定的施工场地内的主要道路，满足施工运输的需要，保证施工期间物流畅通。城区内建设工程施工工地一般多临近城市交通道路，场地内也无需另建道路。若施工场地在市郊或野外，则必须考虑施工设备的进出及建材进入、余土及垃圾外运，可作临时性道路，也可结合建设单位以后使用而建设永久性道路。

4）向承包人提供施工现场的工程地质和地下管线资料，对资料的真实准确性负责。发包人委托有相应资质的勘察单位所做的工程地质勘察报告，主要是提供给工程设计单位作为地下工程及建筑物基础设计的依据。但是，地质勘察报告所做的地质评价结论还需在施工过程中验证，而且地下工程施工组织设计及施工措施的确定也必须以地质勘察报告为基础。至于地下管线资料，特别是在城区施工时，更是必须弄清楚的。例如，城市上下水管道、电力埋线、电信电缆等，稍有不慎就会给施工带来很大的麻烦，有时会影响到整个工程的工期。如果需要改线或避让，都应由发包人提前与有关单位协商并及早确定解决办法。有些主要的城市管线，往往不是容易解决的，一个事情会牵扯到很多管理部门，需发包人努力去协调，以保证合同内工程的正常进行。

5）办理施工许可证及其他施工所需证件、批件和临时用地、停水、停电、中断道路交通、爆破作业等的申请批准手续。《建筑法》明确规定实行建设报建和施工许可制度，任何建设工程开工前必须向当地建设行政主管部门办理施工许可证，否则即视为违法。其他证件如临时占用公共场地或道路，也必须办理临时占用证。此外，自来水管道引入、电力线接头等事项，必须提前向当地市政管理部门提出申请，由水、电部门安排接口地点、时间，有时由有关部门派专业队伍实施。建设工程施工期间若要中断某段道路交通，则应由发包人向交通管理部门提出申请，由交通管理部门统筹安排。一些特殊的施工作业如爆破、机械打夯等，如果可能危及周围公众安全或造成环境污染影响居民工作或休息，则必须向有关部门报告，得到书面许可通知后才能进行施工，并在施工过程中遵照有关部门的要求采取相应的安全措施。

6）确定水准点和坐标控制点，以书面形式交给承包人，进行现场交验。这里所指水准点是建设场地附近国家大地高程控制网中的某一点，水准点高程数值一般在城市规划部门专业测绘机构资料库中存档。以此为起点，经测量引入施工现场。并据此确定场区内建筑、道路、场地、上下水管道的相对高程。城区内的单项建设工程或城区外比较简单的建设项目，常常不需要专门引入大地水准点，而是以附近街道路面或某距离较近的永久性建筑物首层地面高程作参考点，来确定新建工程的相对标高。有时也可以工程附近大面积平整地面或附近相对稳定的河道水面为参考高程，以确定新建工程的排水管沟及场区道路的标高。

坐标控制点是指建设用地边界及建筑物边界在城市坐标控制网中的位置数值。用地边界在建筑规划图中称为建筑红线，项目中任何建筑都不能超越红线并要按照规划部门的要求退后一定的距离。城区中单体建筑工程在施工放线后要由城市建设主管部门现场检查，称作验线。建筑规划图中用地边界及建筑物角点都有坐标数值标出。

7）组织承包人和设计单位进行图样会审和设计交底。图样会审就是由甲方将设计单位的设计人员和施工单位参与该工程施工的各类专业技术人员及监理工程师召集到一起，以会议的形式将施工图系统地审看一遍，承包人的技术人员将对图样中所有看不清的问题或者是施工难度大的问题向设计人员提出，设计人员则逐一给予解答或做出补充说明。个别施工难点即便施工单位未提出，设计人员也要给予提醒，让承包人的技术人员真正领会设计者的意图，以期引起重视。有些细节设计考虑不周未能表达甲方的意见，或者甲方领导意见与设计人员不一致的地方，只要不增加设计工作量，也可在会审图样时经两方或三方协商重新确定一种做法。所有意见达成共识后，由承包方记录整理并经另外三方审阅后以会议纪要的形式形成文件，四方签字盖章后作为施工图样的补充，它与其他设计文件具有同等的法律效力，需要四方存档并在施工中贯彻执行。施工图会审纪要也是工程决算资料和竣工资料的一部分。

8）协调处理施工场地周围地下管线和邻近建筑物、构筑物（包括文物保护建筑）、古树名木的保护工作，承担有关费用。在城区内施工的建筑工地或市政工程工地，由于城市用地紧张、建筑密度大，往往施工场地狭窄，不便于大型施工机具的展开，也不便于运输车辆出入，特别是基坑开挖困难，常常会给市政地下管线或周围建筑物带来不利影响，有时会造成损害，则此时发包人应积极主动出面协调各方关系，避免造成更大的矛盾而影响工程施工进度，必要时请上级主管部门出面协调。即使是远离城市的新建项目，有时也会因工程施工引起与周围群众的矛盾，此时发包人应主动依靠当地政府并向群众多做解释、宣传工作，取得群众的谅解，必要时做出一些经济牺牲，尽可能避免矛盾激化，减少对施工的不利影响。对于施工场地内需要保护的文物或古树（包括珍贵树种），发包人要及早采取有效措施，依照有关法律进行保护或迁移。

9）资金来源证明及支付担保。除专用合同条款另有约定外，发包人应在收到承包人要求提供资金来源证明的书面通知后28天内，向承包人提供能够按照合同约定支付合同价款的相应资金来源证明。

10）发包人应做的其他工作，双方在专用条款内约定。由于建设工程的复杂性、个体性、生产周期长且涉及的政策法规、技术条文多，在施工过程中常常会出现一些未能预见的问题，则双方在专用合同条款中做一些特殊约定。

以上各项发包人应做的工作中，有些又是发包人自身所不能完成的，如场地平整土方量过大等，则发包人可以再委托承包人办理，有些可以在专用合同条款中约定（如办理施工许可证），有些可在合同之外再签临时协议（如平整场地、拆除旧建筑等），所发生的费用在工程款之外另计。

发包人未能履行以上各项义务，导致工期延误或给承包人造成损失的，发包人应赔偿承包人有关损失，并顺延因此而延误的工期。

2. 承包人义务

承包人是指在协议书上约定，被发包人接受的具有工程施工主体资格的当事人及取得该当事人资格的合法继承人。当事人一般为建筑施工企业。

承包人应按专用条款约定的内容和时间完成以下工作。

1）根据发包人委托，在其设计资质等级和业务允许的范围内，完成施工图设计或与工程配套设计，经工程师确认后使用，发包人承担由此发生的费用。施工企业除工程施工外又要完成设计工作的情况有如下三种：大型总承包企业，既有设计资质，又有施工资质，对工程进行勘察、设计、施工总承包；国外设计公司设计的工程往往达不到国内施工企业要求的深度，需进行补充设计；一些单项金属安装工程往往由承包人自行完成施工图设计，多是设计、加工、安装一条龙服务，有时设计费用作为承接工程的优惠条件而免收。

2）向工程师提供年、季、月度工程进度计划及相应的进度统计报表。承包人对建设工程做好详尽的年、季、月度进度计划，用文字、图表清楚地表达给企业内部员工，还要提供给发包人及监理工程师。这不仅是企业自身管理的需要，也是监理工程师的主要监理内容之一。无论是国内国外，无论是大小建设项目，建设单位几乎都是按工程进度或形象进度予以拨款的。所以一般施工企业都有专门的计划科室来做进度计划的编制及调整。

3）根据工程需要，提供和维修夜间施工使用的照明、围栏设施，并负责安全保卫。《建筑法》明确规定："建筑施工企业应当在施工现场采取维护安全、防范危险、预防火灾等措施"，"施工现场安全由建筑施工企业负责"。一般的施工现场除夜间施工外，往往需要夜间进料或夜间加班做些施工准备工作，而且施工现场到处是建材、工具，夜间必须由专人值班看管以防偷盗，所以必须有夜间照明设备。对于正在施工的基坑、半成品楼梯、工作平台等，必须加装临时性护栏，以防施工人员或场外人员误入摔伤。若施工现场临街或在路旁，则必须做临时隔墙并有安全警示标志，有条件时，应当对施工现场实行封闭管理。

4）按专用条款约定的数量和要求，向发包人提供施工场地办公和生活的房屋及设施，发包人承担由此发生的费用。由于建设工程施工周期长，少则数月，多则跨年，发包人必须有代表或专门班子常驻工地，必要的办公设施是不可少的。大的建设项目工地，可以结合建成后管理用房提前建设；小的工程项目多是搭建临时用房，水、电、办公用具也是简易的，以便完工后拆除。有监理方的工地视监理人员多少，或单独办公或与甲方合用办公室。承包人的工地办公用房及工人吃住用房则应自行搭建、自己承担费用。

5）遵守政府有关主管部门对施工场地交通、施工噪声以及环境保护、安全生产等的规定，按规定办理有关手续，并以书面形式通知发包人，发包人承担由此产生的费用。在城区施工的建设工地，往往会遇到城市交通管理部门限制某种车辆进入某一地段，有时限制通行时段，有时还要办理特别通行证件；对施工噪声及环境保护，各地环保部门也会有一些不同的规定或收费，这些事情都需要承包人去办理或缴纳各种费用，办理后正当的交费应由发包人报销。若是承包人违章造成的罚款则应由承包人自己负责。

6）已竣工工程未交付发包人之前，承包人按专用条款约定负责已完工程的保护工作，保护期间发生损坏，承包人自费予以修复；发包人要求承包人采取特殊措施保护的工程部位要相应地追加合同条款，双方在专用条款中约定。中华人民共和国国务院于 2001 年 1 月 20 日发布的《建筑工程质量管理条例》第十六条规定：建设单位收到建设工程竣工报告后，应当组织设计、施工、工程监理等有关单位进行竣工验收。大型建设项目竣工验收，还要有发包人上级主管部门、政府建设行政主管部门及行业技术管理部门的技术人员参加，由于涉及的部门多，往往不能及时组织验收。即使组织验收后，验收报告的认可或提出修改意见也还需要时日。在此期间，承包人应当派专人看管、保护已完工的工程，以避免发生意外损害，如设备被盗、门窗损坏等。对于一些重要的工程部位或设备，需要采取特殊保护措施的，双方应在专用条款中约定。

7）按专用条款约定做好施工场地地下管线和邻近建筑物、构筑物（包括文物保护建筑）、古树名木的保护工作。对于地下管线等公共设施，邻近建筑物的安全，特别是国家明令保护的文物、遗址或珍贵树木，《建筑法》明确规定承包人应当采取措施加以保护。所发生的费用原则上应由甲方承担，但如果费用甚少或按有关规定应由其他部门承担，则费用的分摊也可在专用条款中单独约定。

8）保证施工场地符合环境卫生管理的有关规定，交工前清理现场达到专用条款约定的要求，承担因自身原因违反有关规定造成的损失和罚款。《建筑法》第四十一条规定：承包人应当遵守有关环境保护和安全生产的法律、法规的规定，采取措施控制和处理施工现场的各种粉尘、废气、废水、固体废物以及噪声、振动对环境的污染和危害。各省、市也有相应的施工现场管理规定及处罚措施，承包人必须认真遵守国家和当地政府的法规，文明施工，保护环境，树立企业形象，提高企业自身的综合效益。许多优秀承包人无不把文明施工、保护城市环境作为企业管理的重要环节。施工场地中的建筑垃圾要及时清运，并要倾倒在环卫部门指定的地点。清运途中应有覆盖措施，避免沿路抛撒而弄脏路面。一些西方发达国家对施工现场的清洁卫生工作要求更严，甚至进出工地的汽车轮胎上都不准带有泥沙。随着社会文明程度的不断提高，我国庞大的建筑队伍不但是社会物质文明的创造者，也应该是精神文明的创造者。

9）工程照管与成品、半成品保护。除专用合同条款另有约定外，自发包人向承包人移交施工现场之日起，承包人应负责照管工程及工程相关的材料、工程设备，直到颁发工程接收证书之日止。对合同内分期完成的成品和半成品，在工程接收证书颁发前，由承包人承担保护责任。

除了上述 9 个方面，还会有承包人应做的其他工作，双方应在专用条款中约定。

承包人未能履行以上各项义务，造成发包人损失的，承包人应赔偿发包人损失。

3. 监理人的工作

工程实行监理的，发包人和承包人应在专用合同条款中明确监理人的监理内容及监理权限等事项。监理人应当根据发包人授权及法律规定，代表发包人对工程施工相关事项进行检查、查验、审核、验收，并签发相关指示，但监理人无权修改合同，且无权减轻或免除合同约定的承包人的任何责任与义务。除专用合同条款另有约定外，监理人在施工现场的办公场所、生活场所由承包人提供，所发生的费用由发包人承担。

发包人授予监理人对工程实施监理的权利由监理人派驻施工现场的监理人员行使，监理人员包括总监理工程师及监理工程师。监理人应将授权的总监理工程师和监理工程师的姓名及授权范围以书面形式提前通知承包人。更换总监理工程师的，监理人应提前 7 天书面通知承包人；更换其他监理人员，监理人应提前 48h 书面通知承包人。

发包人派驻施工现场履行合同的代表常称为发包人代表。总监理工程师也被称为总监。发包人代表的职权不得与总监的职权相互交叉，双方职权发生交叉或不明确时，由发包人予以明确，并以书面形式通知承包人。

合同履行中，发生影响发、承包双方权力或义务的事件时，监理工程师应依据合同在其职权范围内客观公正地进行处理。一方对监理工程师的处理有异议时，按通用条款中关于争议的约定处理。

监理人应按照发包人的授权发出监理指示。监理人的指示应采用书面形式，并经其授权的监理人员签字。紧急情况下，为了保证施工人员的安全或避免工程受损，监理人员可以口头形式发出指示，该指示与书面形式的指示具有同等法律效力，但必须在发出口头指示后 24h 内补发书面监理指示，补发的书面监理指示应与口头指示一致。

监理人发出的指示应送达承包人项目经理或经项目经理授权接收的人员。因监理人未能按合同约定发出指示、指示延误或发出了错误指示而导致承包人费用增加和（或）工期延误的，由发包人承担相应责任。除专用合同条款另有约定外，总监理工程师不应将通用条款第 4.4 款“商定或确定”约定应由总监理工程师做出确定的权力授权或委托给其他监理人员。

承包人对监理人发出的指示有疑问的，应向监理人提出书面异议，监理人应在 48h 内对该指示予以确认、更改或撤销，监理人逾期未回复的，承包人有权拒绝执行上述指示。

监理人对承包人的任何工作、工程或其采用的材料和工程设备未在约定的或合理期限内提出意见的，视为批准，但不免除或减轻承包人对该工作、工程、材料、工程设备等应承担的责任和义务。

合同当事人依照合同通用条款第 4.4 款“商定或确定”进行商定或确定时，总监理工程师应当会同合同当事人尽量通过协商达成一致，不能达成一致的，由总监理工程师按照合同约定审慎做出公正的确定。

总监理工程师应将确定以书面形式通知发包人和承包人，并附详细依据。合同当事人对总监理工程师的确定没有异议的，按照总监理工程师的确定执行。任何一方合同当事人有异议，按照第二十条“争议解决”约定处理。争议解决前，合同当事人暂按总监理工程师的确定执行；争议解决后，争议解决的结果与总监理工程师的确定不一致的，按照争议解决的结果执行，由此造成的损失由责任人承担。

【案例 4.2】

在某一国际工程中，监理人向承包商发放了一份图样，图样上有总监理工程师的批准及签字。但这份图样的部分内容违反本工程的专用规范（即工程说明），待实施到一半后监理人发现这个问题，要求承包商返工并按规范施工。承包商就返工问题向监理人提出索赔要求，但被监理人否定。承包商提出了问题：监理人批准颁布的图样，如果与合同专用规范内容不同，它能否作为监理人已批准的有约束力的工程变更？

分析：

（1）在国际工程中通常专用规范是优先于图样的，承包商有责任遵守合同规范。

（2）如果双方一致同意，工程变更的图样是有约束力的。但这一致同意不仅包括图样上的批准意见，而且监理人应有变更的意图，即总监理工程师在签发图样时必须明确知道已经变更，而且承包商也清楚知道。如果总监理工程师不知道已经变更（仅发布了图样），则无论出于何种理由，他没有修改的意向，这个对图样的批准没有合同变更的效力。

（3）承包商在收到一个与规范不同的或有明显错误的图样后，有责任在施工前将问题呈交给监理人。如果总监理工程师书面肯定图样变更，则就形成有约束力的工程变更。而在本例中承包商没有向监理人核实，则不能构成有约束力的工程变更。鉴于以上理由，承包商没有索赔理由。

4.1.2.3　建设工程施工合同主要条款

1. 质量控制条款

（1）质量检查与验收　工程质量应当达到协议书约定的质量标准，质量的验收以国家或行业的质量验收标准为依据。因承包人原因工程质量达不到约定的质量标准，承包人承担违约责任。

工程质量达不到约定标准的部分，监理人一经发现，应要求承包人拆除和重新施工，承包人应按监理人的要求拆除和重新施工，直到符合约定标准。因承包人原因达不到约定标准，由承包人承担拆除和重新施工的费用，工期不予顺延。工程验收包括下列内容：

1）隐蔽工程检查。工程具备隐蔽条件或达到专用条款约定的中间验收部位，承包人进行自检，并在隐蔽或中间验收前 48h 以书面形式通知监理人检查。通知包括隐蔽检查的内容、时间和地点。承包人准备验收记录，验收合格，监理人在验收记录上签字后，承包人可进行隐蔽和继续施工。验收不合格，承包人在监理人限定的时间内修改后重新检查。

监理人不能按时进行检查，应在验收前 24h 以书面形式向承包人提出延期要求，延期不能超过 48h。监理人未能按以上时间提出延期要求，不进行检查，承包人可自行组织验收，监理人应承认验收记录。经监理人验收，工程质量符合标准、规范和设计图样等要求，验收 24h 后，监理人不在验收记录上签字，视为监理人已经认可验收记录，承包人可进行隐蔽或继续施工。

2）重新检查。无论监理人是否进行检查，发包人或监理人对质量有疑问的，可要求对已经隐蔽的工程重新检查时，承包人应按要求进行剥离或开孔，并在检查后重新覆盖或修复。检查合格，发包人承担由此发生的全部追加合同价款，赔偿承包人损失，并相应顺延工期。检查不合格，承包人承担发生的全部费用，工期不予顺延。

（2）材料设备控制　一般的建设工程材料设备供应分两部分，重要的材料及大件设备由发包人自己供应，而普通建材如水泥、钢材、砂石等及小件设备由承包人供应。

实行发包人供应材料设备的，双方应当约定发包人供应材料设备的一览表，作为本合同附件。一览表包括发包人供应材料设备的品种、规格、型号、数量、单位、质量等级、提供时间和地点。发包人按一览表约定的内容提供材料设备，并向承包人提供产品合格证明，对其质量负责。发包人在所供应材料设备到货前 24h，以书面形式通知承包人和监理人，由承包人派人与发包人共同清点。

承包人负责采购材料设备的，应按照专用条款约定及设计和有关标准要求采购，并提供产品合格证明，对材料质量负责。承包人在材料设备到货前 24h 通知监理人清点。

承包人采购的材料设备与设计或者标准要求不符时，承包人应按监理人要求的时间运出施工场地，重新采购符合要求的产品，承担由此发生的费用，由此延误的工期不予顺延。

承包人采购的材料在使用前，承包人应按监理人的要求进行检验或试验，不合格的不得使用，检验或试验费用由承包人承担。

监理人发现承包人采用或使用不符合设计或标准要求的材料设备时，应要求承包人修复、拆除或重新采购，并承担发生的费用，由此延误的工期不予顺延。

承包人需要使用代用材料时，应经监理人认可后才能使用，由此增减的合同价款双方以书面形式议定。

由承包人采购的材料设备，发包人不得指定生产商或供应商。

【案例4.3】

在钢筋混凝土框架结构工程中，有钢结构杆件的安装分项工程。钢结构杆件由业主提供，承包商负责安装。在业主提供的技术文件上，仅用一道弧线表示了钢杆件，而没有详细的图样或说明。施工中业主将杆件提供到现场，两端有螺纹，承包商接收了这些杆件，没有提出异议，在混凝土框架上用了螺母和子杆进行连接。在工程检查中承包商也没提出额外的要求。但当整个工程快完工时，承包商提出，原安装图样表示不清楚，自己因工程难度增加导致费用超支，要求索赔。

法院调查后表示，虽然合同曾对结构杆系的种类有含糊，但当业主提供了杆系，承包商无异议地接收了杆系，则这方面的疑问就不存在了。合同已因双方的行为得到了一致的解释，即业主提供的杆系符合合同要求，所以承包商索赔无效。

（3）竣工验收 《建筑法》第六十一条规定：交付竣工验收的建筑工程，必须符合规定的建筑工程质量标准，有完整的工程技术经济资料和经签署的工程保修书，并具备国家规定的其他竣工条件。建筑工程竣工验收合格后方可交付使用；未经验收或者验收不合格的，不得交付使用。

工程具备竣工验收条件，承包人按国家工程竣工验收有关规定，向发包人提供完整的竣工资料及竣工验收报告。双方约定由承包人提供竣工图的，应该在专用条款约定的时间内向发包人提供约定份数的竣工图。

发包人接到竣工验收报告后28天内组织有关单位验收，竣工验收合格的，发包人应在验收合格后14天内向承包人签发工程接收证书。发包人无正当理由逾期不颁发工程接收证书的，自验收合格后第15天起视为已颁发工程接收证书。竣工验收不合格的，监理人应按照验收意见发出指示，要求承包人对不合格工程返工、修复或采取其他补救措施，由此增加的费用和（或）延误的工期由承包人承担。承包人在完成不合格工程的返工、修复或采取其他补救措施后，应重新提交竣工验收申请报告，并按前述约定的程序重新进行验收。

工程验收通过，承包人送交竣工验收报告的日期为实际竣工日期。工程按发包人要求修改后通过竣工验收的，实际竣工日期为承包人修改后提请发包人验收的日期。

中间交工工程的范围和竣工时间，双方在专用条款内约定，其验收程序同主体工程竣工验收一样。因特殊原因，发包人要求部分单位工程或工程部位甩项竣工的，双方另行签订甩项竣工协议，明确双方责任和工程价款的支付方法。

工程未经验收或验收不合格，发包人擅自使用的，应在转移占有工程后7天内向承包人颁发工程接收证书；发包人无正当理由逾期不颁发工程接收证书的，自转移占有后第 15 天起视为已颁发工程接收证书。

除专用合同条款另有约定外，发包人不按照前述约定组织竣工验收、颁发工程接收证书的，每逾期一天，应以签约合同价为基数，按照中国人民银行发布的同期同类贷款基准利率支付违约金。

2. 进度控制条款

（1）进度计划 为了确保工程进度计划合理及切实可行，承包人应按专用条款约定的日期，将施工组织设计和工程进度计划提交监理人和发包人，监理人应及时予以确认或提出修改意见，逾期不确认也不提出书面意见则视为同意。群体工程中单位工程分期进行施工的，承包人应按照发包人提供图样和有关资料的时间，按单位工程编制进度计划，其具体内容双方在专用条款中约定。

承包人必须按监理人确认的进度计划组织施工，接受发包人和监理人对进度的检查、监督。施工进度计划不符合合同要求或与工程的实际进度不一致的，承包人应向监理人提交修订的施工进度计划，并附具有关措施和相关资料，由监理人报送发包人。

（2）开工和竣工 发包人应按照法律规定获得工程施工所需的许可。经发包人同意后，监理人发出的开工通知应符合法律规定。监理人应在计划开工日期 7 天前向承包人发出开工通知，工期自开工通知中载明的开工日期起算。承包人应当按照协议书约定的开工日期开工。承包人不能按时开工，应当不迟于协议书约定的开工日期前 7 天，以书面形式向监理人提出延期开工的理由和要求。监理人应当在接到延期开工申请后的 48h 内以书面形式答复承包人。监理人在接到延期开工申请后 48h 不答复，视为同意承包人要求，工期相应顺延。监理人不同意延期要求或承包人未在规定的时间内提出延期开工要求，工期不予顺延。

（3）暂停施工 监理人以为确有必要暂停施工时，应当以书面形式要求承包人暂停施工，并在提出要求 48h 内提出书面处理意见。承包人应当按照监理人要求停止施工，并妥善保护已完工程。承包人实施工程师做出的处理意见后，可以书面形式提出复工要求，监理人应在 48h 内给予答复。监理人未能在规定时间内提出处理意见，或收到承包人复工要求后 48h 内未予答复，承包人可自行复工。因发包人原因造成停工的，由发包人承担所发生的追加合同价款，赔偿承包人由此造成的损失，相应顺延工期；因承包人原因造成停工的，由承包人承担发生的费用，工期不予顺延。

（4）工期延误 承包人在延误情况发生后 14 天内，就延误的工期以书面形式向监理人提出报告。监理人在收到报告后 14 天以内予以确认，逾期不予以确认也不提出修改意见，视为同意顺延工期。

（5）不利物质条件 不利物质条件是指有经验的承包人在施工现场遇到的不可预见的自然物质条件、非自然的物质障碍和污染物，包括地表以下物质条件和水文条件以及专用合同条款约定的其他情形，但不包括气候条件。

承包人遇到不利物质条件时，应采取克服不利物质条件的合理措施继续施工，并及时通知发包人和监理人。通知应载明不利物质条件的内容以及承包人认为不可预见的理由。监理人经发包人同意后应当及时发出指示，指示构成变更的，按合同变更约定执行。承包人因采取合理措施而增加的费用和（或）延误的工期由发包人承担。

（6）异常恶劣的气候条件 异常恶劣的气候条件是指在施工过程中遇到的，有经验的承包人在签订合同时不可预见的，对合同履行造成实质性影响的，但尚未构成不可抗力事件的恶劣气候条件。合同当事人可以在专用合同条款中约定异常恶劣的气候条件的具体情形。

承包人应采取克服异常恶劣的气候条件的合理措施继续施工，并及时通知发包人和监理人。监理人经发包人同意后应当及时发出指示，指示构成变更的，按合同变更约定办理。承包人因采取合理措施而增加的费用和（或）延误的工期由发包人承担。

（7）不可抗力　不可抗力是指合同当事人在签订合同时不可预见，在合同履行过程中不可避免且不能克服的自然灾害和社会性突发事件，如地震、海啸、瘟疫、骚乱、戒严、暴动、战争和专用合同条款中约定的其他情形。通用条款规定：

① 不可抗力引起的后果及造成的损失由合同当事人按照法律规定及合同约定各自承担。不可抗力发生前已完成的工程应当按照合同约定进行计量支付。

② 因不可抗力影响承包人履行合同约定的义务，已经引起或将引起工期延误的，应当顺延工期。

因不可抗力事件导致的费用按有关规定由双方分别承担。

3. 造价控制条款

（1）工程计量　承包人计量的已完成工程量必须经过监理人的确认才有效。

承包人应于每月25日向监理人报送上月20日至当月19日已完成的工程量报告，并附具进度付款申请单、已完成工程量报表和有关资料。

监理人应在收到承包人提交的工程量报告后7天内完成对承包人提交的工程量报表的审核并报送发包人，以确定当月实际完成的工程量。监理人对工程量有异议的，有权要求承包人进行共同复核或抽样复测。承包人应协助监理人进行复核或抽样复测并按监理人要求提供补充计量资料。承包人未按监理人要求参加复核或抽样复测的，监理人审核或修正的工程量视为承包人实际完成的工程量。

监理人未在收到承包人提交的工程量报表后的7天内完成复核的，承包人提交的工程量报告中的工程量视为承包人实际完成的工程量。

（2）工程款支付　工程款支付包括四种形式：工程预付款、工程进度款、竣工结算款和保修金。

1）工程预付款。预付款是在工程开工前，发包人预先付给承包人用来进行工程准备的一笔款项。实行工程预付款的，双方应当在专用条款内约定发包人向承包人预付工程款的时间和数额，开工后按约定的时间和比例逐次扣回。预付时间不迟于约定的开工日期前7天。发包人不按约定预付，承包人在约定预付时间7天后向发包人发出要求预付的通知，发包人收到通知后仍不能按要求预付，承包人可在发出通知后7天停止施工，发包人应从约定应付之日起向承包人支付应付款的贷款利息，并承担违约责任。

预付款的额度一般为合同额的5%～15%；预付款一般应在工程竣工前全部扣回，可采取当工程进展到某一阶段如完成合同额的60%～65%时开始扣起，也可从每月的工程付款中扣回。

发包人要求承包人提供预付款担保的，承包人应在发包人支付预付款7天前提供预付款担保，专用合同条款另有约定除外。预付款担保可采用银行保函、担保公司担保等形式，具体由合同当事人在专用合同条款中约定。在预付款完全扣回之前，承包人应保证预付款担保持续有效。

2）工程进度款。工程进度款是在工程施工过程中分期支付的合同价款，一般按工程形象进度即实际完成工程量确定支付款额。

通用条款规定：除专用合同条款另有约定外，发包人应在进度款支付证书或临时进度款支付证书签发后 14 天内完成支付。按约定时间发包人应扣回的预付款，与工程进度款同期结算。

发包人超过约定的支付时间不支付工程进度款，承包人可向发包人提出要求付款的通知，发包人收到承包人通知后仍不能按要求付款，可与承包人协商签订延期协议，经承包人同意后可延期支付。协议应明确延期支付的时间和从计量结果确认后第 15 天起计算应付款的贷款利息。

发包人不按合同约定支付工程进度款，双方又未达成延期付款协议，导致施工无法进行，承包人可停止施工，由发包人承担违约责任。

3）竣工结算款。工程项目竣工结算款是指一个单位工程、单项工程的施工已经完成并具备交工条件，且经发包人及有关部门的工程质量验收通过，在工程合同标的移交前，按照合同的约定在原合同价格的基础上，由承包人编制出包括已确认的调价内容在内的《工程竣工结算报告》文件，提交项目监理工程师审核和发包人签认，进行工程项目竣工费用结算。

除专用合同条款另有约定外，发包人应在签发竣工付款证书后的 14 天内，完成对承包人的竣工付款。发包人逾期支付的，按照中国人民银行发布的同期同类贷款基准利率支付违约金；逾期支付超过 56 天的，按照中国人民银行发布的同期同类贷款基准利率的两倍支付违约金。

4）质量保证金。质量保证金是指按照合同通用条款第 15.3 款“质量保证金”约定承包人用于保证其在缺陷责任期内履行缺陷修补义务的担保。发包人累计扣留的质量保证金不得超过结算合同价格的 5%，如承包人在发包人签发竣工付款证书后 28 天内提交质量保证金保函，发包人应同时退还扣留的作为质量保证金的工程价款。

合同通用条款规定：除专用合同条款另有约定外，最终结清申请单应列明质量保证金、应扣除的质量保证金、缺陷责任期内发生的增减费用。

（3）价格调整　合同价款在协议书内约定后，任何一方不得擅自改变。

1）市场价格波动引起的调整。除专用合同条款另有约定外，市场价格波动超过合同当事人约定的范围，合同价格应当调整。合同当事人可以在专用合同条款中约定选择以下一种方式对合同价格进行调整：

① 采用价格指数进行价格调整。

② 采用造价信息进行价格调整。

③ 专用合同条款约定的其他方式。

2）法律变化引起的调整。基准日期后，法律变化导致承包人在合同履行过程中所需要的费用发生除通用条款第 11.1 款“市场价格波动引起的调整”约定以外的增加时，由发包人承担由此增加的费用；减少时，应从合同价格中予以扣减。基准日期后，因法律变化造成工期延误时，工期应予以顺延。

承包人应当在上述情况发生后 14 天内，将调整原因、金额以书面形式通知监理人，监理人确认调整金额后作为追加合同价款，与工程价款同期支付。监理人收到承包人通知 14 天内不予确认也不提出修改意见，视为已经同意该项调整。

合同价款调整方式，承发包双方可在专用条款中予以明确。

（4）竣工结算　除专用合同条款另有约定外，承包人应在工程竣工验收合格后 28 天内向发包人和监理人提交竣工结算申请单，并提交完整的结算资料，有关竣工结算申请单的资料清单和份数等要求由合同当事人在专用合同条款中约定。

除专用合同条款另有约定外，监理人应在收到竣工结算申请单后 14 天内完成核查并报送发包人。发包人应在收到监理人提交的经审核的竣工结算申请单后14天内完成审批，并由监理人向承包人签发经发包人签认的竣工付款证书。监理人或发包人对竣工结算申请单有异议的，有权要求承包人进行修正和提供补充资料，承包人应提交修正后的竣工结算申请单。

发包人接到承包人递交的竣工结算及结算资料28天内进行核实，给予确认或者提出修改意见。发包人确认竣工结算报告后通知经办银行向承包人支付竣工结算价款。承包人接到竣工结算价款后14天内将竣工工程交付发包人。

4. 安全文明施工与环境保护

（1）安全文明施工　合同履行期间，合同当事人均应当遵守国家和工程所在地有关安全生产的要求，合同当事人有特别要求的，应在专用合同条款中明确施工项目安全生产标准化达标目标及相应事项。承包人有权拒绝发包人及监理人强令承包人违章作业、冒险施工的任何指示。在施工过程中，如遇到突发的地质变动、事先未知的地下施工障碍等影响施工安全的紧急情况，承包人应及时报告监理人和发包人，发包人应当及时下令停工并报政府有关行政管理部门采取应急措施。

承包人在工程施工期间，应当采取措施保持施工现场平整，物料堆放整齐。工程所在地有关政府行政管理部门有特殊要求的，按照其要求执行。合同当事人对文明施工有其他要求的，可以在专用合同条款中明确。

在工程移交之前，承包人应当从施工现场清除承包人的全部工程设备、多余材料、垃圾和各种临时工程，并保持施工现场清洁整齐。经发包人书面同意，承包人可在发包人指定的地点保留承包人履行保修期内的各项义务所需要的材料、施工设备和临时工程。

安全文明施工费由发包人承担，发包人不得以任何形式扣减该部分费用。因基准日期后合同所适用的法律或政府有关规定发生变化，增加的安全文明施工费由发包人承担。

（2）职业健康　承包人应按照法律规定安排现场施工人员的劳动和休息时间，保障劳动者的休息时间，并支付合理的报酬和费用。承包人应依法为其履行合同所雇用的人员办理必要的证件、许可、保险和注册等，承包人应督促其分包人为分包人所雇用的人员办理必要的证件、许可、保险和注册等。

承包人应按照法律规定保障现场施工人员的劳动安全，并提供劳动保护，并应按国家有关劳动保护的规定，采取有效的防止粉尘、降低噪声、控制有害气体和保障高温、高寒、高空作业安全等劳动保护措施。承包人雇佣人员在施工中受到伤害的，承包人应立即采取有效措施进行抢救和治疗。

承包人应按法律规定安排工作时间，保证其雇佣人员享有休息和休假的权利。因工程施工的特殊需要占用休假日或延长工作时间的，应不超过法律规定的限度，并按法律规定给予补休或付酬。

承包人应为其履行合同所雇用的人员提供必要的膳宿条件和生活环境；承包人应采取有效措施预防传染病，保证施工人员的健康，并定期对施工现场、施工人员生活基地和工程进行防疫和卫生的专业检查和处理，在远离城镇的施工场地，还应配备必要的伤病防治和急救的医务人员与医疗设施。

（3）环境保护　承包人应在施工组织设计中列明环境保护的具体措施。在合同履行期间，承包人应采取合理措施保护施工现场环境。对施工作业过程中可能引起的大气、水、噪声以及固体废物污染采取具体可行的防范措施。

承包人应当承担因其原因引起的环境污染侵权损害赔偿责任，因上述环境污染引起纠纷而导致暂停施工的，由此增加的费用和（或）延误的工期由承包人承担。

4.1.3　施工合同的签订与管理

4.1.3.1　施工合同的签订

1. 合同签订的原则

合同签订是指招标人与中标人在规定的期限内（中标通知书发出后的30天内）签订施工合同。

在合同签订前，合同当事人可以利用法律赋予的平等权力，进行对等谈判，充分协商，可以自由地修改合同，一切都可以商量。

合同一经签订，即成为合同双方的最高法律，它不是道德规范，合同中的每一条都与双方利害相关。合同签订是一种法律行为，所以在合同谈判和签订中，既不能用道德观念和标准要求和指望对方，也不能用它们来束缚自己。这里要注意如下几点。

1）一切问题，必须事先商定好，用合同来约束。对各种可能发生的情况和各个细节问题都要考虑到，并做明确的规定，不能有侥幸心理。

尽管从取得招标文件到投标截止时间很短，承包商也应将招标文件内容，包括投标人须知、合同条件、图样、规范等弄清楚，并详细地了解合同签订前的环境，切不可期望到合同签订后再做这些工作，不能为将来合同实施留下麻烦和“后遗症”。这方面的失误由承包商自己负责。

2）一切都应明确地、具体地、详细地规定。对方已“原则上同意”，“双方有这个意向”常常是不算数的，也不能指望。在合同文件中一般只有确认性、肯定性语言才有法律约束力，而商讨性、意向性用语很难具有约束力。

3）在合同的签订和实施过程中，不要轻易相信任何口头承诺和保证，少说多写。双方商讨的结果、做出的决定或对方的承诺，只有写入合同，或双方文字签署才算确定，不要相信“一诺千金”，而要相信“一字千金”。

4）对在标前会议上和合同签订的澄清会议上的说明、允诺、解释和一些合同外要求，都应以书面的形式确认，如签署附加协议、会议纪要、备忘录等，或直接修改合同文件，写入合同中。这些书面文件也作为合同的一部分，具有法律效力，常常可以作为索赔的理由。

2. 合同的谈判

开始谈判之前，一定要做好各方面的谈判准备工作。对于一个工程施工合同而言，一般都具有投资数额大、实施时间长的特点，而合同内容涉及技术、经济、管理、法律等领域。因此在开始谈判之前，必须细致地做好组织、方案、资料等方面的工作。

合同谈判的内容非常多，涉及工程范围、合同文件、开工和工期、合同付款等方面。

（1）关于工程范围　承包商所承担的工作范围，包括施工、设备采购、安装和调试等。在签订合同时要做到明确具体、范围清楚、责任明确，否则将导致报价漏项。

1）有的合同条件规定：“除另有规定外的一切工程”“承包商可以合理推知需要提供的为本工程服务所需的一切辅助工程”等，其中不确定的内容，可做无限制的解释的，应该在合同中加以明确，或争取写明“未列入本合同中的工程量表和价格清单的工程内容，不包括在合同总价内”。

2）对于“可供选择的项目”，应力争在签订合同前予以明确究竟选择与否。如果确实难以在签订合同时明确，则应当确定一个具体的期限来选定这些项目是否需要施工。应当注意，如果这些项目的确定时间太晚，可能影响材料设备的订货，承包商可能会受到不应有的损失。

3）对于现场监理工程师的办公建筑、家具设备、车辆和各项服务，如果已包括在投标价格中，而且招标书规定得比较明确和具体，则应当在签订合同时予以审定和确认。

（2）关于合同价款的调整　工程施工过程中影响合同价款的因素有很多，合同签订阶段，有些因素可能并不明确，或无法一一列出，因此在谈判过程中应对合同价款的调整进行界定。合同价款调整的方法主要有三种：

1）合同中有相同工程项目价格的，可以按照合同中相同项目的单价计算确定。

2）合同中有类似工程项目单价的，可以参照合同中类似项目的单价计算确定。

3）合同中既没有相同也没有类似工程项目单价的，由承包人提出适当的变更价格，经发包人或其委托的咨询单位的工程师审定后执行。

（3）关于付款　承包商最为关心的问题就是付款问题。建设单位和承包商发生的争议，多数集中在付款问题上。支付方式又是影响工程款支付的一个重要因素。所以，业主和承包商非常有必要根据项目本身的特点，既慎重又科学合理地选择适合的支付方式，以确保建设工程项目高效、高质量、少纠纷地完成。

1）国际承包工程的合同计价方式有三类。如果是固定总价合同，承包商应争取订立“增价条款”，保证在特殊情况下，允许对合同价格进行自动调整。这样，就将全部或部分成本增高的风险转移至建设单位。如果是固定单价合同，合同总价格的风险将由建设单位和承包商共同承担。其中，由于工程数量方面的变更而引起的预算价格的超出，将由建设单位负担，而单位工程价格中的成本增加，则由承包商承担。对固定单价合同，也可带有“增价条款”。如果是成本加酬金合同，成本提高的全部风险由建设单位承担。但是承包商一定要在合同中明确哪些费用列为成本，哪些费用列为酬金。

2）目前，建设工程施工合同履行过程中进度款的支付方式主要有以下几种：

① 按月计量支付，即实行旬末预支或月中预支，月终按工程师确认的当月完成的有效工程量进行结算，竣工后办理竣工结算。

② 界面付款，即双方约定按单项工程或单位工程的形象进度划分不同阶段进行结算。例如，对一般工业民用建筑可以划分为基础、结构、装饰、设备安装等阶段。每阶段工程完工后再进行结算。高层建筑可把每完成一层的施工作为一个结算段，公路工程可分为基础层和面层两个结算段。

③ 竣工后一次结算，项目规模较小、工期较短（一般在12个月以内）的工程，可以实行在施工过程中分几次预支、竣工后一次结算的方法。

在房屋建筑合同中用的较多的是按月计量支付和界面付款两种方式。

3. 合同的审查与签订

（1）合同审查的目的　承包商在获得建设单位的招标文件后，应立即指令工程造价和合同管理者对招标文件中的合同文本进行审查。审查的主要目的有：

1）将合同文本“解剖”开来，使它“透明”和易于理解，使承包商和合同主谈人对合同有一个全面的了解。

这个工作非常需要，因为合同条文常常不易读懂，连贯性差，对某一问题可能会在几个

文件或条款中予以定义或说明。所以首先必须将它归纳整理，进行结构分析。

2）检查合同内容上的完整性，用标准的合同结构对照该合同文本，即可发现它缺少哪些必需条款。

3）分析评价每一合同条文执行的法律后果，将给承包商带来的风险，为合同谈判和签订提供决策依据。

4）通过审查还可以发现：

① 合同条款之间的矛盾性，即不同条款对同一具体问题规定或要求不一致。

② 对承包商不利，甚至有害的条款，如过于苛刻、责权利不平衡、单方面约束性条款。

③ 隐含着较大风险的条款。

④ 内容含糊、概念不清或自己未能完全理解的条款。

所有这些均应向建设单位提出，要求解释和澄清。

对于一些重大的工程或合同关系和合同文本很复杂的工程，合同审查的结果应经律师或合同法律专家校对评价，或在他们的直接指导下进行审查。这会减少合同中的风险，减少合同谈判和签订中的失误。

（2）合同审查表　合同审查是通过合同审查表进行的。要达到合同审查的目的，审查表至少应具备以下功能：

① 完整的审查项目和审查内容。通过审查表可以直接检查合同条文的完整性。

② 对应审查项目的具体条款和具体合同内容。

③ 对合同内容的分析评价，即合同中有什么样的问题和风险。

④ 针对分析出来的问题提出建议或对策。

（3）合同的签订　《合同法》第十三条规定：“当事人订立合同，采取要约、承诺的方式。”合同一经签订即合同成立并生效。

【案例 4.4】

在我国的某水电工程中，承包商为国外某公司，我国某施工单位分包了隧道工程。分包合同规定：在隧道挖掘中，在设计挖方尺寸基础上，超挖不得超过 40cm，在 40cm 以内的超挖工作量由总包负责，超过 40cm 的超挖由分包负责。由于地质条件复杂，工期要求紧，分包商在施工中出现许多局部超挖超过 40cm 的情况，总包拒付超挖超过 40cm 部分的工程款。分包就此向总包提出索赔，因为分包商一直认为合同所规定的“40cm 以内”，是指平均的概念，即只要总超挖量在 40cm 之内，则不是分包的责任，总包应付款。而且分包商强调，这是我国水电工程中的惯例解释。分包商索赔是否有效？

分析：如果总包和分包都是中国的公司，这个惯例解释常常是可以被认可的。但在本合同中，没有“平均”两字，在解释中就不能加上这两个字。如果局部超挖达到 50cm，则按本合同字面解释，40～50cm 范围的挖方工作量确实属于“超过 40cm”的超挖，应由分包负责。既然字面解释已经准确，则不必再引用惯例解释。结果分包商损失了数百万元。可见，在合同签订阶段必须对合同条文和词语进行准确的界定和审查。

4.1.3.2　合同的履约管理

合同的履行是指工程建设项目的发包人和承包人根据合同规定的时间、地点、方式、内容和标准等要求，各自完成合同义务的行为。合同的履行是合同当事人双方都应尽的义务。任何一方违反合同，不履行合同义务，或者未完全履行合同义务，给对方造成损失时，都应当承担赔偿责任。

合同签订以后，当事人必须认真分析合同条款，向参与项目实施的有关责任人做好合同交底工作，在合同履行过程中进行跟踪与控制，并加强合同的变更管理，保证合同的顺利履行。

1. 合同跟踪与控制

合同签订以后，合同中各项任务的执行要落实到具体的项目经理部或具体的项目参与人员身上，承包人作为履行合同义务的主体，必须对合同执行者（项目经理部或项目参与人）的履行情况进行跟踪、监督和控制，确保合同义务的完全履行。

（1）合同跟踪的依据　合同跟踪的重要依据是合同以及依据合同而编制的各种计划文件；其次还要依据各种实际工程文件，如原始记录、报表、验收报告等；另外，还要依据管理人员对现场情况的直观了解，如现场巡视、交谈、会议、质量检查等。

（2）合同跟踪的对象

1）承包的任务

① 工程施工的质量，包括材料、构件、制品和设备等的质量，以及施工或安装质量，是否符合合同要求等。

② 工程进度，是否在预定期限内施工，工期有无延长，延长的原因是什么等。

③ 工程数量，是否按合同要求完成全部施工任务，有无合同规定以外的施工任务等。

④ 成本的增加和减少。

2）工程小组或分包人的工程和工作。将工程施工任务分解交由不同的工程小组或发包给专业分包完成，必须对这些工程小组或分包人及其所负责的工程进行跟踪检查，协调关系，提出意见、建议或警告，保证工程总体质量和进度。

对专业分包人的工作和负责的工程，总承包人负有协调和管理的责任，并承担由此造成的损失，所以专业分包人的工作和负责的工程必须纳入总承包工程的计划和控制中，防止因分包人工程管理失误而影响全局。

3）发包人和其委托的工程师的工作

① 是否及时、完整地提供了工程施工的实施条件，如场地、图样、资料等。

② 发包人和工程师是否及时给予了指令、答复和确认等。

③ 发包人是否及时并足额地支付了应付的工程款项。

（3）合同控制　通过合同跟踪，可能会发现合同实施过程中存在着偏差，即工程实施实际情况偏离了工程计划和工程目标，应该及时分析原因，采取措施，纠正偏差，避免损失。

2. 合同的变更管理

工程变更一般是指在工程施工过程中，根据合同约定对施工的程序、工程的内容、数量、质量要求及标准等做出的变更。

（1）工程变更的范围　根据FIDIC施工合同条件，工程变更的内容可能包括以下几个方面：

1）改变合同中所包括的任何工作的数量。

2）改变任何工作的质量和性质。

3）改变工程任何部分的标高、基线、位置和尺寸。

4）删减任何工作。

5）任何永久工程需要的附加工作、工程设备、材料或服务。

6）改动工程的施工顺序或时间安排。

根据我国《建设工程施工合同（示范文本）》（GF—2013—0201），工程变更包括设计变更和工程质量标准等其他实质性内容的变更，其中设计变更包括：

① 更改工程有关部分的标高、基线、位置和尺寸。

② 增减合同中约定的工程量。

③ 改变有关工程的施工时间和顺序。

④ 其他有关工程变更需要的附加工作。

（2）工程变更的程序　根据统计，工程变更是索赔的主要起因。由于工程变更对工程施工过程影响很大，会造成工期的拖延和费用的增加，容易引起双方的争执，所以要十分重视工程变更管理问题。

一般工程施工承包合同中都有关于工程变更的具体规定。

根据工程实施的实际情况，承包人、发包人、监理方、设计方都可能根据需要提出工程变更。

承包人提出的工程变更，应该交予工程师审查并批准；由设计方提出的工程变更应该与发包人协商或经发包人审查并批准；由发包人提出的工程变更，涉及设计修改的应该与设计单位协商，并一般通过工程师发出。监理方发出工程变更的权力，一般会在施工合同中约定，通常在发出变更通知前应征得发包人同意。

为了避免耽误工程，工程师和承包人就变更价格达成一致意见之前有必要先行发布变更指示，先执行工程变更工作，然后再就变更价款进行协商和确定。

工程变更指示的发出有两种形式，即书面形式和口头形式。一般情况下要求用书面形式发布变更指示，如果由于情况紧急而来不及发出书面指示，承包人应该根据合同规定要求工程师书面认可。

根据工程惯例，除非工程师明显超越合同权限，承包人应该无条件地执行工程变更的指示。即使工程变更价款没有确定，或者承包人对工程师答应给予付款的金额不满意，承包人也必须一边进行变更工作，一边根据合同寻求解决办法。

【案例 4.5】

在一国际工程中，按合同规定的总工期计划，应于××年×月×日开始现场搅拌混凝土。因承包商的混凝土拌和设备迟迟运不到工地，承包商决定使用商品混凝土，但被业主否决。而在承包合同中未明确规定使用何种混凝土。承包商不得已，只有继续组织设备进场，由此导致施工现场停工、工期拖延和费用增加。对此承包商提出工期和费用索赔。而业主以如下两点理由否决承包商的索赔要求：

（1）已批准的施工进度计划中确定承包商采用现场搅拌混凝土，承包商应遵守。

（2）拌和设备运不到工地是承包商的失误，他无权要求赔偿。

最终将争执提交调解人。请问调解人应该如何解决？

分析：因为合同中未明确规定一定要用现场搅拌混凝土（施工方案不是合同文件），则商品混凝土只要符合合同规定的质量标准也可以使用，不必经业主批准。因为按照惯例，实施工程的方法由承包商负责。他在不影响或为了更好地保证合同总目标的前提下，可以选择更为经济合理的施工方案。业主不得随便干预。在这个前提下，业主拒绝承包商使用商品混凝土，是一个变更指令，对此可以进行工期和费用索赔。最终承包商获得了工期和费用索赔。

3. 合同信息管理

施工合同管理是对工程承包合同的签订、履行、变更和解除等进行筹划和控制的过程。为了确保各方利益，保证合同的顺利履行，必须重视合同信息管理工作，即对合同执行过程中的各种信息进行收集、整理、处理、存储、传递和应用，使有关部门和人员能及时准确地获取相应的信息，便于及时做出有关决策。

施工合同信息管理的任务包括对有关施工合同信息进行分类和编码，确定合同信息收集与处理工作流程图，确定信息管理任务分工表，确定各种报表和报告的内容和格式，进行合同信息的文档管理，建立信息管理制度和文档管理制度等。

（1）信息分类与编码　建设项目中的发包人与承包人是一种合同关系，双方均应该以合同为核心展开相关工作，而项目实施过程中的多数信息都是与合同有关的。例如，有关质量、进度和费用等的信息都是合同信息，设计变更、材料采购与供应、有关试验和检验报告等都与合同的履行有关。因此项目施工中的信息种类多，数量大，必须对其进行分类和编码，才能有效地进行管理。

一个项目有不同类型和不同用途的信息，可以从不同角度对其进行分类，如可以按项目的分解结构进行分类，如子项目 1、子项目 2、子项目 n 等进行信息分类；也可以按项目管理工作的任务进行分类，如成本控制、进度控制、质量控制等进行信息分类。

施工合同履行过程中可能产生的各种信息有：

① 补充签订的协议。

② 发包人或工程师的工作指令、工程签证、信件、会谈纪要等。

③ 各种变更指令、申请、变更记录。

④ 各种检查验收报告、鉴定报告。

⑤ 施工中的各种记录、施工日记等。

⑥ 官方的各种批文、文件。

⑦ 反映工程实施情况的各种报表、报告、图片等。

为了有组织地存储信息，方便信息检索和加工整理，必须对施工项目的合同信息进行编码，如合同编码、项目结构编码、函件编码、进度报告编码、成本项编码等。这些编码可以为不同的用途而编制，如成本项编码服务于成本控制。

但是有些编码并不仅仅是对某一项管理工作而编制，如成本控制、进度控制、质量控制等都要用到项目的结构编码，因此，需要进行编码的组合，如某合同中某部位（或某子项目）的进度信息可以用组合编码的方式表示为：合同号/部位或子项目号/类别信息号/流水号。

（2）建立合同信息管理制度　施工项目要建立合同信息的采集、处理、存储和应用的工作制度，确定各种信息的处理工作流程，从制度上保证信息管理工作的有序、顺畅。对施工管理中的各种文档，要建立文档管理工作制度，对归档资料进行分类、登记和编码，建立合理的借阅制度和保密制度。

承包人应做好施工合同的文件管理，不但应做好施工合同的归档工作，还应以此指导生产，安排计划，使其发挥重要作用。承包人应当由项目经理组织管理人员，特别是总工程师、总会计师、负责设计和施工的工程师、测量及计算工程量的造价工程师、负责财务的人员等认真学习和研究合同条件，只有熟悉理解合同文件，才能自觉执行和运用合同文件，保证合同的顺利实施，保护自己权益，避免不必要的损失。

4. 合同纠纷处理

根据《民法通则》《合同法》《招标投标法》《民事诉讼法》等法律规定，结合民事审判实际，就审理建设工程施工合同纠纷案件适应法律的问题，制定了《最高人民法院关于审理建设工程施工合同纠纷案件适用法律问题的解释》（法释[2004]14 号），已从 2005 年 1 月 1 日起施行，工作中以本解释为准。

（1）施工合同争议的解决方式　根据《合同法》规定，合同争议的解决方式主要有和解、调解、仲裁和诉讼等。

合同当事人在履行施工合同时发生争议，可以和解或者要求合同管理及其他有关主管部门调解。和解或调解不成的，双方可以在专用条款内约定以下一种方式解决争议。

① 双方达成仲裁协议，向约定的仲裁委员会申请仲裁。

② 向有管辖权的人民法院起诉。

如果当事人选择仲裁的，应当在专用条款中明确的内容有：请求仲裁的意思表示；仲裁事项；选定的仲裁委员会。在施工合同中直接约定仲裁的，关键是要指明仲裁委员会。

因为仲裁没有法定管辖，而是依据当事人的约定由哪一个仲裁委员会仲裁。而选择仲裁的意思表示和仲裁事项，则可用专用条款的方式实现。当事人选择仲裁的，仲裁机构做出的裁决是终局的，具有法律效力，当事人必须执行。如果一方不执行的，另一方可向有管辖权的人民法院申请强制执行。

如果当事人选择诉讼的，则施工合同的纠纷一般应由工程所在地的人民法院管辖。当事人只能向有管辖权的人民法院起诉作为解决争议的最终方式。

（2）争议发生后允许停止履行合同的情况　发生争议后，在一般情况下，双方都应继续履行合同，保证施工连续，保护好已完工程，只有出现下列情况时，当事人方可停止履行施工合同：

① 单方违约导致合同确已无法履行，双方协议停止施工。

② 明确要求停止施工，且为双方接受。

③ 仲裁机关要求停止施工。

④ 法院要求停止施工。

5. 合同风险的防范

风险是指在从事某项特定活动中因不确定性而产生的经济损失、自然破坏或损失的可能性。风险具有客观性、不确定性、可预测性等特征。

现代工程项目投资数额大、工作内容复杂、市场竞争激烈、履行时间长、涉及面广，是一个复杂的系统工程。在工程承包市场中，承包商以投标报价的形式争取中标，拿到项目的过程竞争日趋激烈。一个承包商，如果拿不到项目，就无利润可谈，如果仅仅拿到项目，但标价过低，或招标文件中有许多对承包商不利的条款，或投标时计算失误，或由于其他原因导致经营管理失败而亏损，久之则会导致承包商破产倒闭。国外有人称国际工程投标承包为“风险库”并不过分。据统计，国外的承包企业每年有 10%～15%破产倒闭，因而激烈的投标承包的成败，对每一个承包商来说，都可以说是生死存亡之争。

面对激烈竞争的承包市场，为什么有许多承包商还从事这一充满风险的事业呢？因为在承包工程中，风险和利润是并存的，它们是矛盾和对立的统一体。没有脱离风险的纯利润，也不可能有无利润的纯风险。关键在于承包商能否在投标和经营的过程中，善于分析风险因素，正确估计风险大小，认真研究风险防范措施以避免和减轻风险，把风险造成的损失控制到最低限度，甚至学会利用风险，把风险转为机遇，利用风险来盈利。

风险贯穿于工程的全过程，也体现在工程实施过程中三方面主体上，即业主、承包商和监理工程师。业主与承包商签订工程承包合同，双方各自分担相应的工程风险，但往往承包商承担的风险较大；监理工程师同业主签订咨询服务协议，也承担一定的风险。三方都存在如何管理风险的问题。下面主要从承包商的角度出发，重点就风险的防范和控制风险的措施进行阐述，更好地进行风险管理。

风险的防范应该由递交投标文件、合同谈判阶段开始，到工程实施完成合同为止。风险的防范手段有多种多样，但归纳起来主要有两种最基本的手段：第一种是采用风险控制措施来降低企业的预期损失或使这种损失更具有可测性，从而改变风险，这种手段包括风险回避、损失控制、风险分隔及风险转移等；第二种基本手段是采用财务措施处理已经发生的损失，包括购买保险、风险自留和自我保险等。

（1）因势利导、化险为夷

1）风险回避。风险回避主要是中断风险源，使其不致发生或遏制其发展。这种手段主要包括：

① 拒绝承担风险。采取这种手段有时可能不得不做出一些必要的牺牲，但较之承担风险，这些牺牲可能造成的损失要小得多，甚至微不足道。

② 放弃已经承担的风险以避免更大的损失。事实证明这是紧急自救的最佳办法。作为工程承包商，在投标决策阶段难免会因为某些失误而铸成大错。如果不及时采取措施，就有可能一败涂地。

回避风险虽然是一种风险防范措施，但应该承认这是一种消极的防范手段。因为回避风险固然避免损失，但同时也失去了获利的机会。如果企业想生存、图发展，又想回避其预测的某种风险，最好的办法是采用除回避以外的其他手段。

2）损失控制。损失控制包括两方面的工作：减少损失发生的机会，即损失预防；降低损失的严重性，即遏制损失加剧，设法使损失最小化。

① 预防损失。预防损失是指采取各种预防措施以杜绝损失发生的可能。例如，承包商通过提高质量控制标准以防止因质量不合格而返工或罚款。

② 减少损失。减少损失是指在风险损失已经不可避免的情况下，通过种种措施以遏制损失继续恶化或限制其扩展范围，使其不再蔓延或扩展，也就是说使损失局部化。例如，承包商在建设单位付款误期超过合同规定期限时，采取停工或撤出队伍并提出索赔要求甚至提起诉讼。

3）分离风险。分离风险是指将各风险单位分离间隔，以避免发生连锁反应或互相牵连。这种处理可以将风险局限在一定的范围内，从而达到减少损失的目的。为了尽量减少因汇率波动而招致的汇率风险，承包商可在若干不同的国家采购设备，付款采用多种货币。在施工过程中，承包商对材料进行分隔存放也是风险分离手段之一。

4）风险分散。

① 向保险公司投保，这是将一部分风险分给保险公司承担的办法。虽然采用这种方法要支付一定的保险费用，但相对于风险损失而言则是很小的数字，而且承包商可以将保险费计入工程成本。除了按合同规定，承包商应进行“工程一切险”“第三方保险”外，还应为参加该工程的所有施工人员进行人身事故和医疗保险，进行施工机械保险，此外，承包商可根据情况进行其他保险，如货物运输保险、汽车保险以及战争保险等。

② 向分包商分散风险，这是承包商常用的分散风险的方式。在分包合同中，通常要求分

包商接受建设单位合同文件中的各项合同条款，使分包商分担一部分风险。有的承包商直接把风险比较大的部分分包出去，将建设单位规定的误期损失赔偿费如数订入分包合同，将这项风险分散。

5）风险转移。转移风险的手段常用于工程承包中的分包和转包、技术转让或财产出租。合同、技术或财产的所有人通过分包或转包工程、转让技术或合同、出租设备或房屋等手段，将应由其自身全部承担的风险部分或全部转移至他人，从而减轻自身的风险压力。

（2）运用财务对策控制风险

1）风险的财务转移。所谓风险的财务转移，是指风险转移人寻求用外来资金补偿确实会发生或已发生的风险。风险的财务转移包括保险的风险财务转移和非保险的风险财务转移两种。

① 保险的风险财务转移。保险的风险财务转移是购买保险。通过保险，投保人将自己本应承担的归咎责任和赔偿责任转嫁给保险公司，从而使自己免受风险损失。

② 非保险的风险财务转移。非保险的风险财务转移是通过合同条款，通过担保银行或保险公司开具的保证书或保函来实现的。例如，在合同谈判阶段，增设保值条款，增加风险合同条款，增设有关支付条款等。

2）风险自留。风险自留是将风险留给自己承担，不予转移。这种手段有时是无意识的，即当初并不曾预测的，不曾有意识地采取种种有效措施，以致最后只好由自己承受；但有时也可以是主动的，即经营者有意识、有计划地将若干风险主动留给自己。在这种情况下，风险承受人通常已做好了处理风险的准备。

决定风险自留必须符合以下条件之一：

① 自留费用低于保险公司所收取的费用。

② 企业的期望损失低于保险人的估计。

③ 企业有较多的风险单位，且企业有能力准确地预测其损失。

④ 企业的最大潜在损失或最大期望损失较小。

⑤ 短期内企业有承受最大潜在损失或最大期望损失的经济能力。

⑥ 风险管理目标可以承受年度损失的重大差异。

（3）风险的综合管理　风险综合管理的主要防范措施要注意落实到具体的分部分项工程上。

1）土方工程风险防范措施。土方开挖属建筑工程施工中高风险工程，应认真针对其风险源做好防范，积极采取有效措施。基本要求为：取得一切资料，全面掌握有关情况，积极采取防范措施。

① 塌方防范措施。防止开挖后塌方的关键是保证土坡的稳定。如严格按照规定放足边坡；控制坑（槽）周边的弃土、堆料及施工机械的开行和振动等。

② 滑坡防范措施。滑坡既有内因也有外因，内因是土体或岩体内层的方向和坡向角一致；外因是水和人的活动影响，如填土、堆土、停放机具设备的影响，促使滑坡的产生。滑坡风险防范主要从控制外因着手，减少滑坡的诱发因素。

③ 基底扰动防范措施。防止基底扰动的关键是按规范要求挖土和排、降水，如分层分段依次开挖；开挖至基底设计标高时，应及时铺设基底垫层和进行基础工程，否则应留保护层，等基础工程施工前挖至规定标高。

④ 流沙防范措施。产生流沙的主要原因是水，因此防水是首要防范措施。如合理选择施工时间，在地下水位低的枯水期施工；采用井点降水，使水位降低至规定要求。

⑤ 填方工程风险防范措施。填方工程的主要风险事故实际上是由于土的密实度不足所引

起的，因此填方达到设计的密实度，就可以降低填方工程中的许多风险，避免事故的发生。

2）钢筋混凝土结构工程风险防范措施。防止或减少各种工程质量事故和质量问题的发生，避免或减少由于事故而引起的财产损失和人员伤亡。

3）钢结构工程风险防范措施。为了控制和减少风险，减少和避免事故的发生，保证工程质量，应该从设计、材料、制作和安装等方面采取必要的措施。

4）建筑幕墙工程风险防范措施。为了控制和减少风险，保证幕墙工程质量，应该从设计、材料、制作和安装等方面采取必要的措施。例如在幕墙安装施工时，应采取必要的安全措施。

5）脚手架工程风险防范措施。脚手架质量检查，是风险防范和控制的最主要的手段，脚手架的一般检查主要包括：脚手架搭设检查，特殊情况下的检查，使用阶段的检查，拆除阶段的检查。

【案例 4.6】

某中外合资项目，合同标的为一商住楼的施工工程。合同协议书由甲方自己起草。合同工期为 670 天。合同中的价格条款为："本工程合同价格为人民币 3 500 万元。此价格固定不变，不受市场上材料、设备、劳动力和运输价格的波动及政策性调整影响而改变。因设计变更导致价格增减另外计算。"本合同签字后经过了公证。显然本合同属固定总价合同。在招标文件中，业主提供的图样虽号称"施工图"，但实际上很粗略，没有配筋图。在承包商报价时，国家对建材市场实行控制，有钢材最高市场限价，约 1 800 元/t。承包商则按此限价投标报价。工程开始后一切顺利，但基础完成后，国家取消钢材限价，实行开放的市场价格，市场钢材价格在很短的时间内上涨至 3 500 元/t 以上。另外由于设计图样过粗，后来设计虽未变更，但却增加了许多承包商未考虑到的工作量和新的分项工程，其中最大的是钢筋。承包商报价时没有配筋图，仅按通常商住楼的每平方米建筑面积钢筋用量估算，而最后实际使用量与报价所用的钢筋工程量相差 500t 以上。按照合同条款，这些都应由承包商承担。开工后约 5 个月，承包商再作核算，预计到工程结束承包商至少亏本 2 000 万元。承包商与业主商议，希望业主照顾到市场情况和承包商的实际困难，给予承包商以实际价差补偿，因为这个风险已大大超过承包商的承受能力。但业主予以否决，要求承包商按原价格全面履行合同责任。承包商无奈，放弃了前期工程及基础工程的投入，撕毁合同，从工程中撤出人马，蒙受了很大的损失。而业主不得不请另外一个承包商进场继续施工，结果也蒙受很大损失：不仅工期延长，而且最后花费也很大。因为另一个承包商进场完成一个半拉子工程，只能采用议标的形式，价格也比较高。

分析：在这个工程中，几个重大风险因素集中到一起：工程量大、工期长、设计文件不详细、市场价格波动大、做标期短、采用固定总价合同。最终，风险不仅重创了承包商，而且也伤害了业主的利益，影响了工程整体效益。

4.1.4　FIDIC 土木工程施工合同条件

4.1.4.1　FIDIC 施工合同概述

1. FIDIC 简介

FIDIC 是国际咨询工程师联合会（Federation Internationale Des Ingenieurs Conceils）的法文缩写。该联合会是被世界银行认可的国际咨询服务机构，总部设在瑞士洛桑，2002 年迁往日内瓦。这个国际组织在每个国家只吸收一个独立的咨询工程师协会作为成员。从1913年由欧洲四个国家的咨询工程师协会组成FIDIC以来，已拥有了世界上近百个团体会员，形成了国际上最具权威性的咨询工程师组织。FIDIC下设许多专业委员会，如业主咨询工程师关系委员会（CCRC）、土木工程合同委员会（CECC）、职业责任委员会（PLC）等，不断总结国际工程承包活动的经验，规范国际工程承包活动的管理，先后发表过很多重要的管理性文件，编制了规范化的标准合同文件示范文本。这些文件不仅被FIDIC成员国采用，世界银行、亚洲开发银行等也要求在其贷款建设的工程项目中采用。

《土木工程施工合同条件》是由国际咨询工程师联合会（FIDIC）在英国土木工程师学会（ICE）的合同条款基础上制订的。该文本是为了圆满完成土木工程施工项目，使得技术方面和管理方面标准化而编制的合同文件范本。FIDIC的合同条件虽然不是法律，也不是法规，但它是一种国际惯例。

2. FIDIC《土木工程施工合同条件》的特点

FIDIC《土木工程施工合同条件》，是进行建筑类工程项目建设，由业主通过竞争性招标选择承包商承包，并委托监理工程师执行监督管理的标准化合同文件范本，具有以下几方面特点。

（1）合同内容完整、严密　在合同正常的履行过程中可能发生各种情况和问题，合同条件中明确划分了责任界限并规定了管理程序。合同条件将技术、法律规定等有关内容有机结合在一起，对业主、工程师（国内称为监理工程师）和承包商的行为，都以相应的条件予以规范，以保证工程建设项目按照合同约定顺利实施。

（2）责任明确、公正　合同条件力求使合同当事人的权利义务平衡，风险负担合理，不仅规定了双方的行为责任，而且明确了双方各自应承担的风险责任。

（3）由业主委托工程师根据合同条件进行项目的质量、投资和进度控制　在合同履行过程中，建立以工程师为核心的管理模式。合同条件中的许多条款都规定了工程师应享有的权利和应尽的职责。工程师根据合同条件进行项目的质量、投资和进度的控制，在合同履行过程中负责监督、管理和协调，其决定对承包商和业主都有约束力。这样有助于实施高效率的项目管理，尽量减少或避免合同纠纷。

（4）根据公开招标规则的国际惯例选择承包商　公开招标有利于业主将工程建设项目交付可靠的承包商实施，同时使具有承包能力的承包商广泛地获得公平投标竞争机会。由于采用严谨的标准合同条件，投标人在投标时有一个细致而稳定的依据，因而容易形成较低的标价。

（5）FIDIC合同为固定单价合同　合同条件适用于固定单价合同。合同中的工程进度款支付、变更工程估价等规定，都是基于单价合同的承包形式，因而不适用于采用固定总价合同的项目。

3. FIDIC《土木工程施工合同条件》内容简介

FIDIC《土木工程施工合同条件》包括通用条件、专用条件和标准化附件。

（1）通用条件　通用条件的内容涉及工程项目施工阶段业主和承包商各方的权利和义务；工程师的权力和职责；各种可能预见的事件发生后的责任界限；合同履行过程中各方应遵循的工作程序等。合同条件适用于工业民用建筑、水电工程、公路铁路交通等各建筑行业，共72条194款，大致可分成权义性条款、管理性条款、经济性条款、技术性条款和法规性条款等。相关的条款之间，既相互联系起到补充作用，又相互制约起到保证作用。

通用条件内容包括定义与解释，工程师及工程师代表，转让与分包，合同文件，一般义务，劳务，材料、工程设备和工艺，暂时停工，开工和延误，缺陷责任，变更、增添和省略，索赔程序，承包商的设备，临时工程和材料，计量，暂定金额，指定的分包商，证书与支付，补救措施，特殊风险，解除履约合同，争端的解决，通知，业主的违约，费用和法规的变更，货币和汇率等。

（2）专用条件　第一部分的通用条件和第二部分的专用条件一起，构成了决定合同各方权利义务的条件。专用条件是根据建设项目的工程专业特点，针对通用条件中条款的规定，进行选择、补充或修改，使通用条件和专用条件两部分相同序号组成的条款内容更加完备。专用条件中条款的约定通常有以下几种情况：

① 通用条款中要求在专用条款中提供具体的信息。

② 通用条款中提到在专用条款中有包括补充材料的地方。

③ 修改或者删除通用条件中对本工程不适用的条款。

④ 增加通用条件中没有约定的条款。

⑤ 要求承包商使用的标准文件格式规定。

（3）标准化附件　合同文件除了通用条件和专用条件以外，还包括标准化附件，即投标书和协议书。

投标书中的空格只需投标人填写具体内容，就可与其他材料一起构成投标文件。投标书附件是针对通用条件中某些具体条款需要做出具体规定的明确条件，如工期、费用的明确数值，以便承包商在投标时予以考虑，并在合同履行期间作为双方遵照执行的依据。这些详细数字，要求在标书发出之前由投标单位填写好。

协议书是业主和中标的承包商签订施工合同的标准文件，只要双方在空格内填入相应的内容，签字或盖章后即可生效。

4. FIDIC 施工合同中几个重要概念

（1）施工合同中主要事项的典型顺序　FIDIC 施工合同条件的文本，在正文之前，将合同条件中要发生的主要事项之间的时间关系，用图形表示出来，这些关系对了解 FIDIC 施工合同的整个履行过程是很有帮助的。这些主要事项的顺序如图 4-1 所示。

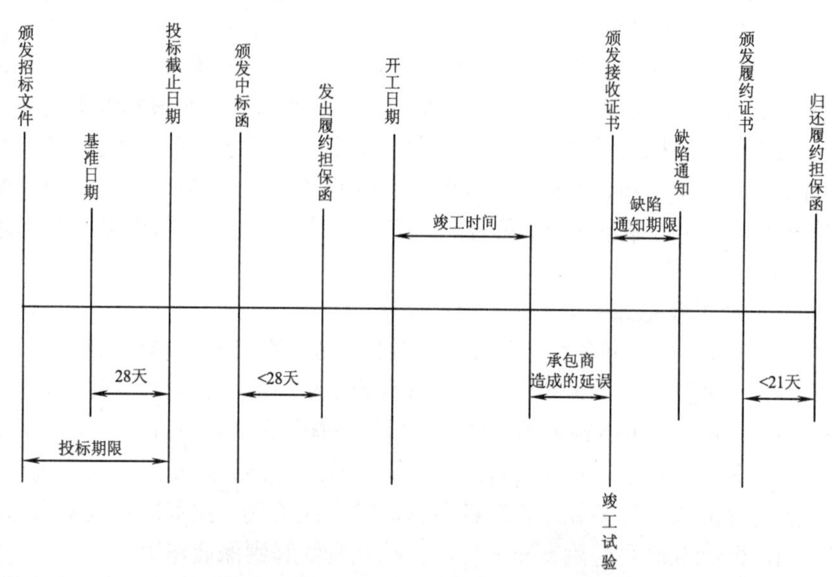

图 4-1　FIDIC 施工合同条件涉及的主要事项的顺序

（2）几个重要概念

1）基准日期。基准日期是指递交投标书的截止日期前 28 天的日期。该日期是作为判定某种风险，是否属于承包商在投标阶段所应考虑到的分界日。如果事件或情况发生在该日期前，就是承包商应该承担的，即使其导致了承包商施工成本增加，承包商也无法要求业主补偿；如果事件或情况发生在该日期之后，其结果导致承包商施工成本的增加，则业主应该予以补偿。

2）开工日期。一般情况下，在承包商收到中标函后的 42 天内，工程就要开工，除非因为特殊情况双方在专用条件中另有约定。工程师应该在他要求承包商开工的具体日期 7 天以前，向承包商发出开工日期的通知，该通知书上写明的日期就是开工日期。承包商应在开工日期后尽早地开始施工，并保证施工进程能够不间断地进行下去。工程师发出的这个写着开工日期的通知书，就是国内所说的开工令。从开工日期起到接收证书中注明的竣工日期止的时间段，为承包商实际施工的时间，实际施工时间与下述竣工时间对比就可以判定承包商是否延误竣工。

3）竣工时间。竣工时间实际上就是国内合同中所说的合同工期。竣工时间首先由招标文件规定，然后写在投标书附录中。但是在合同履行过程中，实际的竣工时间还要加上因各种因素引起的承包商通过索赔所获得的工期的补偿。所以，实际竣工时间就是从开工日期起，经过投标书附录中规定的时间加上应补偿给承包商的时间后的那个日期。

4）竣工试验

① 竣工试验。无论是整个工程还是分步移交工程，当承包商认为他能够完成施工任务并准备好工程竣工所必需的竣工资料后，应提前 21 天通知工程师某一个确定的日期，说明在该日期后的任何时候都可以进行竣工试验。工程师要在那个确定日期后 14 天内指定一个日期进行竣工试验。

② 重新试验。如果工程未能通过竣工试验，在承包商对缺陷进行返工后，工程师要在相同的条件下重新进行竣工试验。

③ 未能通过竣工试验。如果在上述重新试验中还是没有通过，此时工程师有权决定选择下面一种处理方法：再重复一次竣工试验；如果业主同意接收工程，则工程师颁发工程接收证书，承包商应该继续履行合同规定的其他义务，但是合同价格要予以减少；如果该工程实际上是完全不能使用的，业主拒收该工程，承包商应赔偿业主为该工程所支付的全部费用，包括融资费用，以及拆除工程、清理现场和将永久设备和材料退还给承包商所支付的费用。

5）颁发接收证书。在工程已经通过竣工试验、承包商已经做好移交准备工作后，他可以提前不少于 14 天向工程师发出申请接收证书的通知（分步移交的工程也同样进行）。工程师在接到承包商申请通知后 28 天内，向承包商颁发接收证书。

FIDIC 的通过竣工试验和国内的竣工验收不同，颁发接收证书后只是工程交给业主，业主可以使用了，但工程并没有全部完工，承包商还有工作要完成。所以接收证书中要注明以下事项：

① 根据合同规定工程竣工的日期。注意这个日期就是工程实际竣工的日期，如果这个日期迟于前述的竣工日期，则表明承包商延误工期了。

② 通过竣工试验的工程中还存在的缺陷。承包商必须在后续的时间里对这些缺陷进行修补。

③ 不影响工程使用的、没有完成的任何少量收尾工作。该工作承包商也必须在后续的时间里继续完成。

接收证书的颁发日期是工程照管责任的分界日期，此前工程由承包商照管，此后归业主照管。接收证书中注明的竣工日期，是施工期和缺陷通知期的分界点，此日期后，工程进入缺陷通知期。

6）缺陷通知期。缺陷通知期就是承包商对工程存在的缺陷要承担修补责任的期限，相当于国内施工合同中的保修期，但该时间一般比国内的保修期要短，具体期限多长在投标书附录中规定。《通用条件》规定，当存在的缺陷使工程、分项工程或者主要生产设备不能达到原定的使用目的，业主可以要求将该工程相应的缺陷通知期延长，但延长期最多不超过2年。

7）颁发履约证书。履约证书由工程师在最后一个缺陷通知期期满日期后 28 天内向承包商颁发，履约证书的副本发给业主。直到工程师向承包商颁发履约证书、注明承包商完成合同规定的各项义务的日期后，承包商才真正地完成施工任务，但此时合同并未终止，因为还存在工程款的结算。业主在收到履约证书副本后21天内，将履约担保退还承包商。

4.1.4.2 施工合同条件中各方的权利和义务

1. 承包商的权利与义务

（1）承包商的权利　承包商的权利有很多，如进入施工现场的现场进入权、完成工程后获得工程款权、非自身原因导致损失时的索赔权等，这些权利都是一个主体应该享有的权利，也是非常明确而又容易理解的，在此不做赘述。

在 FIDIC 合同中，存在指定分包商。所谓指定分包商，是指以下的分包商：合同中提出的指定的分包商；工程师按照合同的规定指示承包商雇用的分包商。

这说明，指定分包商是由业主或工程师选择的，即与承包商签订合同的分包商。

正因为指定分包商仍然要与承包商签订合同，所以 FIDIC 施工合同《通用条件》第 5.2 款规定：对于承包商尽快向工程师发出通知，提出有依据的、合理异议的指定的分包商，承包商有权不雇用。

某项工作交给指定分包商完成是在招标文件中就规定下来的，因为承包商投标时必须认可招标文件，这就表明承包商无权反对该工作由指定分包商来完成，但是，对于具体的指定分包商，只要承包商有理由，他就有权不与其签订分包合同。

FIDIC 施工合同《通用条件》中的第 5 条是专门约定指定分包商的，指定分包商与承包商自己选择的一般分包商相比有两大特点。

① 承包商对指定分包商的付款受业主保护。指定分包商完成工作后应得的工程款，是由业主支付给承包商，再由承包商根据分包合同支付给指定分包商的。FIDIC 施工合同《通用条件》第 5.4 款付款证据规定，工程师在发出包含应付指定分包商金额的付款证书之前，可要求承包商提供合理的证据，证明指定分包商已经收到上次“付款证书”中应付给他的所有金额。如果承包商拿不出已经支付的证据，业主可以直接向指定分包商支付上次“付款证书”中他应得的款项，而承包商应将业主直接付给指定分包商的金额退还给业主。

② 承包商对指定分包商违约不承担责任。一般分包商的违约行为，承包商要承担全部的责任，但对于指定分包商，承包商不承担其违约而引起的所有责任。当然，如果指定分包商的违约行为是因遵照承包商的错误指令引起，那么这时承包商还是要承担责任的。

1）暂停工作。在承包商应得的工程款未能得到支付时，承包商应该有权放慢工作速度或者暂停工作。我国现行的施工合同文本也有同样的规定，应该说这是国际工程界公认的结果。FIDIC 施工合同《通用条件》第 16.1 款规定，当工程师没有按照合同约定签发付款证书，或者业主未能按照约定支付工程款，或者业主没有能够履行“业主的资金安排”的义务时，承包商可以通知业主，其将在 21 天后暂停工作或者放慢工作速度。

因上述原因，在放慢工作速度或者暂停工作期间，使承包商遭受延误或者招致增加了费用，承包商有权向工程师提出索赔要求。

2）承包商终止合同。当业主在合同履行过程中出现“严重违约”情况时，承包商也有单方面终止合同的权利。

FIDIC 施工合同《通用条件》第 16.2 款“由承包商终止”规定，出现下列情况，承包商有权终止合同。

① 承包商索要业主的资金安排的通知发出后，42 天内没有收到业主的资金安排计划的同时未收到合理的说明。

② 工程师在收到承包商提交的工程款“报表”和证明文件后，未能在 56 天内签发有关的付款证书。

③ 按照合同规定的付款时间到期后的 42 天内，承包商仍未收到“期中付款证书”中的应付款额。

④ 业主未能按照合同履行其义务。

⑤ 业主没有遵守合同中关于合同协议书或权益转让的规定。

⑥ 暂停施工超过 84 天，并且停工影响到整个工程。

⑦ 业主破产或无力偿债，停业清理，已有对其财产的接管令或管理令，与债权人达成和解，或为其债权人的利益在财产接管人、受托人或管理人的监督下营业，或采取了任何行动或发生任何事件具有同前述行动或事件相似的效果。

在上述任何事件或情况下，承包商可以通知业主，14 天后终止合同，而且在⑥或⑦项情况下，发出通知后合同可以立即终止。

（2）承包商的义务　承包商在履行合同时的义务非常多，如承包商必须执行工程师的指示，做好环境保护和现场保卫工作，按月向工程师提交进度计划，健全质量保证体系，和业主雇用的其他承包商或公务人员充分合作，保障自己雇员的安全与健康以及在收到履约证书后进行现场清理等，但 FIDIC 合同最有特点的主要义务有以下几个方面。

1）提交履约担保。它作为承包商愿意忠实地履行合同义务的诚意表示，以便在其未能全面地履行合同义务而使业主受到损害时，能使业主的损害得到应有的补偿。FIDIC 施工合同《通用条件》第 4.2 款“履约担保”规定，承包商应在收到中标函后 28 天内向业主提交履约担保，并将一份副本送交工程师。履约担保应由业主同意的国家或地区内的实体提供，并采用施工合同《专用条件》所附的格式，或业主同意的其他格式。履约担保的有效期一直到缺陷通知期满，如果在履约担保的条款中约定了其期满的日期，而承包商在该期满日期前 28 天还无权获得履约证书，则承包商还要将履约担保的有效期相应延长。

履约担保可以是银行出具的履约保函，也可以是第三方实体提供的相当于国内担保法中的保证担保。FIDIC 在施工合同《专用条件》所附的格式中，就提供了这样两种格式的范例，并将银行保函格式称为即付保函，FIDIC 提倡采用银行提供的履约保函。履约担保的保证金额和货币种类要在投标书附录中规定，如果投标书附录中没有提到履约保证金额，则就不存在履约担保。一般情况下，履约担保的形式不同，所需的担保金额也不相同。由于银行的信誉高于一般企业实体，所以银行担保金额一般为合同价的 10%，而企业就要高达 30%左右。

2）购买保险。工程项目一般都具有建设周期比较长、技术复杂、不可预见的影响因素多等特点。由此决定了在施工过程中必然存在众多的风险因素。而风险转移是建设工程风险管理中非常重要并且被广泛应用的一项对策，其最直接的方式就是购买保险。FIDIC《施工合同条件》规定，工程、承包商设备、人身伤害和财产损害险是必须购买的保险，而国内施工合同对于保险还没有做强制性规定。

FIDIC 施工合同《通用条件》规定，承包商必须以其和业主的联合名义，从开工日期算起在投标书附录中规定的期限内，向业主提交保险已经购买并生效的证据以及工程和承包商设备的保险及人身伤害和财产损害险的保险单副本，同时通知工程师。如果承包商未能按照合同要求办理保险并使其持续有效，或者未能按照合同约定的时间提供令人满意的证据和保险单副本，则业主可以自己去办理相应的保险范围内的保险，承包商应向业主支付这些保险的费用，同时合同价格要做相应调整。

① 工程和承包商设备的保险。工程保险就是为工程、生产设备、材料和承包商文件购买保险，保险金额应不低于全部复原的费用，包括拆除、运走废弃物等费用以及利润。保险的有效期应从前述提交证据的日期起，至颁发工程接收证书的日期止。该项保险范围包括对业主使用或占用工程的某一部分而造成的工程另一部分的损坏，以及业主风险中的③、⑦和⑧项（见“业主的义务”）风险造成的损失。

承包商设备的保险金额不低于全部重置价值，包括将设备运到现场的费用。承包商设备的保险有效期是每项设备从运往现场时起，直到不再需要时止。

② 人身伤害和财产损害险。承包商以联合名义，为可能由承包商履行合同引起并在履约证书颁发前发生的任何物质财产损失，或任何人员（但不包括承包商人员）的伤害或死亡，办理各方责任保险。

③ 承包商人员的保险。承包商应对其雇用的任何人员的伤害、患病、疾病或死亡而引起的索赔、赔偿费、损失和开支办理保险，而且只要不是由于业主或业主人员的任何行为或疏忽引起的损失，业主和工程师也应由该项保险单予以保障。

3）支付误期赔偿金。FIDIC 合同条件对工期的要求是非常严格的。承包商如果延误竣工时间，必然要为此付出代价；但是反过来，承包商如果提前竣工却未必能够得到奖励。

FIDIC 施工合同《通用条件》第 8.7 款“误期赔偿费”规定，如果承包商未能遵守合同约定的竣工时间的要求，承包商应向业主支付误期赔偿费。误期赔偿费是按照每天应付的金额，乘以接收证书注明的日期超过相应竣工时间的天数计算的。每天应付的金额在投标书附录中规定，如果附录中还规定有误期赔偿费的最高限额，则上述计算的误期赔偿总额不得超过最高限额。

FIDIC 施工合同《通用条件》第 10.2 款“部分工程的接收”规定，如果是部分工程的竣工时间被延误，则延误的部分工程要比投标书附录中规定的全部工程误期赔偿费相应减少，该误期赔偿费的减少还包括相应工程部分的分项工程。扣减的比例应按照接收证书部分的价值占整个工程或分项工程价值的比例计算，但是误期赔偿费的最高限额是不变化的。

2. 业主的权利与义务

（1）业主的权利 FIDIC 施工合同《通用条件》中没有明确说明业主权利的条款，对于索赔、合同转让、仲裁和终止合同等是每种合同的合同主体都必然具有的权利，自然也不必专门说明。这里所讲的业主权利散落在 FIDIC 施工合同《通用条件》的条款中，归纳起来有以下一些主要权利。

1）使用承包商的文件。承包商文件是指由承包商根据合同提交的所有计算书、计算机程序、其他软件、图样、手册、模型和其他技术性文件。

这是 FIDIC 中一项很有意义的规定，也说明其对知识产权的小心与尊重。除在 FIDIC 施工合同《通用条件》第 17.5 款中专门对“知识产权和工业产权”有明确的规定外，还提到了业主为了工程的目的可以无限期地、可转让地、不排他地、免版税地复制、使用和传送由承包商完成的文件（包括承包商完成的设计文件）。这说明尽管承包商文件的版权归承包商所有，但是业主或者具有工程相关部分正当占有权的任何人(相当于购买了房地产发展商商品房的小业主）在工程的合理使用年限内，为了工程的目的（如工程的维护等），可以不受限制地使用承包商文件；但是没有经过承包商的同意，而将承包商文件用于其他目的或传送给第三方，则业主就要承担侵权的责任。

2）要求承包商转让分包合同。FIDIC 施工合同《通用条件》第 4.5 款“分包合同权益的转让”规定，如果分包商的义务延伸到有关缺陷通知期的期满日期以后，工程师在该日期前，指示承包商将此类义务的权益转让给业主时，承包商应照办，除非在转让中另有规定。在转让生效后，承包商对分包商实施的工作不应再对业主负责。

FIDIC 施工合同《通用条件》第 4.4（d）项规定，当分包合同遇到由业主终止的规定而导致终止时，承包商必须将分包合同转让给业主。

这说明，如果分包商履行合同义务时间超过了缺陷通知期，则承包商就应该将这样的分包合同转让给业主。这一点同国内的甩项竣工有些类似。但是国内需要业主与承包商签署甩项竣工协议，也即要求业主与承包商就此事需要协商一致，而 FIDIC 中却变成了业主的一项权利，即只要在缺陷通知期之前工程师指示了，承包商就必须转让。

3）由业主终止合同。FIDIC 施工合同《通用条件》第 15.2 款“由业主终止”规定，如果承包商有下列行为，业主有权终止合同：

① 没有能够按照合同规定的要求提交履约担保，或者没有根据合同履行任何义务，当工程师发出通知要求其在合理的时间内纠正并补救其违约行为时，未能按照工程师的要求予以改正。

② 放弃工程，或明确表示不继续按照合同履行其义务的意向。

③ 无合理解释，未能按照合同约定的开工日期进行开工，或者当工程师发出拒收或者修补工作的通知，在其后的 28 天内未能遵守工程师的通知要求。

④ 未经必要的许可，将整个工程分包出去（就是国内合同所说的转包），或将合同转让他人。

⑤ 破产或无力偿还债务，停业清理，已有对其财产的接管令或管理令，与债权人达成和解，或为其债权人的利益在财产接管人、受托人或管理人的监督下营业，或采取了任何行动或发生任何事件具有与前述行动或事件相似的效果。

⑥ 无论是对自己有利还是对他人不利，为了与合同相关的任何利益，直接或间接地向任何人付给或企图付给任何人贿赂、礼品、赏金、回扣或其他贵重物品。

在出现任何上述事件或情况后，业主可提前 14 天向承包商发出通知，终止合同，并要求其离开现场，而且如果出现的是上述⑤或者⑥两种情况，业主可以发出通知立即终止合同。

此时，承包商应撤离现场，并将任何工程所需要的货物（是指承包商设备、材料、生产设备和临时工程，或视情况指其中任何一种。承包商设备是指为实施和完成工程以及修补任何缺陷需要的所有仪器、机械、车辆和其他物品。但承包商设备不包括临时工程、业主设备、拟构成或正构成永久工程一部分的生产设备、材料和任何其他物品），所有承包商文件，以及由其或为其所做的其他设计文件交给工程师。终止合同后，业主可以继续完成工程，或者安排其他实体完成工程。此时业主或这些实体可以使用任何货物、承包商文件和由承包商或以其名义编制的其他设计文件。

其后业主应发出通知，将在现场或其附近把承包商设备及临时工程放还给承包商。承包商应自行承担风险和费用迅速安排将它们运走。但如果此时承包商还有应付给业主的款项没有付清，业主可以出售这些物品，以便收回欠款，余额付给承包商。

这一条款内容相当长，可以看到对于承包商严重违约时，FIDIC 合同条件的约定对承包商是相当严厉的。因为一旦出现由业主终止的情况，就意味着承包商仅仅是其所有人员离开现场，而其所有物品都将留在现场由业主继续使用，直到工程完成以后，业主才通知承包商将设备和临时工程迅速运走。

（2）业主的义务　FIDIC 施工合同《通用条件》中并没有完整的一条（款）来规定业主的义务，其义务散落在一些相关的条款中，对于业主在合理的时间内应向承包商提供图样、移交现场和支付工程款，以及工程中需要的保密事项、遵守法律等义务是必然而又浅显的，这里不再赘述。仅将一些业主比较特别的义务归纳如下。

1）避免承包商承担“知识产权和工业产权”侵权的伤害。这个义务既是业主的，也是承包商的，即对于工程所涉及与第三方有关的知识产权，一旦一方使用时，就应该保证对方不会受到由第三方诉讼其侵权的伤害，这样的规定就保证了无辜的一方不会因对方无论是有意还是无意的侵权行为而受到无辜的伤害。

FIDIC 施工合同《通用条件》第 17.5 款规定，侵权是指侵犯（或被指称侵犯）与工程有关的任何专利权、已注册的设计、版权、商标、商号、商品名称、商业机密或其他知识产权或工业产权。承包商为履行合同，在施工过程中所造成的不可避免的侵权行为，业主应承担由此给承包商造成的经济损失。

2）资金安排证明。从承包商的角度看，要求知道业主的资金安排是非常合理的，只有业主的资金到位，工程才可能顺利完成，这样就避免了由于业主资金的不足而使其处于被动局面。相比之下，国内工程对业主的资金是毫无约束的。尽管项目招投标时要求建设资金已经到位，但是对于这样的要求明显缺乏具体操作细节，因此，业主资金不到位常常也就成为制约国内很多建设项目工期的瓶颈。

FIDIC 施工合同《通用条件》第 14.4 款规定，合同中对合同价格的支付规定了分期支付的付款计划表；如果没有付款计划表，承包商应在每三个月期间，提交其预计应付的无约束性估算付款额。第一份估算付款额应在开工日期后 42 天内提交，直到颁发工程接收证书前，每三个月间隔应提交修正过的估算。FIDIC 施工合同《通用条件》第 2.4 款规定，业主在收到承包商的任何要求 28 天内，提供其已经做好并将维持下去的资金安排的合理证明，说明业主能够按照上述 FIDIC 施工合同《通用条件》第 14.4 款付款计划表或估算付款额的要求支付合同价格。如果业主想要对其资金安排做出任何重要改变，应将改变的详细情况通知承包商。

国内《合同法》中的不安抗辩权在建设项目中的表现就是承包商一旦发现业主资金出现问题时，可以暂停施工，除非业主能够证明其资金不存在问题。但是国内施工合同条件的规定，是在应付的工程款没有按期支付后承包商发出通知，发出通知后仍未得到支付才可以暂停施工，国内施工合同条件的要求对承包商而言明显是被动的做法。

3）办理许可、执照或批准。在国内施工合同条件中也有类似条款，但是 FIDIC 与国内的区别在于其必须考虑国际工程的情况，因此，如货物进出口的海关许可、工程所在国法律的遵守就是需要约定的对象。

FIDIC 施工合同《通用条件》遵守法律规定，业主应已经为永久工程取得规划、区域规划或类似的许可，业主应保证承包商免受其因未能完成此类许可而带来的伤害。当然，遵守法律不是业主单方面的，承包商同样有义务。所以通用条件本款中还规定，承包商应发出所有通知，缴纳各项税费，按照法律关于工程设计、实施和竣工以及修补任何缺陷等要求，办理并领取所需要的全部许可、执照和批准，并保证业主不会因其未能完成此类工作而受到伤害。

FIDIC 施工合同《通用条件》第 2.2 款“许可、执照或批准”规定，业主应根据承包商的要求，取得与合同有关的而又不容易得到的工程所在国的法律文本；为使承包商的货物或设备能够顺利通过当地海关申报，业主应协助承包商申办工程所在国法律要求的许可、执照或批准。

4）承担风险。任何工作都存在风险，建设工程更是如此。如何避免风险、转移风险，是建设工程管理中的一个重要课题。由于风险的多样性与不确定性，究竟应该怎样转移才合适，FIDIC 合同条件中对业主应当承担风险的划分做了明确规定。

FIDIC 施工合同《通用条件》第 17.3 款“业主的风险”规定，业主的风险是指：

① 战争、敌对行动（不论宣战与否）、入侵、外敌行动。

② 工程所在国发生的叛乱、恐怖主义、革命、暴动、军事政变或篡夺政权或内战。

③ 暴乱、骚动或混乱，但不包括承包商和分包商及其雇佣人员引起的。

④ 工程所在国的军火、爆炸物资、电离辐射或放射性引起的污染，但不包括可能由承包商引起的此类污染。

⑤ 由音速或超音速飞行物引起的压力波。

⑥ 除合同规定以外业主使用或占用永久工程的任何部分。

⑦ 由业主或其负责的人员提供的工程任何部分的设计。

⑧ 一个有经验的承包商不能合理预见并采取措施加以防范的任何自然力的作用。

当上述情况或事件出现后，承包商应立即通知工程师，并按照工程师的要求，做好修补工程的损害或损失，同时承包商应就自己的损失（包括延误的工期）向工程师提交索赔申请。

FIDIC 的专家们将这些风险都归结于业主承担是很有意义的。实际上我们可以看到上述业主的 8 种风险，前面 5 种都是属于保险公司不承保的范围，而且一般此类事件所造成的损失都很大，如果业主把此类风险转移给承包商承担，那结果是什么样的呢？必然的，无论这样的事件或情况出现与否，承包商都必然要将这样的风险纳入到工程报价中，其结果是如果这些风险都没有发生，业主也要支付这些风险引起的预计损失，这样对业主来说不如将这些风险归为自己承担。⑥和⑦是属于业主的责任引起，自然由业主承担，对于⑧实际上就是日常生活中所讲的意外情况，但是对于承包商而言只要是可能发生的，他都会在报价中有所体现，基于上述同样的理由，业主显然也情愿承担这样的风险。

5）政策、法令和外汇汇率变化对工程成本的影响。工程所在国的政策、法令是承包商投标时制定报价的依据，如果在基准日后，出现影响承包商施工成本的某些变更，如限制进口、税收政策等变化以及支付外汇时汇率的变化，均会导致承包商实际施工成本的变化。这些变化当然是一个有经验的承包商无法预测和防范的，所以此类情况导致的成本变化也应该由业主承担。但是，此类成本变化对业主而言未必全是坏处，因为如果这些情况的出现导致施工成本的减少，自然业主就获得其中的好处。

6）不利的物质条件。不利的物质条件是指承包商在现场施工时遇到不可预见的自然物质条件和人为的以及其他物质障碍和污染物，包括地下和水文条件，但不包括气候条件。

出现不利的物质条件后，承包商要尽快地通知工程师并说明不利的理由，经工程师检验核实后，如果该条件导致承包商施工费用的增加和时间的延长，业主应给予承包商相应的补偿。

但是，作为不利的物质条件的不可预见性，对比的是提交投标书时能否合理预见，自然会出现这样的情况：承包商遇到了比提交投标书时能够预见到的对施工更为有利的条件，这样承包商的施工费用实际上是降低了。而当这样的情况出现时，承包商是不会主动通知工程师的。所以尽管业主要承担因出现“不可预见的物质条件”导致成本增加和工期延长的义务，但是在业主承担此项义务时出现的对于有利施工的条件也应该被考虑。FIDIC 施工合同《通用条件》第 4.12 款规定，出现承包商提交因不可预见的物质条件导致索赔后，工程师在商定或确定给予增加费用之前，还应该审查是否在工程类似部分出现过其他物质条件比承包商在提交投标书时能合理预见的物质条件更为有利的情况。如果出现过更为有利的情况，则工程师要同承包商商定或确定因这些条件引起的费用扣减额。但是对工程遇到的不利条件的补偿额和有利条件的扣减额的净差额不能小于零，即如果有利条件的影响多于不利条件的影响时，是不能减少支付承包商的合同价格的。

7）不可抗力。不可抗力是 FIDIC 新版合同条件中新增加的一条。FIDIC 施工合同《通用条件》第 19 条中的不可抗力，是将原特殊风险内容增补修改后变化而来的。

所谓不可抗力，是指某种异常事件或情况：

① 一方无法控制的。

② 该方在签订合同前，不能对之进行合理准备的。

③ 发生后，该方不能合理避免或克服的。

④ 不能主要归因于他方的。

只要满足上述 4 个条件，就可以称之为不可抗力。不可抗力可以包括：

① 战争、敌对行动（不论宣战与否）、入侵、外敌行动。

② 叛乱、恐怖主义、革命、暴动、军事政变或篡夺政权或内战。

③ 暴乱、骚动或混乱，但不包括承包商和分包商及其雇佣人员引起的。

④ 战争军火、爆炸物资、电离辐射或放射性引起的污染，但不包括可能由承包商引起的此类污染。

⑤ 自然灾害，如地震、飓风、台风或火山活动。

出现不可抗力后，承包商要及时通知工程师，并采取措施努力使其对合同所造成的损失减至最小。对承包商因不可抗力而提出的补偿要求，业主有义务予以满足。

3. 工程师的权力与义务

工程师由业主任命，与业主签订咨询服务委托协议书。根据施工合同的规定，工程师是对工程的质量、进度和费用进行控制和监督，以保证工程项目的建设能满足合同要求的机构。

工程师应当履行合同中指派给他的任务。工程师的职员应当包括具备适当资格的工程师和能够承担这些任务的其他专业人员。其在工程管理中有以下权力。

1）工程师可以行使合同中规定的或者必然隐含的应当属于工程师的权力。如果要求工程师在行使规定权力前须得到业主批准，这些要求应当在专用条件中写明。

2）工程师为了达到合同目的，行使了应当由业主批准但尚未批准的权力，应当视为业主已经予以批准。

3）工程师可以向其助手指派任务和委托权力。这些助手包括驻地工程师、被任命为检验和试验各项工程设备、材料的独立检查员。这些指派和委托应当使用书面形式。助手应是能够履行相应职责、具备相应资质的人员。助手在授权范围内向承包商发出的任何批准、校核、证明、同意、检查、检验、指示、通知、建议、要求、试验或类似行动，应当与工程师作出的行动有同样效力。

4）工程师为实施工程所需，可随时根据合同规定向承包商发出书面指示和有关图样。承包商应当接受这些指示和有关图样。如果指示一项变更，则按照变更规定办理。如果工程师给出的是口头指示，在收到承包商的书面确认后两个工作日内工程师未通过书面形式进行答复，则应当确认工程师的口头指令为书面指令。

鉴于工程师是受雇于业主的业主方人员，代表业主行使对工程的管理，工程师在行使任务和权利时，还需要注意以下问题：

① 工程师应当注意把握自己的行为，把自己看作代表业主去行使合同中的规定或必然隐含的赋予他的权力。

② 工程师无权更改合同，也无权解除合同任何一方根据合同规定的任何任务、义务或者职责。

③ 工程师的任何批准、检查、检验、同意、指示、通知、建议、要求、试验或类似行动，不应解除合同规定的承包商的任何职责。

4.1.4.3　FIDIC施工合同管理

1. 合同的转让与分包

（1）合同的转让　合同转让是指承包商在中标签约后，将其所签合同中的权利和义务转让给第三者。合同转让成立后，原承包商因此解除了其对业主所承担的义务。

由于合同转让可能招致不合格的承包商，所以如果没有业主的事先同意，承包商不得自行将全部或部分合同，包括合同中的任何权益或利益转让给他人。但也有以下两种例外情况。

① 按合同规定，应支付或将支付给承包商的银行款项。

② 把承包商从任何责任方那里获得免除其责任的权利转让给承包商的保险人（当该保险人已清偿了承包商的亏损或债务时）。

（2）分包　由于一般工程施工涉及的工种繁多，有些工种的专业性很强，单靠承包商自身的力量难以胜任，所以，在合同履行中，承包商需要将一部分工作分包给某些分包商，但是这种分包必须经过批准。如果分包在订立合同时已经列入，则意味着业主已批准；如果在工程开工后再雇佣分包商，则必须经过工程师事先同意，但对诸如提供劳务、根据合同中规定的规格采购材料则无需取得同意。工程师有权审核分包合同。承包商在签订分包合同时，一定要注意将合同条件中对分包合同的特殊要求包括进去，以避免事后纠纷。

进行工程分包，分包商对承包商负责，承包商应对分包商及其代理人和雇员的行为、违约和疏忽造成的后果负完全责任。

（3）业主或工程师指定分包　业主或工程师指定分包，可以在招标文件中指定，也可以在工程开工后指定。指定分包工作由业主或工程师指定的分包商完成，但指定分包商并不直接与业主签订合同，而是与承包商签订合同，由承包商负责对他们进行管理和协调。业主应付给分包商的工程款是通过承包商支付的。

指定分包商对承包商承担其分包的有关项目的全部义务和责任，以便使承包商免除在这个方面对业主承担的义务和责任，以及由之引起的各类索赔、诉讼等费用。指定分包商还应保护承包商免受由于其代理人和雇员的行为、违约或疏忽造成的损失和索赔责任。如果指定分包商不愿承担上述义务和责任，承包商可以拒绝与之签订合同。

指定分包商与其他分包商的不同点除了由业主或工程师指定外，在得到支付方面比较有保证，即承包商无正当理由扣留或拒绝按分包合同的规定向指定分包商支付工程款时，业主有权根据工程师的证明直接向该指定分包商进行支付，并从业主向承包商支付的工程款中扣回这笔费用。

2. 工程的开工、延期和暂停

（1）工程的开工 承包商应在合同约定的日期或接到中标函后的42天内开工。工程师应在不少于7天前向承包商发出开工日期的通知，而承包商收到此开工通知规定的日期即作为开工日期，竣工时间从开工日期算起。

承包商应在开工日期后，在合理可能的情况下尽早开始工程的实施，随后应以正当速度，不拖延地进行施工。

（2）延期 下列情况下，承包商有权得到延长工期：

① 额外的或附加的工程量。

② 合同中提到的导致工期延误的原因。

③ 异常恶劣的气候条件。

④ 由业主造成的任何延误、干扰或阻碍。

⑤ 非承包商方面的过失或违约引起的延误。

对以上原因造成的延期，承包商是否有权得到额外支付，要根据具体情况而定。

承包商必须在上述导致延期的事件发生后28天内，将要求延期的意向通知提交给工程师（副本送业主），并在上述通知后28天内或工程师可能同意的其他合理期限内，向工程师提交要求延期的详细报告，以便工程师进行调查，否则工程师可以不受理这一要求。

如果导致延期的事件持续发生，则承包商应每隔28天向工程师提交一份中间报告，说明事件的详情，并于该事件引起的影响结束日起28天内递交最终报告。工程师在收到中间报告时，应及时做出关于延长工期的中间决定；在收到最终报告之后再审核全部过程的情况，做出有关该事件需要延长的全部工期的决定。但最后决定延长的全部工期不能少于按中间报告已决定的延长工期的总和。

（3）暂时停工 在工程施工过程中，由于各种因素的影响，工程有时会出现暂时的中断。在这种情况下，承包商应按工程师认为必要的时间和方式暂停工程施工或其他任何部分的进展，并在此期间负责保护暂停的工程。暂时停工不属于下列情况：合同中另有规定；由于承包商违约；由于现场气候原因以及为了工程的合理施工或安全原因，则此时工程师应在与业主和承包商协商后，决定给予承包商延长工期的权利和增加由于停工导致的额外费用。

如果按工程师书面指令暂时停工已持续84天以上，工程师仍未通知复工，则承包商可向工程师发函，要求在28天内准许复工。如果复工要求未能获准，当暂时停工仅影响工程的局部时，承包商可通知工程师把这部分暂停工程视作删减的工程；当暂时停工影响到整个工程进度时，承包商可视该事件属于业主违约，并要求按业主违约处理。

3. 工程质量、进度的管理

FIDIC施工合同在工程质量、进度管理方面，目前有较多的资料论述，且在国内工程合同管理实践中有着较为成熟的做法和程序，在此不再赘述。

4. 支付结算的管理

（1）工程结算的范围和条件

1）工程结算的范围。FIDIC合同条件所规定的工程结算的范围主要包括两部分，具体如图4-2所示。

由图4-2可以看出，一部分费用是工程量清单中的费用，这部分费用是承包商在投标时，根据合同条件的有关规定提出的报价，并经业主认可的费用。另一部分费用是工程量清单以外的费用，这部分费用虽然在工程量清单中没有规定，但是在合同条件中却有明确的规定。因此它也是工程结算的一部分。

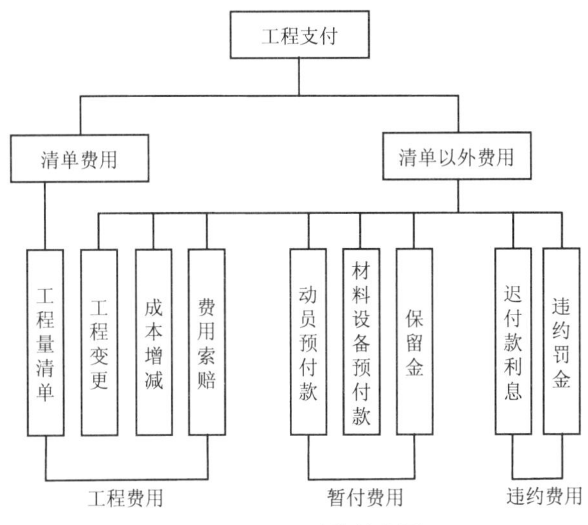

图 4-2　工程结算的范围

2）工程结算的条件

① 质量合格是工程结算的必要条件。结算以工程计量为基础，计量必须以质量合格为前提。所以，并不是对承包商已完的工程全部支付，而只支付其中质量合格的部分，对于工程质量不合格的部分一律不予支付。

② 符合合同条件。一切结算均需要符合合同规定的要求。例如，承包预付款的支付款额要符合标书附件中规定的数量，支付的条件应符合合同条件的规定，即承包商提供履约保函和承包预付款保函之后才予以支付承包预付款。

③ 变更项目必须有工程师的变更通知。FIDIC 合同条件规定，没有工程师的指示承包商不得做任何变更。如果承包商没有收到指示就进行变更的话，他无理由就此类变更的费用要求补偿。

④ 支付金额必须大于临时支付证书规定的最小限额。合同条件规定，如果在扣除保留和其他金额之后的净额少于投标书附件中规定的临时支付证书的最小限额时，工程师没有义务开具任何支付证书。不予支付的金额将按月结转，直到达到或超过最低限额时才予以支付。

⑤ 承包商的工作使工程师满意。为了确保工程师在工程管理中的核心地位，并通过经济手段约束承包商履行合同中规定的各项责任和义务，合同条件充分赋予了工程师有关支付方面的权力。

（2）工程支付的项目与要求

1）工程量清单项目与要求

① 一般项目的支付。一般项目是指工程量清单中除暂定金额和计日工以外的全部项目。这类项目的支付是以经过工程师计量的工程数量为依据，乘以工程量清单中的单价，其单价一般是不变的。这类项目的支付占了工程费用的绝大部分，工程师应给予足够的重视。但这类支付，程序比较简单，一般通过签发期中支付证书支付进度款。

② 暂定金额。暂定金额是指包括在合同中，供工程任何部分的施工，或提供货物、材料、

设备或服务，或提供不可预料事件的费用的一项金额。这项金额按照工程师的指示可能全部或部分使用，或根本不予动用。没有工程师的指示，承包商不能进行暂定金额项目的任何工作。

③ 计日工。使用计日工费用的计算一般采用下述方法：按合同中包括的计日工作表中所定项目和承包商在其投标书中所确定的费率和价格计算；对于清单中没有定价的项目，应按实际发生的费用加上合同中规定的费率计算有关的费用。所以，承包商应向工程师提供可能需要的证实所付款额的收据或其他凭证，并且在订购材料之前，向工程师提交订货报价单供他批准。

2）工程量清单以外项目与要求

① 动员预付款。动员预付款是业主借给承包商进驻场地和工程施工准备用款。预付款额度的大小，是承包商在投标时，根据业主规定的额度范围（一般为合同价的5%～10%）和承包商本身资金的情况，提出预付款的额度，并在标书附录中予以明确的。

动员预付款的付款条件是：业主和承包商签订合同协议书；提供履约押金或履约保函；提供动员预付款保函。承包商提供业主指定或认可的银行出具的保函。动员预付款保函是不可撤销的无条件的银行保函，担保金额与预付款金额相等，并应在业主收回全部动员预付款之前一直有效。但上述银行担保的金额，应随动员预付款的逐次回收而减少。

动员预付款相当于业主给承包商的无息贷款。按照合同规定，当承包商的工程进度款累计金额超过合同价格的10%～20%时开始扣回，至合同规定的竣工日期前三个月全部扣清。用这种方法扣回预付款，一般采用按月等额均摊的办法。如果某一个月支付证书的数额少于应扣数，其差额可转入下一次扣回。扣回预付款的货币应与业主付款的货币相同。

② 材料设备预付款。材料设备预付款是指运至工地尚未用于工程的材料设备预付款。对承包商买进并运至工地的材料、设备，业主应支付无息预付款，预付款按材料设备的某一比例（通常为材料发票价的70%～80%，设备发票价的50%～60%）支付。在支付材料设备预付款时，承包商须提交材料、设备供应合同或订货合同的影印件，要注明所供应材料的性质和金额等主要情况且材料已运到工地并经工程师认可其质量和储存方式。

材料、设备预付款按合同中规定的条款从承包商应得的工程款中分批扣除。扣除次数和各次扣除金额随工程性质不同而异，一般要求在合同规定的完工日期前至少三个月扣清，最好是材料设备一用完，该材料设备的预付款即扣还完毕。

③ 保留金。保留金是为了确保在施工阶段，或在缺陷责任期间，由于承包商未能履行合同义务，由业主（或工程师）指定他人完成应由承包商承担的工作所发生的费用。FIDIC合同条件规定，保留金的款额为合同总价的5%，从第一次付款证书开始，按期中支付工程款的10%扣留，直到累计扣留达到合同总额的5%止。

保留金的退还一般分两次进行。当颁发整个工程的移交证书时，将一半保留金退还给承包商；当工程的缺陷责任期满时，另一半保留金将由工程师开具证书付给承包商。如果签发的移交证书，仅是永久工程的某一区域或部分的移交证书时，则退还的保留金仅是移交部分的保留金，并且也只是一半。如果工程的缺陷责任期满时，承包商仍有未完工作，则工程师有权在剩余工程完成之前扣发他认为与需要完成的工程费用相应的保留金余款。

④ 工程变更的费用。工程变更也是工程支付中的一个重要项目。工程变更费用的支付依据是工程变更令和工程师对变更项目所确定的变更费用，支付时间和支付方式也是列入期中支付证书予以支付。

⑤ 索赔费用。索赔费用的支付依据是工程师批准的索赔审批书及其计算而得的款额；支付时间则随工程月进度款一并支付。

⑥ 价格调整费用。价格调整费用是按照 FIDIC 合同条件第七十条规定的计算方法计算调整的款额，包括施工过程中出现的劳务和材料费用的变更，后继的法规及其他政策的变化导致的费用变更等。

⑦ 迟付款利息。按照合同规定，业主未能在合同规定的时间内向承包商付款，则承包商有权收取迟付款利息。合同规定业主应付款的时间是在收到工程师颁发的临时付款证书的 28 天内或收到最终证书的 56 天内支付。如果业主未能在规定的时间支付，则业主应在迟付款终止后的第一个月的付款证书中予以支付。

⑧ 违约罚金。对承包商的违约罚金主要包括拖延工期的误期赔偿和未履行合同义务的罚金。这类费用可从承包商的保留金中扣除，也可从支付给承包商的款项中扣除。

（3）工程价款结算程序

1）承包商提出付款申请。工程费用支付的一般程序是首先由承包商提出付款申请，填报一系列工程师指定格式的月报表，说明承包商认为这个月他应得的有关款项，包括：已实施的永久工程的价值；工程量表中任何其他项目，包括承包商的设备、临时工程、计日工及类似项目；主要材料及承包商在工地交付的准备为永久工程配套而尚未安装的设备发票价格的一定百分比；价格调整；按合同规定承包商有权得到的任何其他金额。承包商的付款申请将作为付款证书的附件，但它不是付款的依据，工程师有权对承包商的付款申请做出任何方面的修改。

2）工程师审核，编制期中付款证书。工程师对承包商提交的付款申请进行全面审核，修正或删除不合理的部分，计算付款净金额。计算付款净金额时，应扣除该月应扣除的保留金、动员预付款、材料设备预付款、违约罚金等。若净金额小于合同规定的临时支付的最小限额，则工程师不需开具任何付款证书。

3）业主支付。业主收到工程师签发的付款证书后，按合同规定的时间支付给承包商。实践证明，通过对施工过程的各个工序设置一系列签认程序，未经工程师签认的财务报表无效，这样做充分发挥了经济杠杆的作用，控制了项目实施过程中的费用支出。

5．变更管理

（1）工程变更的含义　工程变更是指施工过程中出现了与签订合同时的预计条件不一致的情况，而需要改变原定施工承包范围内的某些工作内容。工程变更不同于合同变更，对合同条件内约定的业主和承包商的权利、义务没有实质性改动，只是对施工方法、内容做局部性改动，属于正常的合同管理，按照合同的约定由工程师发布变更指令即可。

（2）工程变更内容与变更指令　在施工过程中，工程师认为必要时，可以对工程或其中任何部分的形式、质量或数量做出任何变更。变更内容涉及以下工作。

① 增加或减少合同中所包含的任何工作的数量。

② 删减合同中所包括的任何工作。

③ 改变合同中所包括任何工作的性质、质量或类型。

④ 改变工程任何部分的标高、基线、位置和尺寸。

⑤ 实施工程竣工所必需的任何种类的附加工作。

⑥ 改变合同中对工程任何部分规定的施工顺序或时间。

变更指令应由工程师以书面形式发出。如果是口头指令，承包商也应遵守执行，但工程师应尽快书面确认。为了防止工程师忽略书面确认，承包商可在工程师发出口头指令 7 天内用书面形式提出异议，则等于确认了他的口头指令，这条规定同样适用于工程师代表或助理发出的口头指令。

（3）工程变更程序　颁发工程接收证书前的任何时间，工程师可以通过发布变更指示或以要求承包商递交建议书的任何一种方式提出变更。

1）指令变更。工程师在业主授权范围内根据施工现场的实际情况，在确属需要时有权发布变更指令。指令的内容应包括详细的变更内容、变更工程量、变更项目的施工技术要求和有关部分文件图样，以及变更处理的原则。

2）要求承包商递交建议书后再确定的变更

① 工程师将计划变更事项通知承包商，并要求他递交实施变更的建议书。

② 承包商应尽快予以答复。一种情况可能是，通知工程师由于受到某些非自身原因的限制而无法执行此项变更，如无法得到变更所需的物资等，工程师应根据实际情况和工程的需要再次发出取消、确认或修改变更指令的通知。另一种情况是，承包商依据工程师的指令递交实施此项变更的说明，内容包括：将要实施的工作的说明书以及该工作实施的进度计划；承包商依据合同规定对进度计划和竣工时间做出任何必要修改的建议，提出工期顺延要求；承包商对变更估价的建议，提出变更费用要求。

③ 工程师做出是否变更的决定，尽快通知承包商说明批准与否或提出意见。

④ 承包商在等待答复期间，不应延误任何工作。

⑤ 工程师发出每一项实施变更的指令，应要求承包商记录支出的费用。

⑥ 承包商提出的变更建议书，只是作为工程师决定是否实施变更的参考。除了工程师做出指示或批准以总价方式支付的情况外，每项变更应依据计量的工程量进行估价和支付。

（4）工程变更估价

1）变更估价的原则。承包商按照工程师的变更指示实施变更工作后，往往会涉及对变更工程的估价问题。变更工程的价格或费率，往往是双方协商时的焦点。计算变更工程应采用的费率或价格，可分为以下三种情况：

① 变更工作在工程量表中有同种工作内容的单价，应以该单价计算变更工程费用。实施变更工作未导致工程施工组织和施工方法发生实质性变动，不应调整该项目的单价。

② 工程量表中虽然列有同类工作的单价和价格，但对具体变更工作而言已不适用，则应在原单价和价格的基础上制定合理的新单价或价格。

③ 变更工作的内容在工程量表中没有同类工作的单价和价格，应按照与合同单价水平相一致的原则，确定新的单价或价格。任何一方不能以工程量表中没有此项价格为借口，将变更工作的单价定得过高或过低。

2）可以调整合同工作单价的原则。具备以下条件时，允许对某一项工作规定的单价或价格加以调整。

① 此项工作实际测量的工程量比工程量表或其他报表中规定的工程量的变动大于10%。

② 工程量的变更与对该项工作规定的具体单价的乘积超过了接受的合同款额的0.01%。

③ 由此工程量的变更直接造成的该项工作每单位工程量费用的变动超过1%。

3）删减原定工作后对承包商的补偿。工程师发布删减工作的变更指令后承包商不再实施部分工作，合同价格中包括的直接费部分没有受到影响，但摊销在该部分的间接费、税金和利润则实际不能合理回收。因此，承包商可以就其损失向工程师发出通知并提供具体的证明资料，工程师与合同双方协商后确定一笔补偿金额加入到合同价内。

（5）承包商申请的工程变更　承包商根据工程施工的具体情况，可以向工程师提出对合同内任何一个项目或工作的详细变更请求报告。未经工程师批准承包商不得擅自变更，若工程师同意，则按工程师发布的变更指令的程序执行。

6. 合同争端管理

（1）解决合同争端的程序 业主和承包商任何一方对合同的争端按以下程序执行。

1）提交工程师决定。FIDIC 编制的施工合同条件的基本出发点之一，是合同履行过程中建立以工程师为核心的项目管理模式，因此不论是承包商的索赔还是业主的索赔均应首先提交给工程师。任何一方要求工程师做出决定时，他应与双方协商尽力达成一致。如果未能达成一致，则应按照合同规定并适当考虑有关情况后做出公正的决定。

2）提交争端裁决委员会决定。双方起因于合同的任何争端，包括对工程师签发的证书、做出的决定、指示、意见或估价不同意接受时，可将争端提交合同争端裁决委员会，并将副本送交对方和工程师。裁决委员会在收到提交的争端文件后 84 天内做出合理的裁决。做出裁决后的 28 天内任何一方未提出不满意裁决的通知，则该裁决即为最终的决定。

3）双方协商。任何一方对裁决委员会的裁决不满意，或裁决委员会在 84 天内没能做出裁决，在此期限后的 28 天内应将争端提交仲裁。仲裁机构在收到申请后的 56 天才开始审理，这一时间要求双方尽力以友好的方式解决合同争端。

4）仲裁。如果双方仍未能通过协商解决争端，则只能在合同约定的仲裁机构最终解决。

（2）争端裁决委员会

1）争端裁决委员会的组成。签订合同时，业主与承包商通过协商组成裁决委员会。裁决委员会一般由 3 名成员组成，合同每一方应提名 1 名成员，由对方批准。双方应与这两名成员共同商定第三名成员，第三人作为主席。

2）争端裁决委员会的性质。争端裁决委员会的裁决属于非强制性但具有法律效力的行为。相当于我国法律中解决合同争端的调解，但其性质则属于个人委托，其成员应满足以下要求：

① 对施工合同的履行有经验。

② 在合同的解释方面有经验。

③ 能流利地使用合同中规定的交流语言。

3）争端裁决程序

① 接到业主或承包商任何一方的请求后，争端裁决委员会确定会议的时间和地点。解决争端的地点可以在工地或其他地点进行。

② 争端裁决委员会成员审阅各方提交的材料。

③ 召开听证会，充分听取各方的陈述，审阅证明材料。

④ 调解合同争端并做出决定。

4.1.4.4 FIDIC 施工合同在我国的应用

改革开放以来，我国运用 FIDIC 合同条件管理的工程达数百个，建设资金达数十亿美元。研究表明，采用 FIDIC 合同条件管理的项目在工程质量、造价、工期的控制都优于不按 FIDIC 合同条件管理的项目。我国已加入 WTO，建设市场必将对外开放，进入我国的建设资金将成倍增长，国外的承包商、监理公司也将参与我国的市场竞争，我们必须加快与国际接轨的步伐，按国际惯例办事，尽快推广使用 FIDIC 合同条件，主动适应国际惯例，迎接挑战。但是受社会环境、传统文化、法制建设、建筑管理体制、精神文明程度等诸多因素的影响， FIDIC 合同条件在我国受到了一定的限制，如何使国际上先进的项目管理经验为我国现代化建设服务是个值得探讨的问题。

1. FIDIC 施工合同应用中存在的问题

（1）合同的社会环境　FIDIC 合同条件是在市场经济发达的条件下产生并应用的，是在法制完善的国家应用的。我国处于市场经济的初期，旧的社会机制还在起作用，新的社会机制还未完全建立，法制不够完善，人们的法制观念不强，社会文明程度有待提高。目前，还存在建筑行政主管部门地方保护、政企不分的现象，统一开放、竞争有序的建筑市场还未建立，存在着业主建设资金不到位、无合法手续就上项目的现象，存在着由于买方市场而造成的承包商、材料设备供应商、监理单位围着业主转的现象，存在着监理取费不足、装备配置简陋的现象，业主视承包商和监理为雇员。社会环境影响了人们对合同条件的自觉遵守，FIDIC 合同条件在执行过程中存在困难。

（2）承包商的选择　FIDIC 合同条件要求承包商的确定必须是通过公平的竞争产生，而目前在我国公开、公平、公正的招标市场还有待于进一步完善。个别地方存在着政府部门保护本地企业的现象，业主保护关系单位，有意排斥潜在有实力的投标单位而照顾并无竞争实力的关系单位的现象，承包商往往并无完成项目的能力也无投标的资格，而是靠资质挂靠、拉拢腐蚀评委、收买建设单位来获得承包机会，一些招标成了空有形式的走过场式的假招标。从招标开始就脱离了公平竞争的轨道，违背了 FIDIC 合同条件的原则。

（3）投标报价的方法　FIDIC 合同条件的前提是按固定单价编制招标文件，承包商是根据企业自身的生产成本、利润加税金及风险金确定单价后报价，报价的高低反映了企业的综合素质、管理水平和资信实力。我国当前的招标文件则要求根据国家定额、费率进行报价，而定额、费率仅反映全社会该行业平均的劳动生产率，并不能准确反映单个企业的真正竞争力，中标的承包商未必具备相应的实力，造成了执行合同的困难。

（4）监理工程师的权力和地位　FIDIC 合同条件下监理工程师处于工程管理的核心地位，对工程的质量、进度、投资控制都有着法定的权力，参建各方自觉维护监理工程师的地位。我国现阶段的监理工程师只能是在业主授权下工作，处于被动的地位，加上一些业主认为监理工程师权力太大，担心大权旁落而不放权，监理工程师的工作难免处处受到牵制，无法切实履行其法定监理职责。依照我国的现有法规与 FIDIC 合同条件相比，我国监理工程师权力不足，表现在以下几方面。

1）参加招标、签订合同方面。FIDIC 合同条件规定，监理工程师全过程参与招标及合同签订，有建议权，我国监理工程师缺乏这些权力。

2）质量争端裁决权。FIDIC 合同条件规定，当业主与承包商对工程质量有争端时，主要由监理工程师裁决，而我国主要由建设行政主管部门的质量监督站裁决。

3）签字付款权。FIDIC 合同条件规定监理工程师有签字付款权，有暂定金额的使用权。我国虽然规定付款必须经监理工程师签字，但现实中未必要监理工程师签字，签字也未必付款，更无暂定金额的使用权。

4）工程变更及变更估价权。FIDIC 合同条件规定，监理工程师有工程变更及估价的权力，只要监理工程师认为有必要对工程或其中任何部分的形式、质量或数量作出变更。我国监理工程师没有这些权力。

5）分包商确认权。FIDIC 合同条件规定，工程分包商必须经监理工程师确认，我国法规虽然也规定了分包商必须经监理工程师确认，但现实中业主往往是绕过监理工程师，自行决定分包队伍，监理工程师也无能为力。

6）发布开工、停工、复工的权力。FIDIC 合同条件规定，监理工程师有发布开工、停工、复工的权力，在我国监理工程师发布这些指令需事先征得业主的同意方可。

7）施工组织设计、技术方案的确认权。FIDIC 合同条件规定，监理工程师有施工组织设计、技术方案的认可权，我国监理工程师只有建议权，还需书面向业主报告。

8）承包商与业主争端解决权。FIDIC 合同条件下的监理工程师对此享有准仲裁的权力，我国监理工程师无裁决权。

（5）监理工程师的素质　FIDIC 机构全体会员协会对监理工程师的行为准则都有很高的要求，具体如下：

① 承担本职业的社会责任。

② 坚持职业尊严、地位和荣誉。

③ 为可持续发展寻找办法。

④ 保持与技能、法规、管理的发展相适应的能力。

⑤ 公正地提出建议、判断和决策。

⑥ 不接受任何酬谢。

⑦ 不得以任何方式破坏其他工程师的业务。

⑧ 工程师对客户的选择及付费和工作判断不受自己的主观影响。

⑨ 告知客户可能发生的利益冲突。

⑩ 增强按照能力进行选择的观念。

FIDIC 机构全体会员协会同时对监理工程师的培养也有一套严格的程序。我国的监理行业存在监理人员素质偏低的问题。我国的用人机制和教育制度决定了监理人员专业单一，高素质的懂管理、经济、法律、工程技术的复合型人才奇缺。当前，我国的监理工程师大多是设计、施工等人员转行而来，人员参差不齐，有些监理人员对程序都不太熟悉，解决不了现场出现的问题，不善于利用合同给予的权力，责任心不够强、荣誉感不够强的现象较严重，业务水平亟待提高，少数监理工程师与承包商、材料供应商有不正常的利益关系，以权谋私、损人利己的现象还存在。监理人员普遍的英语水平低，这些都影响了 FIDIC 合同条件的贯彻执行。

（6）业主行为不规范　当前的建筑市场是买方市场，时常有建设单位强迫承包商、材料供应商、监理公司签订不平等条约的现象，这种权利与义务不对等，势必造成承包商、材料供应商偷工减料、投机取巧的行为，造成监理工程师无法公平、公正地工作。长期的计划经济使业主的合同意识差，法制观念差，随意性大；业主常常对监理工作横加干涉，并插手监理人员职责范围内的具体工作，不授予应该授予的权力，科学管理项目的意识差，给监理人员执行合同带来很大的困难。

（7）法制环境　FIDIC 合同条件是在法制完善、合同意识强的环境下运用的，人们自觉遵守合同，违背合同将会受到法律惩罚。目前，我国法制尚不完善，人们法制观念淡薄，意识不到违背合同就是违法，加上有些法规不严谨，存在漏洞，给投机取巧者造成机会，无法可依、有法不依、违法不究、执法不严的现象较普遍，无专业的建设工程经济法庭和司法队伍，建设合同各方的权利均得不到法律完全保障。

2. 推行 FIDIC 施工合同的对策

（1）总结反思，提高认识　采用 FIDIC 合同条件，可以加快我国建设项目的规范化管理和标准化过程，提高工程项目管理水平，使我国的项目管理模式尽快与国际接轨。认识到它可以提高我国的投资效益，且有利于反腐倡廉。因此，我们广大的基本建设人员特别是政府职能部门的同志应充分认识到 FIDIC 合同条件的科学性、先进性、实用性，只有认识到运用 FIDIC

合同条件的意义，才能更快地解决运用它存在的问题。

（2）建立完善的法规体系，创造良好的法制环境，是落实 FIDIC 合同条件的保证　法制是政府管理的基础，市场经济是法制经济，完善、配套、操作性强的法律法规是十分重要的，我国已经在建筑法律法规体系的建立上取得了很大的成绩，但是，还不是十分完善，在立法的思路、质量上存在一些问题；不同的法律法规在同一问题上的阐述并不一致，在职责划分、责任认定方面不严谨，仍有疏漏。我们应根据加入 WTO 后我国建筑市场面临的新情况、新问题、新要求，结合以前实践中的经验教训，培养懂工程管理、经济、技术的司法人员，建立完善的建筑市场法规体系及严格的执法监督体系，依法规范建筑市场。构建与市场经济相适应的完善的法律体系是 FIDIC 合同条款得以落实的根本保证。

（3）深化建设行业管理体制的改革，营造公平的市场竞争环境，是运用 FIDIC 合同条件的基础　要建立符合 FIDIC 合同条件要求的程序公开、公平竞争、合同双方平等的建筑市场体系，完善建筑市场运行的规则，推动建筑市场主体的市场化，建立统一开放、竞争有序的建筑市场，确保参建各方的平等主体地位。转换政府建设行政主管部门的职责，使他们以依法管理为主，政策引导、市场调节、行业纪律、专业组织管理为辅，政府充分依靠专业人士实现对建筑产品生产过程的直接管理，重视发挥专业人士组织及行业协会在行业纪律和建筑市场管理中的作用，树立行业协会的专业权威，靠行业协会管理专业人士。明确政府部门、业主、承包商、监理工程师等各方的职责，做到各负其责，职责明确；完善责任体制，大力推行招标投标制、建设监理制、市场准入制、项目法人责任制、合同管理制，加大落实参建各方的责任的力度。确保各责任主体有能力履行职责和承担责任，确保建筑市场的有序性，构建一个公平、公正、公开的建筑管理、交易平台。

（4）建立与国际接轨的建筑业管理机制，为 FIDIC 合同条件的运用创造条件　建筑市场运行机制是指通过建筑市场建立起来的，在建筑产品生产过程中形成的，经济活动每个组成部分之间的内在的有机联系。国际建筑市场运行机制的基本模式是：在建筑业管理法规的约束下，围绕建筑产品的生产，建筑市场的各主体方（包括业主方、工程监理方、承包商及供应商等）通过市场竞争机制的作用构成相互制约的合同关系及监督管理关系。在这种关系中，以专业人士为核心的监理工程师对市场机制的有效运行及项目建设的成败起着重要作用，因为他们掌握着工程建设所需的技术、经济、管理方面的知识和技能，具体监督、管理工程项目的全部建设过程。在这种模式中，业主没有特殊的地位，政府也没有特殊的地位。

（5）提高监理工程师的素质，是应用 FIDIC 合同条件的关键　监理工程师必须有才，会用权、善用权、用好权；监理工程师必须有德，让别人放心他用权，信任他用权。根据我国监理队伍人才结构的现状，当前最重要的任务是培养既懂工程技术又懂管理、法律、外语的复合型人才：要按照 FIDIC 合同条件对监理工程师的行为准则要求和严格的培养程序，根据远期及近期目标，按照对不同层次人才的需求，制订人才培养计划，加大人才培养力度和知识更新速度，从而培养出具备现代科学知识、管理知识又能把握时代脉搏，具有较强的市场预测能力、调控能力的复合型人才；要建立继续教育制度，改善教育机制、用人机制，从培养人才、使用人才的软环境和硬环境等各个方面创造条件；要加强思想教育，培养有职业道德、敬业精神、有公信力的监理专业人才队伍，迎接加入 WTO 之后更激烈的市场竞争。目前，政府有必要果断采取市场监管措施，保护监理企业的合法的基本的经济利益，以求其生存、提高和发展，监理工程师才有立足之地，提高监理工程师素质才有可能。

（6）规范业主行为，是落实 FIDIC 合同条件的必要条件　加强政策宣传，让其充分了解国家的法律法规，坚决依法办事，纠正业主的违规行为。只有这样，才能创造良好的市场环境。还要提高业主的科学管理水平，使其认识到不科学管理的危害性和不遵守合同的违法性。对公有制业主，要加强思想教育，使其树立正确的人生观、道德观、法制观，加强法律法规、职守道德、义务良心、荣誉幸福观等方面的教育，让其学法守法，正确运用法律。

（7）采取措施，保证监理工程师的地位和权利，是使用 FIDIC 合同条件的前提　借鉴先进国家经验，让监理工程师更好地执行 FIDIC 合同条件办法有以下几种：

1）规定业主提前把监理费交到专用账户。

2）工程项目的所有者与使用者不直接参与项目的组织实施，实现建管分离，由监理工程师独立管理，业主无法钳制监理工程师。

3）实行履约保函制度，承包商和发包方均缴纳一定数量的履约保证金，由监理工程师根据合同执行情况公正掌握。

4）监理工程师依法行使权力，当其与业主发生冲突时由双方指定的第三方或由仲裁部门裁决。

5）监理工程师的行为，由政府部门、行业协会进行监督、管理、奖惩。

任务 2　编制索赔报告

4.2.1　索赔概述

4.2.1.1　索赔的原因

索赔是在合同实施过程中，合同当事人一方因对方违约，或其他过错，或无法防止的外因而受到损失时，要求对方给予赔偿或补偿的活动。

广义地讲，索赔应当是双向的，既可以是承包人向发包人索赔，也可以是发包人向承包人提出索赔。一般称后者为反索赔。

施工索赔是在施工过程中，承包人根据合同和法律的规定，对并非由于自己的过错所造成的损失，或承担了合同规定之外的工作所付的额外支出，承包人向发包人提出在经济或时间上要求补偿的活动，我们讲的施工索赔是广义的索赔，还包括发包人对承包人的反索赔。施工索赔的性质属于经济补偿行为，而不是惩罚。索赔的损失结果与被索赔人的行为并不一定存在法律上的因果关系。索赔工作是承发包双方之间经常发生的管理业务，是双方合作的方式，而不是对立的。

据国外资料统计，施工索赔无论在数量或金额上，都在稳步增长。例如，在美国有人统计了由政府管理的 22 项工程，发生施工索赔的次数达 427 次，平均每项工程索赔约 20 次，索赔金额约占总合同额的 6%左右，索赔成功率占 93%。因此，承包人应当树立起索赔意识，重视索赔，善于索赔。施工索赔发生的主要原因有以下 8 个方面。

（1）建筑过程的难度和复杂性增大　随着社会的发展，出现了越来越多的新技术、新工艺，发包人对项目建设的质量和功能要求越来越高，越来越完善。因而使设计难度不断增大，另一方面施工过程也变得更加复杂。由于设计难度加大，要求设计人在设计时，使用规范不出差错，尽善尽美是不可能的，因而往往在施工过程中随时发现问题，随时解决，需要进行设计变更，这就会导致施工费用的变化。

（2）建筑业经济效益的影响　有人说索赔是发包人和承包人之间经济效益“对立”关系的结果，这种认识是不对的，如果双方能够很好履约或得到了满意的收益，那么都不愿意计较另一方给自己造成的经济损失。反过来讲，假如双方都不能很好地履约，或得不到预期的经济效益，那么双方就容易为索赔的事件发生争议。基于这个前提，索赔与建筑业的经济效益低下有关。在投标报价中，承包人常采用“靠低价争标，靠索赔盈利”的策略，而发包人也常由于建筑成本的不断增加，预算常处于紧张状态。因此，合同双方都不愿承担义务或做出让步。所以工程施工索赔与建筑成本的增长及建筑业经济效益低下有着一定的联系。

（3）项目及管理模式的变化　在建筑市场中，工程建设项目采用招标投标制。有总承包、专业分包、劳务分包、材料设备供应分包等。这些单位会在整个项目的建设中发生经济方面、技术方面、工作方面的联系和影响。在工程实施过程中，管理上的失误往往是难免的。若一方失误，不仅会对自己造成损失，也会连累与此有关系的单位。特别是如果处于关键路线上的工程的延期，会对整个工程产生连锁反应。对此若不能采取有效措施及时解决，可能会产生一系列重大索赔。特别是采用边勘测边设计边施工的建设管理模式的尤为明显。

（4）发包人违约　发包人违约主要有以下14种情况：

1）发包人未按合同规定交付施工场地。发包人应当按合同规定的时间等交付施工场地，否则，承包人即可提出索赔要求。

2）发包人交付的施工场地没有完全具备施工条件。发包人未在合同规定的期限内办理土地征用、青苗树木赔偿、房屋拆迁、清除地面和地下障碍等工作，施工场地没有或者没有完全具备施工条件。

3）发包人未保证施工对水电及电信的需要。发包人未按合同规定将施工所需水、电、电信或线路从施工场地外部接至约定地点，或虽接至约定地点，但却没有保证施工期间的需要。

4）发包人未保证施工期间运输的畅通。发包人没有按合同规定开通施工场地与城乡公共道路的通道，施工场地内的主要交通干道，没有满足施工运输的需要，不能保证施工期间运输的畅通。

5）发包人未及时提供工地工程地质和地下管网线路资料。发包人没有按合同约定及时向承包人提供施工场地的工程地质和地下管网线路资料，或者提供的数据不符合真实准确的要求。

6）发包人未及时办理施工所需各种证件。发包人未及时办理施工所需各种证件、批件和临时用地、占道及铁路专用线的申报批准手续，影响施工。

7）发包人未及时交付水准点与坐标控制点。发包人未及时将水准点与坐标控制点以书面形式交给承包人。

8）发包人未及时进行图样会审及设计交底。发包人未及时组织设计单位和承包人进行图样会审，未及时向承包人进行设计交底。

9）发包人没有协调好工地周围建筑物等的保护。发包人没有妥善协调处理好施工现场周围地下管线和邻接建筑物、构筑物的保护，影响施工顺利进行。

10）发包人没有提供应供的材料设备。发包人没有按合同的规定提供应由发包人提供的建筑材料、机械设备，影响施工正常进行。

11）发包人拖延合同规定的责任。例如，拖延图样的批准、拖延隐蔽工程的验收、拖延对承包人提问的答复，造成施工的延误。

12）发包人未按合同规定支付工程款。发包人未按合同规定的时间和数量支付工程款，给承包人造成损失的，承包人有权提出索赔。

13）发包人要急着赶工，一般会引起承包人加大支出，也可导致承包人提出索赔。

14）发包人提前占用部分永久工程，会给施工造成不利影响，也可引起承包人提出索赔。

（5）不可预见因素

1）不可预见因素是指承包人在开工前，根据发包人所提供的工程地质勘探报告及现场资料，并经过现场调查，都无法发现的地下自然或人工障碍，如古井、墓坑、断层、溶洞及其他人工构筑物类障碍等。

不可预见因素在实际工程中，表现为不确定性障碍的情况更为常见。所谓不确定性障碍，是指承包人根据发包人所提供的工程地质勘探报告及现场资料，或经现场调查可以发现地下自然的或人工的障碍存在，但因资料描述与实际情况存在较大差异，而这些差异导致承包人不能预先准确地做出处理方案及处置障碍的费用。

2）其他第三方原因。其他第三方原因是指与工程有关的其他第三方所发生的问题对本工程的影响。其表现的情况是复杂多样的，难以划定某些范围，如下述情况。

① 正在按合同供应材料的单位因故被停止营业，使正需用的材料供应中断。

② 因铁路紧急调运救灾物资，正常物资运输造成压站，使工程设备迟于安装日期到场或不能配套到场。

③ 进场设备运输必经桥梁因故断塌，使绕道运输费大增。

④ 由于邮路原因，使发包人工程款没有按合同要求向对方付出应付款项等。

（6）国家政策、法规的变更　国家政策、法规的变更，通常是指直接影响到工程造价的某些政策及法规。我国正处在改革开放的发展阶段，新的经济法规、建设法规与标准不断出台和完善，价格管理逐步向市场调节过渡，对于这些变化因素，双方在签订合同时必须引起重视，具体如下：

① 由工程造价管理部门发布的建筑工程材料预算价格调整。

② 国家调整关于建设银行贷款利率的规定。

③ 国家有关部门关于在工程中停止使用某种设备、某种材料的通知。

④ 国家有关部门关于在工程中推广某些设备、施工技术的规定。

⑤ 国家对某种设备、建筑材料限制进口、提高关税的规定等。

显然，上述有关政策、法规对建筑工程的造价必然产生影响，一方可依据这些政策、法规的规定向另一方提出补偿要求。

（7）合同变更与合同缺陷

1）合同变更。合同变更是索赔机会，应在合同规定的索赔有效期内完成对索赔事件的处理。在合同变更过程中就应记录、收集、整理所涉及的各种文件，如图样、各种计划、技术说明、规范和发包人的变更指令，以作为进一步分析的依据和索赔的证据。

由于合同中有索赔有效期的规定，在实际工作中，合同变更必须与提出索赔同步进行，甚至先进行索赔谈判，待达成一致后，再进行合同变更。在这里赔偿协议是关于合同变更的处理结果，也作为合同的一部分。

由于合同变更对工程施工过程的影响大，会造成工期的拖延和费用的增加，容易引起双方的争执。所以合同双方都应十分慎重地对待合同变更问题。

一个工程，合同变更的次数、范围和影响的大小与该工程招标文件（特别是合同条件）的完备性、技术设计的正确性，以及实施方案和实施计划的科学性直接相关。

2）合同缺陷。合同缺陷是指所签订的施工合同进入实施阶段才发现的、合同本身存在的（合同签订时没有预料的）现时已不能再做修改或补充的问题。

大量的工程合同管理经验证明，合同在实施过程中，常发现有如下缺陷：

① 合同条款规定用语含糊、不够准确，难以分清承发包双方的责任和权益。

② 合同条款中存在着漏洞。对实际可能发生的情况未做预料和规定，缺少某些必不可少的条款。

③ 合同条款之间存在矛盾。在不同的条款中，对同一问题的规定或要求不一致。

④ 双方对某些条款理解不一致。由于合同签订前没有把各方对合同条款的理解进行沟通，发生合同争执。

⑤ 合同的某些条款中隐含着较大风险，即对单方面要求过于苛刻、约束不平衡，甚至发现条文是一种圈套。

（8）合同中止与解除　实际工作中，任何事物的发展都不可能像人们预先想象的那样完善、顺利。由于国家政治的变化，不可抗力以及承发包双方之外的原因导致工程停建或缓建的情况时有发生，必然造成合同中止。另外，由于在合同履行中，承发包双方在工作合作中不协调、不配合甚至矛盾激化，使合同履行不能再维持下去的情况；或承包人严重违约，发包人行使驱除权解除合同等，都会产生合同的解除。由于合同的中止或解除是在施工合同还没有履行完而发生的，必然对施工工程双方产生经济损失，发生索赔是难免的。但引起合同中止与解除的原因不同，索赔方的要求及解决过程也大不一样。

4.2.1.2　索赔的分类

工程施工过程中发生索赔所涉及的内容是广泛的，施工索赔分类的方法很多，从不同的角度，有不同的分类方法。在这里，仅介绍工程中比较常见的几种分类。

（1）按索赔事件所处合同状态分类

1）正常施工索赔。它是指在正常履行合同中发生的各种违约、变更、不可见因素、加速施工、政策变化等引起的索赔。

2）工程停建、缓建索赔。它是指已经履行合同的工程因不可抗力、政府法令、资金或其他原因必须中途停止施工所引起的索赔。

3）解除合同索赔。它是指因合同中的一方严重违约，致使合同无法正常履行的情况下，合同的另一方行使解除合同的权力所产生的索赔。

（2）按索赔发生的原因分类

按索赔发生的原因，索赔可分为：发包人违约索赔；工程量增加索赔；不可预见因素索赔；不可抗力损失索赔；加速施工索赔；工程停建、缓建索赔；解除合同索赔；第三方因素索赔；国家政策、法规变更索赔。

（3）按索赔的目的分类

1）工期延长索赔。它是指承包人对施工中发生的非承包人直接或间接责任事件造成计划工期延误后向发包人提出的赔偿要求。

2）费用索赔。它是指承包人对施工中发生的非承包人直接或间接责任事件造成的合同价外费用支出向发包人提出的赔偿要求。

（4）按索赔依据的范围分类

1）合同内索赔。它是指索赔涉及的内容在合同文件中能够找到依据，发包人或承包人可以据此提出赔偿要求的索赔。如工期延误，工程变更，工程师给出错误数据导致放线的差错，发包人不按合同规定支付进度款等。这种在合同文件中有明文规定的条款，常称为“明示条款”。这类索赔不大容易发生争议，往往容易索赔成功。

2）合同外索赔。它是指难于直接从合同的某条款中找到依据，但可以从对合同条件的合理推断或同其他的有关条款联系起来论证该索赔是合同规定的索赔。这种隐含在合同条款中的要求，国际上常称为“默示条款”。它包含合同明示条款中没有写入，但符合合同双方签订合同时设想的愿望和当时的环境条件的一切条款。这些默示条款，都成为合同文件的有效条款，要求合同双方遵照执行。例如：在一些国际工程的合同条件中，对于外汇汇率变化给承包人带来的经济损失，并无明示条款规定；但是，由于承包人确实受到了汇率变化的损失，承包人有权提出汇率变化损失索赔。这虽然属于非合同规定的索赔，但亦能得到合理的经济补偿。

3）道义索赔。它是指通情达理的发包人看到承包人为圆满成功地完成某项困难的施工，承受了额外费用损失，甚至承受重大亏损，承包人提出索赔要求时，发包人出于善良意愿给承包人以适当的经济补偿，因在合同条款中没有此项索赔的规定，所以也称为“额外支付”，这往往是合同双方友好信任的表现，但较为罕见。

（5）按索赔的有关当事人分类

按索赔的有关当事人分类，索赔可分为：承包人同发包人之间的索赔；总承包人同分包人之间的索赔；承包人同供货商之间的索赔；承包人向保险公司、运输公司的索赔等。

（6）按索赔中合同主从关系分类

按索赔中合同主从关系分类，索赔可分为：工程承包合同索赔；工程承包合同索赔可能涉及的其他从属合同的索赔。

发包人或承包人为工程建设而签订的从属合同有：借款合同、技术协作合同、加工合同、运输合同、材料供应合同等。

（7）按索赔的处理方式分类

1）单项索赔。它是指采取一事一索赔的方式，即在每一件索赔事项发生后，报送索赔通知书，编报索赔报告，要求单项解决支付，不与其他的索赔事项混在一起。这是工程索赔通常采用的方式，它避免了多项索赔的相互影响和制约，解决起来较容易。

2）总索赔。它又称综合索赔、一揽子索赔，是指承包人在工程竣工结算前，将施工过程中未得到解决的或承包人对发包人答复不满意的单项索赔集中起来，综合提出一份索赔报告，综合在一起索赔。采取这种方式进行索赔，是在特定的情况下被迫采用的一种索赔方法。有时候，在施工过程中受到非常严重的干扰，以致承包人的全部施工活动与原来的计划大不相同，原合同规定的工作与变更后的工作相互混淆，承包人无法为索赔保持准确而详细的成本记录资料，无法分辨哪些费用是原定的，哪些费用是新增的，在这种条件下，无法采用单项索赔的方式。但注意总索赔方式应尽量避免采用，因为它涉及的因素十分复杂，且纵横交错，不太容易索赔成功。

4.2.1.3　索赔的依据

任何索赔事件的确立，其前提条件是必须有正当的索赔依据。对正当索赔依据的说明必须具有证据，因为索赔的进行主要是靠证据说话。没有证据或证据不足，索赔是难以成功的。这正如建设工程施工合同中所规定的，当一方向另一方提出索赔时，要有正当索赔理由，且有索赔事件发生时的有效证据。

（1）对索赔证据的要求

1）真实性。索赔证据必须是在实施合同过程中确实存在和发生的，必须完全反映实际情况，能经得住推敲。由于在工程过程中合同双方都在进行合同管理，收集工程资料，所以双方应有相同的证据。使用不实的或虚假证据是违反商业道德甚至法律的。

2）全面性。所提供的证据应能说明事件的全过程。索赔报告中涉及的索赔理由、事件过程、影响、索赔值等都应有相应证据，不能零乱和支离破碎，否则监理工程师（发包人）将退回索赔报告，要求重新补充证据。这会拖延索赔的解决，损害承包商在索赔中的有利地位。

3）关联性。提供的索赔证据应当能够互相说明，相互具有关联性，不能互相矛盾，否则可能产生反作用，影响索赔的成功，甚至导致索赔失败。

4）及时性。当干扰事件发生时，承包人应有同期记录，作为索赔证据，这对于承包人以后提出索赔要求，支持其索赔理由是非常必要的。另外，证据作为索赔报告的一部分，一般需和索赔报告按约定的时间，同时向监理工程师（发包人）提交。因此，索赔证据的取得及提出应当及时。

5）具有法律证明效力。索赔证据必须有法律证明效力，特别对准备递交仲裁的索赔报告更要注意这一点。因此要求证据必须是当时的书面文件，口头的承诺或协议难以确定其效力。对合同变更协议则必须由双方签署，或以会谈纪要的形式确定，应为决定性决议，商讨性及意向性的意见或建议不能作为证据。如工程中发生了重大事件、特殊情况，其相关的记录与统计应由监理工程师（发包人）签署认可。

（2）索赔证据的种类　合同实施过程中形成的资料很多，面很广。承包人索赔时应注意证据的必要性与说服力，通常在干扰事件发生后，可以结合自身的索赔经验与监理工程师（发包人）的要求搜集证据。

在工程过程中常见的索赔证据有：

① 招标文件、工程合同及其附件、发包人认可的施工组织设计、工程图样、技术规范等。

② 工程各项有关设计交底记录、变更图样、变更施工指令等。

③ 工程各项经发包人或监理工程师签认的签证。

④ 工程各项往来信件、指令、信函、通知、答复等。

⑤ 工程各项会议纪要。

⑥ 施工计划及现场实施情况记录。

⑦ 施工日志及工长工作日志、备忘录。

⑧ 工程送电、送水，道路开通、封闭的日期及数量记录。

⑨ 工程停电、停水和干扰事件影响的日期及恢复施工的日期。

⑩ 工程预付款、进度支付款的数额及日期记录。

⑪ 图样变更、交底记录的送达份数及日期记录。

⑫ 工程有关施工部位的照片及录像等。

⑬ 工程现场气候记录，有关天气的温度、风力、雨雪等。

⑭ 工程验收报告及各项技术鉴定报告等。

⑮ 工程材料采购、订货、运输、进场、验收、使用等方面的凭据。

⑯ 工程会计、核算资料。

⑰ 国家、省、自治区、市有关影响工程造价、工期的文件、规定等。

4.2.2　索赔的程序

要成功索赔，不仅要善于发现和把握住索赔的机会，更重要的是要恰当地处理索赔，它涉及对一个（或一些）具体的干扰事件进行索赔的所有工作，包括许多工作内容和过程。

从总体上分析，承包人的索赔可包括以下两个方面的内容。

一方面是承包人与监理工程师（发包人）之间涉及索赔的一些业务性工作，这些工作及工作过程通常由承包合同条件规定。FIDIC 合同条件对索赔程序和争执的解决程序有非常详细的和具体的规定。承包人必须严格按照合同规定办事，按合同规定的程序工作。这是索赔有效性的前提条件之一。

另一方面是承包人为了提出索赔要求和使索赔要求得到合理解决所进行的一些内部管理工作。这些工作为索赔的提出和解决服务，必须与合同规定的索赔程序同步协调进行，同时又应融合于整个施工项目管理中，在项目实施过程中处理，需要获得项目管理的各职能人员和职能部门的支持和帮助。

根据 FIDIC 合同条件和我国《建设工程施工合同（示范文本）》（GF—2013—0201）通用条款的规定，施工索赔的程序如下。

（1）索赔意向通知　发现索赔或意识到存在索赔机会后，承包人要做的第一件事就是要将自己的索赔意向书面通知给监理工程师或发包人。这种意向通知是非常重要的，它标志着一项索赔的开始，FIDIC《土木工程施工合同条件》第 53 条规定：“在引起索赔事件第一次发生之后的 28 天内，承包人将他的索赔意向以书面形式通知工程师，同时将 1 份副本呈交发包人”。我国《建设工程施工合同（示范文本）》（GF—2013—0201）通用条款中也有类似的规定。事先向监理工程师（发包人）通知索赔意向，这不仅是承包人要取得补偿的必须首先遵守的基本要求之一，也是承包人在整个合同实施期间保持良好的索赔意识的最好方法。

索赔意向通知，通常包括以下四个方面的内容：

① 事件发生的时间和情况的简单描述。

② 合同依据的条款和理由。

③ 有关后续资料的提供，包括及时记录和提供事件发展的动态。

④ 对工程成本和工期产生的不利影响的严重程度，以期引起监理工程师（发包人）的注意。

一般索赔意向通知仅仅是表明意向，应简明扼要，涉及索赔内容但不涉及索赔金额。

（2）索赔报告提交　承包人应在承包合同规定的期限内（一般为提出索赔意向的 28 天内），或监理工程师可能同意的其他合理时间内递送正式的费用索赔报告。索赔报告的内容应包括：索赔的合同依据、索赔的详细理由、索赔事件发生的经过、索赔的要求（金额或工程延期的天数）及计算方法，并要附相应的证明材料。如果索赔事件的影响持续存在，在合同规定的期限内还不能算出索赔额和工期展延天数时，承包人应按监理工程师合理要求的时间间隔，定期陆续报出每一个时间段内的索赔证据资料和索赔要求。在该项索赔事件的影响结束后规定期限内（通常为 28 天），报出最终详细报告，提出索赔论证资料和累计索赔额。

索赔的关键问题在于“索”，承包人不积极主动去“索”，发包人没有任何义务去“赔”，因此，提交索赔报告本身就是“索”，但要让发包人“赔”，提交索赔报告，还只是刚刚开始，承包人还有许多更艰难的工作。

（3）索赔报告的评审　《建设工程施工合同（示范文本）》（GF—2013—0201）通用条款

19.2“对承包人索赔的处理”规定如下：

1）监理人应在收到索赔报告后 14 天内完成审查并报送发包人。监理人对索赔报告存在异议的，有权要求承包人提交全部原始记录副本。

2）发包人应在监理人收到索赔报告或有关索赔的进一步证明材料后的 28 天内，由监理人向承包人出具经发包人签认的索赔处理结果。发包人逾期答复的，则视为认可承包人的索赔要求。

监理工程师（发包人）接到承包人的索赔报告后，应该马上仔细阅读报告，并对不合理的索赔进行反驳或提出疑问。

监理工程师（发包人）根据自己掌握的资料和处理索赔的工作经验可能就以下问题提出质疑：

① 索赔事件不属于发包人和监理工程师的责任，而是第三方的责任。

② 事实和合同依据不足。

③ 承包人未能遵守索赔意向通知的要求。

④ 合同中的开脱责任条款已经免除了发包人补偿的责任。

⑤ 索赔是由不可抗力引起的，承包人没有划分和证明双方责任的大小。

⑥ 承包人没有采取适当措施避免或减少损失。

⑦ 承包人必须提供进一步的证据。

⑧ 损失计算夸大。

⑨ 承包人以前已明示或暗示放弃了此次索赔的要求等。

在评审过程中，承包人应对监理工程师提出的各种质疑做出圆满的答复。

（4）索赔谈判　经过监理工程师（发包人）对索赔报告的评审，与承包人进行了较充分的讨论后，监理工程师应提出索赔处理决定的初步意见，并参加发包人和承包人进行的索赔谈判，通过谈判，做出索赔的最后决定。

如果承包人和发包人双方对索赔的解决意见无法达成一致，有一方或双方都不满意监理工程师的处理意见（或决定），即产生了争议。双方必须按照合同规定的程序解决争议，国际工程中通用的、最典型的是 FIDIC 合同条件规定的争议解决程序。

4.2.3　索赔的计算

承包人的索赔要求都表现为一定的具体的索赔值，通常有工期的延长和费用的增加。在索赔报告中必须准确地、客观地估算索赔事件对工期和成本的影响，定量地提出索赔要求，出具详细的索赔值计算文件。计算文件通常是对方反索赔的攻击重点之一，所以索赔值的计算必须详细、周密，计算方法合情合理、各种计算基础数据有根有据。

索赔事件直接影响的是承包人的施工过程，而该事件造成的施工方案、施工进度、劳动力、材料、机械的使用和各种费用支出的变化，最终总是表现为工期的延长和费用的增加。所以在索赔值计算时，必须分清索赔事件与索赔要求之间的因果关系和数量关系，索赔值的计算才能正确、合理。

（1）工期索赔计算　工期索赔的目的是取得发包人对于合理延长工期的合法性的确认。

在工期索赔中，首先要确定索赔事件发生对施工活动的影响及引起的变化，其次再分析施工活动变化对总工期的影响。常用的计算工期索赔的方法有如下 4 种。

1）网络图分析法。网络图分析法是利用进度计划的网络图，分析其关键线路，如果延误的工作为关键工作，则延误的时间为索赔的工期；如果延误的工作为非关键工作，当该工作由于延误超过时差限制而成为关键工作时，可以索赔延误时间与时差的差值；若该工作延误后仍为非关键工作，则不存在工期索赔的问题。

可以看出，网络图分析法要求承包人切实使用网络技术进行进度控制，才能依据网络计划提出工期索赔。这是一种科学合理的计算方法，容易得到认可，适用于各类工期索赔。

2）对比分析法。对比分析法比较简单，适用于索赔事件仅影响单位工程或分部分项工程的工期，需由此而计算对总工期的影响。计算公式为

$$总工期索赔=原合同工期\times\frac{额外或新增工程价格}{原合同总价}$$

3）劳动生产率降低计算法。在索赔事件干扰正常施工导致劳动生产率降低，而使工期拖延时，可按下式计算

$$索赔工期=计划工期\times\frac{（预期劳动生产率-实际劳动生产率）}{预期劳动生产率}$$

4）简单累加法。在施工过程中，由于恶劣气候、停电、停水及意外风险造成全面停工而导致工期拖延时，可以一一列举各种原因引起的停工天数，累加结果，即可作为索赔天数。应该注意的是由多项索赔事件引起的总工期索赔，最好用网络图分析法计算索赔工期。

（2）经济索赔计算 经济损失索赔是施工索赔的主要内容。承包人通过费用损失索赔，要求发包人对索赔事件引起的直接损失和间接损失给予合理的经济补偿。费用项目构成、计算方法与合同报价中基本相同，但具体的费用构成内容却因索赔事件性质不同而有所不同。

常用的经济损失索赔额的计算方法主要有以下几种：

1）总费用法和修正的总费用法。总费用法又称总成本法，就是计算出该项工程的总费用，再从这个已实际开支的总费用中减去投标报价时的成本费用，即为要求补偿的索赔费用额。

总费用法并不十分科学，但仍被经常采用，原因是对于某些索赔事件，难于精确地确定它们导致的各项费用增加额。

一般认为在具备以下条件时采用总费用法是合理的：

① 已开支的实际总费用经过审核，认为是比较合理的。

② 承包人的原始报价是比较合理的。

③ 费用的增加是由于对方原因造成的，其中没有承包人管理不善的责任。

④ 由于该项索赔事件的性质和现场记录的不足，难于采用更精确的计算方法。

修正总费用是指对难于用实际总费用进行审核的，可以考虑是否能计算出与索赔事件有关的单项工程的实际总费用和该单项工程的投标报价。若可行，可按其单项工程的实际费用与报价的差值来计算其索赔的金额。

2）分项法。分项法是将索赔的损失费用分项进行计算，其内容如下。

① 人工费索赔。人工费索赔包括额外雇佣劳务人员、加班工作、工资上涨、人员闲置和劳动生产率降低的工时所花费的费用。

对于额外雇佣劳务人员和加班工作，用投标时人工单价乘以工时数即可；对于人员闲置费用，发包人通常认为不应计算闲置人员奖金、福利等报酬，所以折扣余数一般为 0.75；工资上涨是指由于工程变更，使承包人的大量人力资源的使用从前期推到后期，而后期工资水平上调，因此应得到相应的补偿。

有时监理工程师指令进行计日工，则人工费按计日工表中的人工单价计算。

对于劳动生产率降低导致的人工费索赔，一般有以下两种计算方法：

A．实际成本和预算成本比较法。这种方法是对受干扰影响工作的实际成本和预算成本进行比较，索赔其差额。这种方法需要有正确合理的估价体系和详细的施工记录。这种索赔，只要预算成本和实际成本计算合理，成本的增加确属发包人的原因，其索赔成功的可能性是很大的。

B．正常施工期与受影响期比较法。这种方法是在承包人的正常施工受到干扰，生产率下降的情况下，通过比较正常条件下的生产率和干扰状态下的生产率，得出生产率降低值，以此为基础进行索赔。

② 材料费索赔。材料费索赔主要包括材料消耗量和材料价格的增加而增加的费用。追加额外工作、变更工程性质、改变施工方案等，都可能造成材料用量的增加或使用不同的材料。材料价格增加的原因包括材料价格上涨，手续费增加。运输费用增加可能是运距加长、二次倒运等原因。仓储费增加可能是因为工作延误，使材料储存的时间延长。

材料费索赔需要提供准确的数据和充分的证据。

③ 施工机械费索赔。机械费索赔包括增加台班数量、机械闲置或工作效率降低、台班费率上涨等费用。通常有以下两种方法：

A．采用公布的行业标准的租赁费率。承包人采用租赁费率是基于以下两种考虑：一是如果承包商的自有设备不用于施工，他可将设备出租而获利；二是虽然设备是承包人自有，他却要为该设备的使用支出一笔费用，这费用应与租用某种设备所付出的代价相等。因此在索赔计算中，施工机械的索赔费用的计算表达如下：

机械索赔费=设备额外增加工时（包括闲置）×设备租赁费率

这种计算，发包人往往会提出不同的意见，他认为承包人不应得到使用租赁费率中所得到的附加利润。因此一般将租赁费率打一折扣。

B．参考定额标准进行计算。在进行索赔计算中，采用标准定额中的费率或单价是一种能为双方所接受的方法。对于监理工程师指令实施的计日工作，应采用计日工作表中的机械设备单价进行计算。对于租赁的设备，均采用租赁费率。在处理设备闲置的单价时，一般可建议对设备标准费率中的不变费用和可变费用分别扣除50%和25%。

④ 现场管理费索赔。现场管理费包括工地的临时设施费、通信费、办公费、现场管理人员和服务人员的工资等。现场管理费索赔计算的一般公式为：

现场管理费索赔值=索赔的直接成本费用×现场管理费率

现场管理费率的确定选用下面的方法：合同百分比法，即管理费比率在合同中规定；行业平均水平法，即采用公开认可的行业标准费率；原始估价法，即采用承包报价时确定的费率；历史数据法，即采用以往相似工程的管理费率。

⑤ 公司管理费索赔。公司管理费是承包人的上级部门提取的管理费，如公司总部办公楼折旧费，总部职员工资、交通差旅费，通信、广告费等。公司管理费是无法直接计入某具体合同或某项具体工作中，只能按一定比例进行分摊的费用。

公司管理费与现场管理费相比，数额较为固定。一般仅在工程延期和工程范围变更时才允许索赔公司管理费。目前在国外应用得最多的公司管理费索赔的计算方法是埃尺利（Eichealy）公式。该公式可分为两种形式：一种是用于延期索赔计算的日费率分摊法；另一种是用于工作范围索赔的工程总直接费用分摊法。

A. 日费率分摊法在延期索赔中采用，计算公式为

$$A=\frac{\text{延期合同额}}{\sum\text{同期公司所有合同额}}\times\text{同期公司总计划管理费}$$

$$B=\frac{A}{\text{计划合同工期（日或周）}}$$

$$C=B\times\text{延期时间（日或周）}$$

A——延期合同应分摊的管理费；

B——单位时间（日或周）管理费率；

C——管理费索赔值。

B. 总直接费用分摊法在工作范围变更索赔中采用，计算公式为

$$A_1=\frac{\text{被索赔合同原计划直接费}}{\sum\text{同期公司所有合同直接费}}\times\sum\text{同期公司计划管理费}$$

$$B_1=\frac{A_1}{\text{被索赔合同原计划直接费}}$$

$$C_1=B_1\times\text{工作范围变更索赔的直接费}$$

A_1——被索赔合同应分摊的管理费；

B_1——每元直接费包含管理费率；

C_1——应索赔的公司管理费。

埃尺利（Eichealy）公式最适用的情况是：承包人应首先证明由于索赔事件出现确实引起管理费用的增加。在工程停工期间，确实无其他工程可干；对于工作范围索赔的额外工作的费用不包括管理费，只计算直接成本费。如果停工期间短，时间不长，工程变更的索赔费用中已包括了管理费，埃尺利公式将不再适用。

⑥ 融资成本、利润与机会利润损失的索赔。融资成本又称资金成本，即取得和使用资金所付出的代价，其中最主要的是支付资金供应者利息。

由于承包人只有在索赔事件处理完结以后一段时间内才能得到其索赔费用，所以承包人不得不从银行贷款或以自有资金垫付，这就产生了融资成本问题，主要表现在额外贷款利息的支付和自有资金的机会利润损失，可以索赔利息的有以下两种情况：

A. 发包人推迟支付工程款和保留金，这种金额的利息通常以合同约定的利率计算。

B. 承包人借款或动用自有资金来弥补合法索赔事项所引起的现金流量缺口。在这种情况下，可以参照有关金融机构的利率标准，或者假定把这些资金用于其他工程承包可得到的收益来计算索赔费用，后者实际上是机会利润损失。

利润是完成一定工程量的报酬，因此在工程量增加时可索赔利润。不同的国家和地区对利润的理解和规定不同，有的将利润归入公司管理费中，则不能单独索赔利润。

机会利润损失是由于工程延期或合同终止而使承包人失去承揽其他工程的机会而造成的损失。在某些国家和地区，是可以索赔机会利润损失的。

4.2.4 索赔报告

索赔报告是向对方提出索赔要求的书面文件，是承包商对索赔事件处理的结果。业主的反应——认可或反驳——就是针对索赔报告。调解人和仲裁人只有通过索赔报告了解和分析合同实施情况和承包商的索赔要求，评价它的合理性，并据此做出决议。所以索赔报告的表达方式对索赔的解决有重大影响。索赔报告应充满说服力，合情合理，有根有据，逻辑性强，能说服工程师、业主、调解人和仲裁人，同时它又应是有法律效力的正规的书面文件。

索赔报告如果起草不当，会损害承包商在索赔中的有利地位和条件，使正当的索赔要求得不到应有的妥善解决。

编写索赔报告需要实际工作经验。对重大的索赔或一揽子索赔最好在有经验的律师或索赔专家的指导下进行编写。

（1）索赔报告的内容　索赔报告是承包人向监理工程师（建设单位）提交的一份要求发包人给予一定经济（费用）补偿和（或）延长工期的正式报告。

1）索赔报告的基本内容。

① 题目。题目应高度概括索赔的核心内容，如“关于×××事件的索赔”。

② 事件。陈述事件发生的过程，如工程变更情况，施工期间监理工程师的指令，双方往来信函、会谈的经过及纪要，着重指出发包人（监理工程师）应承担的责任。

③ 理由。理由应是提出作为索赔依据的具体合同条款、法律、法规依据。

④ 结论。结论应指出索赔事件给承包人造成的影响和带来的损失。

⑤ 计算。列出费用损失或工程延期的计算公式（方法）、数据、表格和计算结果，并依此提出索赔要求。

⑥ 总索赔。总索赔应在上述各分项索赔的基础上提出索赔总金额和（或）工程总延期天数的要求。

⑦ 附录。附录应是各种证据材料，即索赔证据。

2）索赔报告的报送时间与方式。根据 FIDIC 合同条件和我国《建设工程施工合同（示范文本)》(GF—2013—0201）通用条款，索赔报告必须在索赔事件发生后的有效期（一般为 28 天）内报送，过期则索赔无效。

对于新增的工程量、附加工作等宜一次性提出索赔要求，并在该项工程进行到一定程度，可以计算出索赔额时，提交索赔报告。对于已经取得监理工程师同意的合同外工作项目的索赔，宜在每月上报完成工程量结算清单时，同时报送索赔报告。

（2）索赔报告编写的要求　需要特别注意的是索赔报告的表述方式对索赔的解决有重大影响。一般要注意以下几方面：

1）索赔事件要真实、证据确凿。索赔针对的事件必须实事求是，有确凿的证据，令对方无可推卸和辩驳。对事件叙述要清楚明确，避免使用“可能”“也许”等估计猜测性语言，造成索赔事件的事实描述模糊，引起误解，甚至导致索赔失败。

2）责任分析应清楚、准确。在报告中所提出索赔的事件的责任是对方引起的。索赔方应把全部或主要责任推给对方，不能有责任含混不清和自我批评式的语言，这样会丧失自己在索赔中的有利地位，使索赔失败。

3）索赔值的计算依据要正确，计算结果要准确。计算依据要用文件规定的公认合理的计算方法，并加以适当的分析。数字计算上不要有差错，一个小的计算错误可能影响到整个计算结果，容易给人在索赔的可信度上造成不好的印象。

4）在索赔报告中，要强调事件的不可预见性和突发性，说明承包人对它不可能有准备，也无法预防，并且承包人为了避免和减轻该事件的影响和损失已尽了最大的努力，采取了能够采取的措施，从而使索赔理由更加充分，更易于对方接受。

5）明确阐述由于干扰事件的影响，使承包人的工程施工受到严重干扰，并为此增加了支出，拖延了工期，表明干扰事件与索赔有直接的因果关系。

6）索赔报告书写用语要婉转和恰当，避免使用强硬、不客气的抗拒式的语言，不能因语言而伤害了和气及双方的感情。切忌断章取义、牵强附会、夸大其词，否则会给索赔带来不利的影响。

（3）索赔报告的一般格式　索赔报告的一般格式如下。

××项目的索赔报告

负责人：×××

编号：×××　　　　　　　　　　　日期：××年××月××日

事件：陈述事件发生的过程

理由：作为索赔依据的具体的合同条款、法律、法规

结论：索赔事件给承包人带来的影响和损失

成本索赔计算：

工期索赔计算：

总索赔要求：提出索赔总金额和（或）工程总延期天数

附录：可列明相应索赔依据和索赔依据的种类

4.2.5　索赔案例

4.2.5.1　施工合同类型案例

【案例 4.7】

1．背景

发包人为某市房地产开发公司，对该市一幢商住楼建设进行公开招标。按照公开招标的程序，某施工单位被确定为该商住楼的承包人，同时进行了公证。随后双方签订了“建设工程施工合同”。合同约定工程总造价 370 万元，如由于设计变更、工程量变化和其他工程条件变化所引起的费用变化等可以进行调整；同时还约定了竣工日期及工程款支付办法等款项。合同签订后，承包人按发包人提供的经规划部门批准的施工平面位置放线后，发现拟建工程南端应拆除的构筑物（水塔）影响正常施工。发包人察看现场后便做出将总平面进行修改的决定，通知承包人将平面位置向北平移 4m 后开工。正当承包人按平移后的位置挖完基槽时，规划监督工作人员进行检查发现了问题当即向发包人开具了 6 万元人民币罚款单，并要求仍按原位施工。承包人接到发包人仍按原平面位置施工后的书面通知后提出索赔如下：

××房地产开发公司工程部：

接到贵方仍按原平面图位置进行施工的通知后，我方将立即组织实施，但因平移4m使原已挖好的所有横墙及部分纵墙基槽作废，需要用土夯填并重新开挖新基槽，所发生的此类费用及停工损失应由贵方承担。

（1）所有横墙基槽回填夯实费用4.5万元；

（2）重新开挖新的横墙基槽费用6.5万元；

（3）重新开挖新的纵墙基槽费用1.4万元；

（4）90人停工25天损失费3.2万元；

（5）租赁机械工具费1.8万元；

（6）其他应由发包人承担的费用0.6万元。

以上6项费用合计：18.00万元。

（7）顺延工期25天。

××施工单位

××年××月××日

2．问题

（1）建设工程施工合同按照承包工程计价方式不同分为哪几类？

（2）承包人向发包人提出的费用和工期索赔的要求是否成立？为什么？

3．分析

（1）《建设工程施工合同（示范文本）》（GF—2013—0201）按照承包工程计价方式不同分为总价合同、单价合同和其他价格形式合同三类。

（2）成立。因为本工程采用的是总价合同，这种合同的特点是在约定范围内的合同总价不做调整，但应在专用条款中约定总价包含的风险范围和风险费用的计算方法，及约定风险范围外合同价格的调整方法。在合同执行过程中，按约定，由于发包人修改总平面位置所发生的费用及停工损失应由发包人承担。因此承包人向发包人请求费用及工期索赔的理由是成立的，发包人审核后批准了承包人的索赔。

此案是法制观念淡薄在建设工程方面的体现。许多人明明知道政府对建筑工程规划管理的要求，也清楚已经批准的位置不得随意改变，但执行中仍是我行我素。此案中，发包人如按报批的平面位置提前拆除水塔，创造施工条件，或按保留水塔方案去报规划争取批准，都能避免24万元（其中规划部门罚款6万元，承包人索赔18万元）的损失。

【案例4.8】

1．背景

某施工单位根据领取的某2 000m^{2}两层厂房工程项目招标文件和全套施工图样，采用低报价策略编制了投标文件，并获得中标。该施工单位（乙方）于某年某月某日与建设单位（甲方）签订了该工程项目的固定总价合同。合同工期为8个月。甲方在乙方进入施工现场后，因资金紧缺，无法如期支付工程款，口头要求乙方暂停施工一个月。乙方也口头答应。工程按合同规定期限验收时，甲方发现工程质量有问题，要求返工。两个月后，返工完毕。结算时甲方认为乙方迟延交付工程，应按合同约定偿付逾期违约金。乙方认为临时停工是甲方要求的。乙方为抢工期，加快施工进度才出现了质量问题，因此迟延交付的责任不在乙方。甲方则认为临时停工和不顺延工期是当时乙方答应的，乙方应履行承诺，承担违约责任。

2．问题

（1）该工程采用固定总价合同是否合适？

（2）该施工合同的变更形式是否妥当？此合同争议依据合同法律规范应如何处理？

3．分析

（1）合适。因为固定总价合同适用于施工条件明确、工程量能够较准确计算、工期较短、技术不太复杂、合同总价较低且风险不大的项目。该工程基本符合这些条件，故采用固定总价合同是合适的。

（2）不妥。根据《中华人民共和国合同法》和《建设工程施工合同（示范文本）》（GF—2013—0201）的有关规定，建设工程合同应当采取书面形式，合同变更也应当采取书面形式。若在应急情况下，可采取口头形式，但事后应予以书面形式确认。否则，在合同双方对合同变更内容有争议时，因口头形式协议无法举证，只能以书面协议约定的内容为准。本案例中甲方要求临时停工，乙方也答应，是甲、乙双方的口头协议，且事后并未以书面的形式确认，所以该合同变更形式不妥。在竣工结算时双方发生了争议，对此只能以原书面合同规定为准。

在施工期间，甲方因资金紧缺要求乙方停工一个月，此时乙方应享有索赔权。乙方虽然未按规定程序及时提出索赔，丧失了索赔权，但是根据《民法通则》的规定，在民事权利的诉讼时效期内，仍享有要求甲方承担违约责任的权利。甲方未能及时支付工程款，应对停工承担责任，故应当赔偿乙方停工一个月的实际经济损失，工期顺延一个月。工程因质量问题返工，造成逾期交付，责任在乙方，故乙方应当支付逾期交工一个月的违约金，因质量问题引起的返工费用由乙方承担。

4.2.5.2　施工合同文件的组成及解释顺序案例

【案例 4.9】

1．背景

某工程采用单价承包形式的合同，在施工合同专用条款中明确了组成合同的文件及优先解释顺序如下：①本合同协议书；②投标书及其附件；③本合同专用条款；④本合同通用条款；⑤标准；⑥图样；⑦工程量清单；⑧工程报价单或预算书。合同履行中，发包人、承包人有关工程的洽商、变更等书面协议或文件视为本合同的组成部分。在专用合同条款中约定了风险范围等相关内容，其中主材价格波动计入风险费用内。在实际施工过程中发生了如下事件：

事件一：因发包人未按合同规定交付全部施工场地，致使承包人停工 10 天。承包人提出将工期延长 10 天及停工损失人工费、机械闲置费等 3.6 万元的索赔。

事件二：本工程开工后，钢筋价格由原来的 3 600 元/t 上涨到 3 900 元/t，承包人经过计算，认为中标的钢筋制作安装的综合单价每吨亏损 300 元，承包人在此情况下向发包人提出请求，希望发包人考虑市场因素，给予酌情补偿。

2．问题

（1）承包人就事件一对工期的延长和费用索赔的要求，是否符合本合同文件的内容约定？

（2）承包人就事件二提出的要求能否成立？为什么？

3．分析

（1）符合。根据合同专用条款的约定，发包人未按合同规定交付全部施工场地，导致工期延误和给承包人造成损失的，发包人应赔偿承包人有关损失，并顺延因此而延误的工期，所以，承包人提出对工期的延长和费用索赔是符合合同文件的约定的。

（2）不能成立。本工程属于单价合同，约定范围内合同单价不做调整，专用条款约定综合单价包含的风险范围与风险费用计算方法，及约定风险范围外合同价格调整方法。根据合同专用条款的有关约定，钢材价格变动在约定范围内，钢材单价调整将不予考虑。

4.2.5.3　施工索赔成立的条件案例

【案例4.10】

1．背景

某工程基坑开挖后发现有古墓，须将古墓按文物管理部门的要求采取妥善保护措施，报请有关单位协同处置。为此，发包人以书面形式通知承包人停工15天，并同意合同工期顺延15天。为确保继续施工，要求工人、施工机械等不要撤离施工现场，但在通知中未涉及由此造成承包人停工损失如何处理。承包人认为对其损失过大，意欲索赔。

2．问题

（1）施工索赔成立的条件有哪些？

（2）承包人的索赔能否成立，索赔证据是什么？

（3）由此引起的损失费用项目有哪些？

3．分析

（1）施工索赔成立的条件如下：

1）与合同对照，事件已造成了承包人工程项目成本的额外支出，或直接工期损失。

2）造成费用增加或工期损失的原因，按合同约定不属于承包人的行为责任或风险责任。

3）承包人按合同规定的程序提交索赔意向通知和索赔报告。

（2）索赔成立。这是因发包人的原因（古墓的处置）造成的施工临时中断，从而导致承包人工期的拖延和费用支出的增加，因而承包人可提出索赔。

索赔证据为发包人以书面形式提出的要求停工通知书。

（3）此事项造成的后果是承包人的工人、施工机械等在施工现场窝工15天，给承包人造成的损失主要是现场窝工的损失，因此承包人的损失费用项目主要有：15天的人工窝工费；15天的机械台班窝工费；由于15天的停工而增加的现场管理费。

【案例4.11】

1．背景

某施工单位（乙方）与某建设单位（甲方）签订了某项工业建筑的地基处理与基础工程施工合同。由于工程量无法准确确定，根据施工合同专用条款的规定，按施工图预算方式计价，乙方必须严格按照施工图及施工合同规定的内容及技术要求施工。乙方的分项工程首先向监理工程师申请质量认证，取得质量认证后，向造价工程师提出计量申请和支付工程款。

工程开工前，乙方提交了施工组织设计并得到批准。

2．问题

（1）在工程施工过程中，当进行到施工图所规定的处理范围边缘时，乙方在取得在场的监理工程师认可的情况下，为了使夯击质量得到保证，将夯击范围适当扩大。施工完成后，乙方将扩大范围内的施工工程量向造价工程师提出计量付款的要求，但遭到拒绝。试问造价工程师拒绝承包商的要求是否合理？为什么？

（2）在工程施工过程中，乙方根据监理工程师指示就部分工程进行了变更施工。试问工程变更部分合同价款应根据什么原则确定？

（3）在开挖土方过程中，有两项重大事件使工期发生较大的拖延：一是土方开挖时遇到了一些工程地质勘探没有探明的孤石，排除孤石拖延了一定的时间；二是施工过程中遇到数天季节性大雨后又转为特大暴雨引起山洪暴发，造成现场临时道路、管网和施工用房等设施以及已施工的部分基础被冲坏，施工设备损坏，运进现场的部分材料被冲走，乙方数名施工人员受伤，雨后乙方用了很多工时清理现场和恢复施工条件。为此乙方按照索赔程序提出了延长工期和费用补偿要求。试问造价工程师应如何审理？

3．分析

（1）造价工程师的拒绝合理。理由如下：该部分的工程量超出了施工图的要求，一般地讲，也就超出了工程合同约定的工程范围。对该部分的工程量监理工程师可以认为是承包商的保证施工质量的技术措施，一般在业主没有批准追加相应费用的情况下，技术措施费用应由乙方自己承担。

（2）工程变更价款的确定原则：

《建设工程施工合同（示范文本）》（GF—2013—0201）通用条款 10.4.1 变更估价原则除专用合同条款另有约定外，变更估价按照本款约定处理：

1）已标价工程量清单或预算书有相同项目的，按照相同项目单价认定。

2）已标价工程量清单或预算书中无相同项目，但有类似项目的，参照类似项目单价认定。

3）变更导致实际完成的变更工程量与已标价工程量清单或预算书中列明的该项目工程量的变化幅度超过 15%的，或已标价工程量清单或预算书中无相同项目及类似项目单价的，按照合理的成本与利润构成的原则，由合同当事人按照第 4.4 款“商定或确定”确定变更工作的单价。

（3）造价工程师应对两项索赔事件做出处理如下：

1）对处理孤石引起的索赔，这是预先无法估计的地质条件变化，属于甲方应承担的风险，应给予乙方工期顺延和费用补偿。

2）对于天气条件变化引起的索赔应分两种情况处理。

第一种情况：对于前期的季节性大雨，这是一个有经验的承包商预先能够合理估计的因素，应在合同工期内考虑，由此造成的时间和费用损失不能给予补偿。

第二种情况：对于后期特大暴雨引起的山洪暴发不能视为一个有经验的承包商预先能够合理估计的因素，应按不可抗力处理由此引起的索赔问题。被冲坏的现场临时道路、管网和施工用房等设施以及已施工的部分基础，被冲走的部分材料，清理现场和恢复施工条件等经济损失应由甲方承担；损坏的施工设备，受伤的施工人员以及由此造成的人员窝工和设备闲置等经济损失应由乙方承担；工期顺延。

【案例 4.12】

1．**背景**

某工程合同规定，进口材料由承包商负责采购，但材料的关税不包括在承包商的材料报价中，由业主支付。合同未规定业主支付海关税的日期，仅规定业主应在接到承包商提交的到货通知单后 30 天内完成海关放行的一切手续。

现由于承包商采购的材料到货太迟，到港后工程施工中急需这批材料，承包商先垫支关税，并完成入关手续，以便及早取得材料，避免现场停工待料。

2．**问题**

（1）承包商是否可向业主提出补偿海关税的要求？

（2）这项索赔是否要受合同规定的索赔有效期的限制？

3．**分析**

（1）可以。如果业主拖延海关放行手续超过 30 天，造成现场停工待料，则承包商可将它作为不可预见事件，在合同规定的索赔有效期内提出工期和费用索赔。而承包商先垫付了关税，以便及早取得材料，对此承包商可向业主提出海关税的补偿要求。因为按照国际工程惯例，如果业主妨碍承包商正确地履行合同，或尽管业主未违约，但在特殊情况下，为了保证工程整体目标的实现，承包商有责任和权力为降低损失采取措施。由于承包商的这些措施使业主得到利益或减少损失，业主应给予承包商补偿。

（2）不受限制。承包商是为了保证工程整体目标的实现，为业主完成了部分合同责任，业主应予以如数补偿。而业主行为对承包商并非违约，故这项索赔不受合同所规定的索赔有效期限制。

4.2.5.4　施工索赔程序案例

【案例 4.13】

1．**背景**

承包人为某省建工集团第五工程公司（乙方），于 2000 年 10 月 10 日与某城建职业技术学院（甲方）签订了新建建筑面积 20 000m^2 综合教学楼的施工合同。乙方编制的施工方案和进度计划已获监理工程师的批准。该工程的基坑施工方案规定：土方工程采用租赁两台斗容量为 1m^3 的反铲挖掘机施工。甲乙双方合同约定 2000 年 11 月 6 日开工，2002 年 7 月 6 日竣工。在实际施工中发生如下几项事件：

（1）2000 年 11 月 10 日，因租赁的两台挖掘机大修，致使承包人停工 10 天。承包人提出停工损失人工费、机械闲置费等 3.6 万元。

（2）2001 年 5 月 9 日，因发包人供应的钢材经检验不合格，承包人等待钢材更换，使部分工程停工 20 天。承包人提出停工损失人工费、机械闲置费等 7.2 万元。

（3）2001 年 7 月 10 日，因发包人提出对原设计局部修改引起部分工程停工 13 天，承包人提出停工损失费 6.3 万元。

（4）2001 年 11 月 21 日，承包人书面通知发包人于当月 24 日组织主体结构验收。因发包人接收通知人员外出开会，使主体结构验收的组织推迟到当月 30 日才进行，也没有事先通知承包人。承包人提出装饰人员停工等待 6 天的费用损失 2.6 万元。

（5）2002 年 7 月 28 日，该工程竣工验收通过。工程结算时，发包人提出反索赔应扣除承包人延误工期 22 天的罚金。按该合同“每提前或推后工期一天，奖励或扣罚 6 000 元”的条款规定，延误工期罚金共计 13.2 万元人民币。

2．问题

（1）简述工程施工索赔的程序。

（2）承包人对上述哪些事件可以向发包人要求索赔，哪些事件不可以要求索赔；发包人对上述哪些事件可以向承包人提出反索赔，并说明原因。

（3）每项事件工期索赔和费用索赔各是多少？

（4）本案例给人的启示意义？

3．分析

（1）我国《建设工程施工合同（示范文本）》（GF—2013—0201）规定的施工索赔程序如下：

1）索赔事件发生后 28 天内，向工程师发出索赔意向通知。

2）发出索赔意向通知后的 28 天内，向工程师提出补偿经济损失和（或）延长工期的索赔报告及有关资料。

3）工程师在收到承包人送交的索赔报告和有关资料后，于 28 天内给予答复，或要求承包人进一步补充索赔理由和证据。

4）工程师在收到承包人送交的索赔报告和有关资料后 28 天内未给予答复或未对承包人作进一步要求，视为该项索赔已经认可。

5）当该索赔事件持续进行时，承包人应当阶段性地向工程师发出索赔意向，在索赔事件终了后 28 天内，向工程师提出索赔的有关资料和最终索赔报告。

（2）事件 1：索赔不成立。因此事件发生原因属承包人自身责任。

事件 2：索赔成立。因此事件发生原因属发包人自身责任。

事件 3：索赔成立。因此事件发生原因属发包人自身责任。

事件 4：索赔成立。因此事件发生原因属发包人自身责任。

事件 5：反索赔成立。因此事件发生原因属承包人的责任。

（3）事件 2 至事件 4：由于停工时，承包人只提出了停工费用损失索赔，而没有同时提出延长工期索赔，工程竣工时，已经超过索赔有效期，故工期索赔无效。

事件 5：甲、乙双方代表进行了多次交涉后仍认定工期索赔无效，最后承包人只好同意发包人的反索赔成立，被扣罚金。

本案例：承包人共计索赔费用为 7.2+6.3+2.6=16.1（万元），工期索赔为零；发包人向承包人索赔延误工期罚金共计 13.2 万元。

（4）本案例给人的启示意义：合同无戏言，索赔应认真、及时、全面和熟悉程序。此例若是事件 2、事件 3、事件 4 三项停工费用损失索赔时，同时提出延长工期的要求被批准，合同竣工工期应延长至 2002 年 8 月 14 日，可以实现竣工日期提前 17 天。不仅避免工期罚金 13.2 万元的损失，按该合同条款的规定，还可以得到 10.2 万元的提前工期奖。由于索赔人员业务不熟悉或粗心，使本来名利双收的事却变成了泡影，有关人员应认真学习索赔知识，总结索赔工作中的成功经验和失败的教训。

（说明：该案例发生时间为 2013 年前，使用的施工合同示范文本是 GF—1999—0201。从 2013 年 7 月 1 日起使用的建设工程施工合同示范文本为 GF—2013—0201，索赔程序规定见通用条款的 19.1、19.2 规定。）

4.2.5.5　施工索赔内容案例

【案例4.14】

1．背景

某汽车制造厂建设施工土方工程中，承包商在合同标明有松软石的地方没有遇到松软石，因此工期提前1个月。但在合同中另一未标明有坚硬岩石的地方遇到更多的坚硬岩石，开挖工作变得更加困难，由此造成了实际生产率比原计划低得多，经测算影响工期3个月。由于施工速度减慢，使得部分施工任务拖到雨季进行，按一般公认标准推算，又影响工期2个月。为此承包商准备提出索赔。

2．问题

（1）该项施工索赔能否成立？为什么？

（2）在该索赔事件中，应提出的索赔内容包括哪两方面？

（3）在工程施工中，通常可以提供的索赔证据有哪些？

（4）承包商应提供的索赔文件有哪些？请协助承包商拟定一份索赔通知。

3．分析

（1）该项施工索赔成立。施工中在合同未标明有坚硬岩石的地方遇到更多的坚硬岩石，属于施工现场的施工条件与原来的勘察有很大差异，属于甲方的责任范围。

（2）本事件使承包商由于意外地质条件造成施工困难，导致工期延长，相应产生额外工程费用，因此，应包括费用索赔和工期索赔。

（3）可以提供的索赔证据有：

1）招标文件、工程合同及附件、业主认可的施工组织设计、工程图样、技术规范等。

2）工程各项有关设计交底记录，变更图样，变更施工指令等。

3）工程各项经业主或监理工程师签认的签证。

4）工程各项往来信件、指令、信函、通知、答复等。

5）工程各项会议纪要。

6）施工计划及现场实施情况记录。

7）施工日报及工长工作日志、备忘录。

8）工程送电、送水、道路开通、封闭的日期及数量记录。

9）工程停水、停电和干扰事件影响的日期及恢复施工的日期。

10）工程预付款、进度款拨付的数额及日期记录。

11）工程图样、图样变更、交底记录的送达份数及日期记录。

12）工程有关施工部位的照片及录像等。

13）工程现场气候记录，有关天气的温度、风力、降雨雪量等。

14）工程验收报告及各项技术鉴定报告等。

15）工程材料采购、订货、运输、进场、验收、使用等方面的凭据。

16）工程会计核算资料。

17）国家、省、市有关影响工程造价、工期的文件、规定等。

（4）承包商应提供的索赔文件有：

1）索赔信。

2）索赔报告。

3）索赔证据与详细计算书等附件。

索赔通知的参考形式如下：

索 赔 通 知

致甲方代表（或监理工程师）：

我方希望你方对工程地质条件变化问题引起重视：在合同文件未标明有坚硬岩石的地方遇到了坚硬岩石。致使我方实际生产率降低，而引起进度拖延，并不得不在雨季施工。

上述施工条件变化，造成我方施工现场设计与原设计有很大不同，为此向你方提出工期索赔及费用索赔要求，具体工期索赔及费用索赔依据与计算书在随后的索赔报告中。

承包商：×××

××年××月××日

4.2.5.6 施工索赔计算案例

【案例 4.15】

1．背景

某厂（甲方）与某建筑公司（乙方）订立了某工程项目施工合同，同时与某降水公司订立了工程降水合同。甲乙双方合同规定：采用单价合同，每一分项工程的实际工程量增加（或减少）超过招标文件中工程量的10%以上时调整单价；工作B、E、G作业使用的主要施工机械一台（乙方自备），台班费为400元/台班，其中台班折旧费为240元/台班。施工网络计划如图4-3所示（单位：天），图中箭线上方为工作名称，箭线下方为持续时间，双箭线为关键线路。

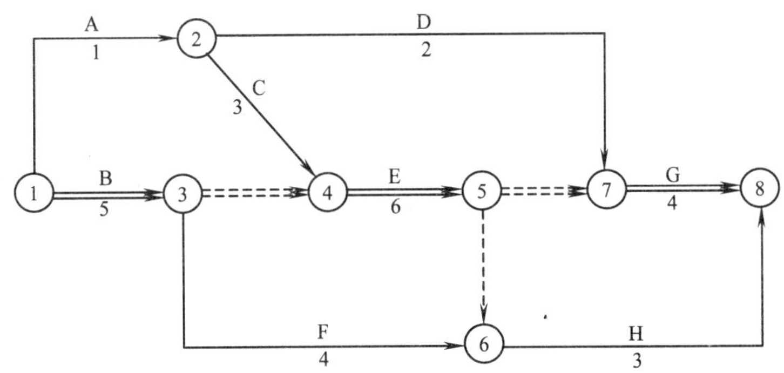

图4-3 某工程施工网络计划

甲乙双方合同约定8月15日开工。工程施工中发生如下事件：

事件1：降水方案错误，致使工作D推迟2天，乙方人员配合用工5个工日，窝工6个工日。

事件2：8月21日至8月22日，因供电中断停工2天，造成人员窝工16个工日。

事件3：因设计变更，工作E工程量由招标文件中的300m^{3}增至350m^3，超过了10%；合同中该工作的全费用单价为110元/m^3，经协商调整后全费用单价为100元/m^3。

事件4：为保证施工质量，乙方在施工中将工作B原设计尺寸扩大，增加工程量15m^3，该工作全费用单价为128元/m^3。

事件5：在工作D、E均完成后，甲方指令增加一项临时工作K，经核准，完成该工作需要1天时间，机械1台班，人工10个工日。

2．问题

（1）上述哪些事件乙方可以提出索赔要求？哪些事件不能提出索赔要求？说明其原因。

（2）每项事件工期索赔各是多少？总工期索赔多少天？

（3）工作E结算价应为多少？

（4）假设人工工日单价为50元/工日，合同规定窝工人工费补偿标准为25元/工日，因增加用工所需管理费为增加人工费的20%，工作K的综合取费为人工费的80%。试计算除事件3外合理的费用索赔总额。

3．分析

（1）事件1可提出索赔要求，因为降水工程由甲方另行发包，是甲方的责任。

事件2可提出索赔要求，因为因停水、停电造成的人员窝工是甲方的责任。

事件3可提出索赔要求，因为设计变更是甲方的责任。

事件4不应提出索赔要求，因为保证施工质量的技术措施费应由乙方承担。

事件5可提出索赔要求，因为甲方指令增加工作，是甲方的责任。

（2）索赔工期计算如下：

事件1：工作D总时差为8天，推迟2天，尚有总时差6天，不影响工期，因此可索赔工期0天。

事件2：8月21日至8月22日停工，工期延长，可索赔工期2天。

事件3：因工作E为关键工作，可索赔工期（350–300）m^3/（300m^3/6天）=1天。

事件5：因E、G均为关键工作，在该两项工作之间增加工作K，则工作K也为关键工作，可索赔工期1天。

总计索赔工期0天+2天+1天+1天=4天。

（3）工作E结算价计算如下：

按原单价结算的工程量：300m^3×（1+10%）=330m^3

按新单价结算的工程量：350m^3–330m^3=20m^3

总结算价=330m^3×110元/m^3+20m^3×100元/m^3=38 300元

（4）索赔费用计算如下：

事件1：人工费：6工日×25元/工日+5工日×50元/工日×（1+20%）=450元

事件2：人工费：16工日×25元/工日=400元

机械费：2台班×240元/台班=480元

事件5：人工费：10工日×50元/工日×（1+80%）=900元

机械费：1台班×400元/台班=400元

合计费用索赔总额为：450元+400元+480元+900元+400元=2 630元。

【案例4.16】

1．背景

某施工单位（乙方）与某建设单位（甲方）签订了建造无线电发射试验基地施工合同。合同工期为38天。由于该项目急于投入使用，在合同中规定，工期每提前（或拖后）1天奖励（或罚款）5 000 元。乙方按时提交了施工方案和施工网络进度计划，如图 4-4 所示（单位：天），并得到甲方代表的批准。

实际施工过程中发生了如下几项事件。

事件 1：在房屋基坑开挖后，发现局部有软弱下卧层，按甲方代表指示乙方配合地质复查，配合用工为 10 个工日。地质复查后，根据经甲方代表批准的地基处理方案，增加直接费 4 万元，因地基复查和处理使房屋基础作业时间延长 3 天，人工窝工 15 个工日。

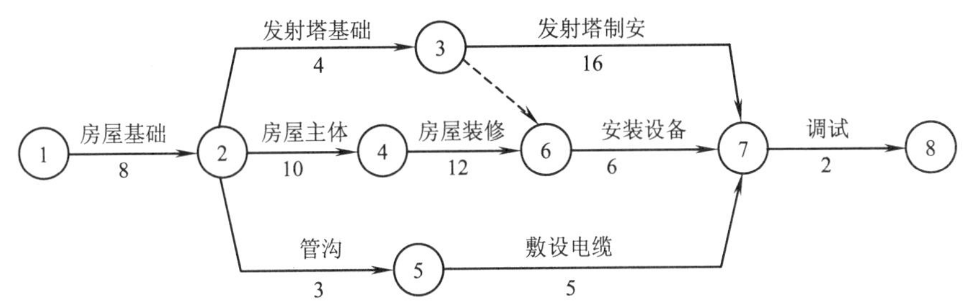

图 4-4　施工网络进度计划

事件 2：在发射塔基础施工时，因发射塔原设计尺寸不当，甲方代表要求拆除已施工的基础，重新定位施工。由此造成增加用工 30 工日，材料费 1.2 万元，机械台班费 3 000 元，发射塔基础作业时间拖延 2 天。

事件 3：在房屋主体施工中，因施工机械故障，造成工人窝工 8 个工日，该项工作作业时间延长 2 天。

事件 4：在房屋装修施工基本结束时，甲方代表对某项电气暗管的敷设位置是否准确有疑义，要求乙方进行剥露检查。检查结果为某部位的偏差超出了规范允许范围，乙方根据甲方代表的要求进行返工处理，合格后甲方代表予以签字验收。该项返工及覆盖用工 20 个工日，材料费为 1 000 元。因该项电气暗管的重新检验和返工处理使安装设备的开始作业时间推迟了 1 天。

事件 5：在敷设电缆时，因乙方购买的电缆线材质量差，甲方代表令乙方重新购买合格线材。由此造成该项工作多用人工 8 个工日，作业时间延长 4 天，材料损失费 8 000 元。

事件 6：鉴于该工程工期较紧，经甲方代表同意乙方在安装设备作业过程中采取了加快施工的技术组织措施，使该项工作作业时间缩短 2 天，该项技术组织措施费为 6 000 元。

其余各项工作实际作业时间和费用均与原计划相符。

2．问题

（1）在上述事件中，乙方可以就哪些事件向甲方提出工期补偿和费用补偿要求？为什么？

（2）该工程的实际施工天数为多少天？可得到的工期补偿为多少天？工期奖罚款为多少？

（3）假设工程所在地人工费标准为 30 元/工日，应由甲方给予补偿的窝工人工费补偿标准为 18 元/工日，该工程综合取费率为 30%。则在该工程结算时，乙方应该得到的索赔款为多少？

3．分析

（1）事件 1 可以提出工期补偿和费用补偿要求，因为地质条件变化属于甲方应承担的责任，且该项工作位于关键线路上。

事件 2 可以提出费用补偿要求，不能提出工期补偿要求，因为发射塔设计位置变化是甲方的责任，由此增加的费用应由甲方承担，但该项工作的拖延时间（2天）没有超出其总时差（8天）。

事件3不能提出工期和费用补偿要求，因为施工机械故障属于乙方应承担的责任。

事件4不能提出工期和费用补偿要求，因为乙方应该对自己完成的产品质量负责。甲方代表有权要求乙方对已覆盖的分项工程剥离检查，检查后发现质量不合格，其费用由乙方承担，工期也不补偿。

事件5不能提出工期和费用补偿要求，因为乙方应该对自己购买的材料质量和完成的产品质量负责。

事件6不能提出补偿要求，因为通过采取施工技术组织措施使工期提前，可按合同规定的工期奖罚办法处理，因赶工而发生的施工技术组织措施费应由乙方承担。

（2）工期与罚款计算

1）实际施工工期

该工程施工网络进度计划的关键线路为①—②—④—⑥—⑦—⑧，计划工期为38天，与合同工期相同。将图4-4中所有各项工作的持续时间均以实际持续时间代替，计算结果表明关键线路不变（仍为①—②—④—⑥—⑦—⑧），实际工期为42天。

2）可补偿工期

将该工程施工网络进度计划中所有由甲方负责的各项工作持续时间延长天数加到原计划相应工作的持续时间上，计算结果表明关键线路亦不变（仍为①—②—④—⑥—⑦—⑧），工期为41天。41−38=3（天），所以，该工程可补偿工期天数为3天。

3）工期罚款

$$〔42-(38+3)〕\times 5\,000=5\,000（元）$$

（3）乙方应该得到的索赔款

1）由事件1引起的索赔款：$(10\times30+40\,000)\times(1+30\%)+15\times18=52\,660$（元）

2）由事件2引起的索赔款：$(30\times30+12\,000+3\,000)\times(1+30\%)=20\,670$（元）

所以，乙方应该得到的索赔款为：$52\,660+20\,670=73\,330$（元）

课 后 作 业

1. 下载并阅读《合同法》，并结合招投标过程思考以下问题：

（1）合同法律基础涉及哪些方面？

（2）合同订立的形式及步骤有哪些？

（3）合同违约承担有哪几种方式？

2. 下载并阅读《建设工程施工合同（示范文本）》（GF—2013—0201），并结合招投标过程思考以下问题：

（1）《建设工程施工合同（示范文本）》（GF—2013—0201）主要有哪些内容？

（2）通用条款与专用条款有什么关系？查询有关工程合同专用条款案例，自行起草部分专用条款内容，并进行讨论。

3. 上网收集一个本地工程项目的前期资料（或由教师提供），按照《建设工程施工合同（示范文本）》（GF—2013—0201），编写一份工程施工合同。

4. 收集一个本地建安工程的背景资料（或由教师提供），按照索赔报告的一般格式，编写一份索赔报告。

5. 思考题

（1）什么是施工索赔？发生索赔的原因主要有哪些？

（2）施工索赔一般可以分成哪几类？

（3）常见的索赔证据有哪些？索赔证据应满足什么要求？

（4）简述施工索赔的程序。

（5）简述索赔报告的编写要求。

（6）如何进行工期索赔与费用索赔的计算？

参 考 文 献

[1] 林密．工程项目招投标与合同管理[M]．2 版．北京：中国建筑工业出版社，2007.

[2] 史商于，陈茂明．工程招投标与合同管理[M]．北京：科学出版社，2004.

[3] 李永光．合同管理与工程索赔[M]．北京：中国建筑工业出版社，2007.

[4] 中国建设监理协会．注册监理工程师继续教育培训必修课教材[M]．北京：知识产权出版社，2008.

[5] 全国造价工程师执业资格考试培训教材编审委员会．工程造价案例分析[M]．5 版．北京：中国城市出版社，2010.